“十四五”职业教育部委级规划教材

3D数字化服装设计

王舒　刘郴◎编著

中国纺织出版社有限公司

内 容 提 要

3D服装设计是服装专业的核心课程，本书通过Style3D服装设计软件将服装设计、结构、色彩、面料以数字化服装的形式进行教学。全书共分为五章：第一章背景介绍，使读者通过背景知识了解3D数字服装设计在服装行业转型升级中的重要性；第二章功能概述，熟悉3D服装设计软件的安装，了解3D服装设计软件的基本界面及功能操作；第三章3D服装建模，通过服装款式演练进行3D数字服装的制作，学习数字服装的缝制模拟及工艺处理；第四章3D技巧专题，帮助读者掌握3D数字服装的细节处理和表达技巧；第五章企业案例集，了解Style3D在服装企业中的应用和效果。本书旨在通过2D板片编辑及缝制、3D服装着装及模拟、面辅料编辑及参数设置、舞台走秀模拟等基本知识的教和学，使读者掌握3D数字化服装设计的基本理论与技能，并能独立进行3D数字服装的设计建模。

本书图文并茂、由浅入深，具有通俗易懂、重点突出和实用性强的特点，强调学以致用的原则，并且通过训练环节和表达手段，把设计理念表现出来，使读者成为具有一定艺术素质和创新设计能力的服装设计师。作者以Style3D的功能为准进行编写，其在服装3D行业中水平先进，功能强大齐全，准确性高，有一定的普及性，易学易用，符合现代服装工业的发展，是高素质技能人才和中初级专门人才所必需的服装专业基础知识和技能。本书可作为服装专业或其他相关专业培养高等应用型、技能型人才的教学用书，并可作为社会从业人士的业务参考书及培训用书。

图书在版编目（CIP）数据

3D 数字化服装设计 / 王舒，刘郴编著 . -- 北京 ：
中国纺织出版社有限公司，2022.6（2024.7重印）
“十四五”职业教育部委级规划教材
ISBN 978-7-5180-9377-9

Ⅰ . ① 3… Ⅱ . ①王… ②刘 … Ⅲ . ①数字技术 – 应用 – 服装设计 – 职业教育 – 教材 Ⅳ . ① TS941.2-39

中国版本图书馆 CIP 数据核字（2022）第 037675 号

责任编辑：张晓芳 朱冠霖　　责任校对：王蕙莹
责任印制：王艳丽

中国纺织出版社有限公司出版发行
地址：北京市朝阳区百子湾东里A407号楼　邮政编码：100124
销售电话：010—67004422　传真：010—87155801
http://www.c-textilep.com
中国纺织出版社天猫旗舰店
官方微博http://weibo.com/2119887771
北京通天印刷有限责任公司印刷　各地新华书店经销
2022年6月第1版　2024 年 7 月第 3 次印刷
开本：787 × 1092　1/16　印张：16
字数：287千字　定价：68.00元

序

随着新一轮科技革命和产业变革的孕育兴起，数字技术的快速发展正在不断拓展数字化边界，让虚拟世界与现实世界的界限越来越模糊。服装作为文化的载体和生活的必需品，走向数字化势不可挡。

虚拟世界的核心在于内容的创造。在虚拟现实、数字形象、元宇宙等概念中，数字服装作为时尚基建将最早实现商业化落地。数字时尚将会成为未来的趋势和潮流，成为我们工作、生活和时尚表达的基础需求。

服装产业的未来亟需数字化转型。传统服装产业伴随着巨大的资源浪费和诸多痛点，数字化对于解决服装产业的现实问题具有重要意义。服装产业数字化是从面料研发到生产营销等环节的数字化，而数字服装作为整个服装产业数字化的核心，将进一步促进服装产业的价值提升。

数字服装的关键是服装数字技术。Style3D的核心技术主要有CAD建模、仿真模拟和真实感渲染。在CAD建模方面，Style3D是国内目前唯一的3D柔性体仿真软件，辅助设计与建模工具集包含柔性体仿真CAD软件、轻设计平台、数字内容创作工具以及面向服装产业的凌迪数字人，能够帮助服装设计师和板师实现快速设计。在仿真模拟方面，凌迪科技拥有世界领先的柔性体仿真模拟团队，CAD工具模拟系统、实时仿真模拟系统能够实现实时交互仿真、大规模柔性碰撞、快速稳定求解，能够满足服装细节的模拟需求，真实反映服装面料的属性，使数字服装虚实难辨。在真实感渲染方面，基于物理面料通用实时渲染、在线实时的透明渲染、服装复杂工艺渲染展示及实时融合全局光照可实现皮革、丝绸、毛呢、牛仔等材质的真实感渲染，提升数字服装的表现力，给数字服装带来更多的应用可能。

Style3D是全球首个时尚产业链3D数字化服务平台，以图形学为技术基石，柔性仿真设计软件为基础设施，将技术研究成果结合企业业务应用场景，为时尚企业带来高质量的数字化解决方案，持续夯实服装产业的数字力、生命力，让未来时尚，所见即所得。

我们并不完美，但我们快速迭代。我们希望能够数造一个面向服装产业的新生态。

凌迪科技Style3D首席科学家兼凌迪研究院院长
王华民
2022年春于杭州

序

随着互联网的全面普及，虚拟现实、人工智能、大数据等新技术已成为各领域创新发展的重要技术手段。近年来，在数字经济发展的驱动下，产业互联网赋能传统服装制造业与数字技术深度融合构建数字时尚生态已成为服装产业转型升级的大趋势，3D数字化服装技术也迅速成为服装企业技术创新追逐的热点。

Style3D能够通过参数化2D制板，创建3D虚拟服装模型，实现高度仿真的3D数字样衣在线研发和协同，为纺织服装企业提供企划、设计、协同、展销、直连生产等全链路3D数字化研发解决方案，打破服装产业数字化的技术壁垒，打造智能数据协同生态。

服装产业顺应数字化大潮离不开人才的支撑，人才的支撑和教育有着密切的关系。高校作为人才培养的重要基地，亟需培养顺应时代趋势的数字化服装设计复合型人才，以适应数字化时代服装行业发展需求，推动数字时尚生态建设。

《3D数字化服装设计》提供了详细的3D数字化服装设计工作任务和技术指引，将专业能力培养与工作过程相结合，理论知识与实践过程相结合，开展理实一体化教学，在3D数字化服装设计教学领域具有参考价值。相信这本书可以帮助读者了解和掌握3D数字化服装设计的技术和操作方法。

浙江理工大学

邹奉元

2022年春于杭州

前言

随着“十四五”新发展周期开局，中国经济社会进一步向前发展，纺织行业基本实现纺织强国的目标。现今数字经济已成为引领未来经济发展的重要力量，在虚拟现实、人工智能、大数据等数字技术快速成长的大背景下，数字化转型能力已成为中国纺织服装产业赢得当下和未来发展的关键所在与核心动能。

在打通从服装设计到生产、展销全链路数字化的过程中，3D服装数字化技术将打破数字化场景与数字化制造在传统服装产业的技术壁垒，为服装行业赋能，推动时尚产业数字生态构建。

Style3D能够帮助服装设计师实现高度仿真的3D数字样衣设计，实时呈现服装面料和工艺效果。企业通过以数字样衣为载体，链接产业链上下游协同定样，实现从研发到生产的全链路数字化，从而缩短研发周期、降低研发成本、大幅提升研发效率。

本教材运用Style3D进行教学，依据任务驱动的职业教育思想，以培养学生综合职业能力为目标，将工作任务划分为初阶、中阶、高阶及拓展模块，将Style3D在企业应用中所积累的技巧进行归纳和整理，逐步培养学生的3D数字服装设计及应用能力。

本教材在编写过程中，得到浙江凌迪数字科技有限公司的大力支持，在此向浙江凌迪数字科技有限公司陈梦婕、骆立康、章展、董灵丽及数字内容部、产品研发部、客户运营部、教育事业部人员表示衷心的感谢。

由于本人水平有限，教材中难免有疏漏和不妥之处，恳请同行专家和广大读者批评指正。

王舒

2022年春于杭州

目录

第三章
3D 服装建模 025

第四章
3D 技巧专题 187

第一章

背景介绍

一、服装产业数字化现状与趋势
二、Style3D 数字化服务平台
三、Style3D 核心技术创新

一、服装产业数字化现状与趋势

当前，随着人工智能、大数据、物联网等数字技术族群的不断涌现，新一轮科技革命与产业变革正在重塑全球经济结构，数字经济已成为经济增长和社会发展的核心驱动力。《中华人民共和国国民经济和社会发展第十四个五年规划和2035年远景目标纲要》中多次提及数字经济，为加快推动数字经济赋能高质量发展指明了方向，对加快数字发展，推动产业数字化、数字产业化，坚定不移建设数字中国做出重大部署。

我国作为世界上最大的纺织服装生产国、消费国和出口国，服装制造业仍存在着数字化程度低、业务体系庞大、产销分离、生产周期长等问题。在面对东盟国家更加廉价的劳动力成本、疫情下愈发波动的服装市场及消费者不断增长的个性化需求趋势下，传统服装企业的优势日益削减，现有的服装制造体系已经难以满足高效率、低成本、多样化、快反应的服装升级需求。

在数字经济的新时代下，数字技术引发着生产要素、生产关系和制造方式的变革，服装企业正在向内在的柔性和外在的协同转变。中国服装行业已开创产业战略重构和创新蜕变的智能数字新格局，一场由数字化转型带来的服装产业变革正在蓬勃发展。

在设计研发方面，3D数字化服装设计可以实现设计、研发协同共享，提升协同效率、降低研发成本、优化供应链的快速反应能力，更好地满足市场上多元化、个性化的需求。

在生产制造方面，数字样衣能够直连智能制造一线，提高生产制造的效率，降低综合管理成本，助力企业内部纵向集成、企业之间横向集成和端到端集成的实现，打通服装制造系统的数据流、信息流，从大规模标准化生产向个性化、定制化、柔性化生产转换，实现服装制造的高质、柔性、高效、安全与绿色。

在用户服务方面，通过数据连接和交互，可以反馈消费者需求偏好并及时调整策略，促进服装企业从以产品为中心向以用户为中心转型。

服装产业数字化转型将会是全流程、全生命周期、全场景的数字化转型。数字技术、信息技术与智能技术相互交织、迭代升级，逐步与制造技术深度融合，推动设计研发、生产制造、用户服务等全生命周期各环节向企业级集成、产业链集成和产业生态集成迁移，在服装产业链和产业生态层面上构建数字化转型体系，面向角色和场景构建虚拟数字孪生世界，优化服装产业资源配置效率，助力服装企业更好地应对差异性更大的定制化服务、更小的生产批量以及更加不可预知的供应链变更，实现服装时尚全方位数字化融合。

二、Style3D 数字化服务平台

Style3D是浙江凌迪数字科技有限公司自主研发的全球首个时尚产业链3D数字化服务平台，拥有成熟的服装3D建模技术，核心产品有Style3D Studio数字化建模设计软件、Style3D Fabric数字化面料处理软件、Style3D Cloud研发全流程协同平台、Style3D速款创款供应链平台，为纺织服装企业提供了企划、设计、协同、展销、直连生产等全链路3D数字化研发解决方案，赋能企业提升研发效率、降低研发成本、提升企业综合竞争力。

Style3D深挖产业链环节，从服装供应链核心环节之一——设计研发入手，以高仿真、可编辑、可制造的数字服装为载体，通过Style3D云协同平台链接设计师、板师、品牌商、服装厂、原料商等上下游多角色，以及异地、实时、在线协同管理，大幅度改变原有协作流程，企业研

发协同效率提高至原本的300%，样衣采用率提升至60%，大幅度减少企业物料、人力、时间成本（图1-1）。

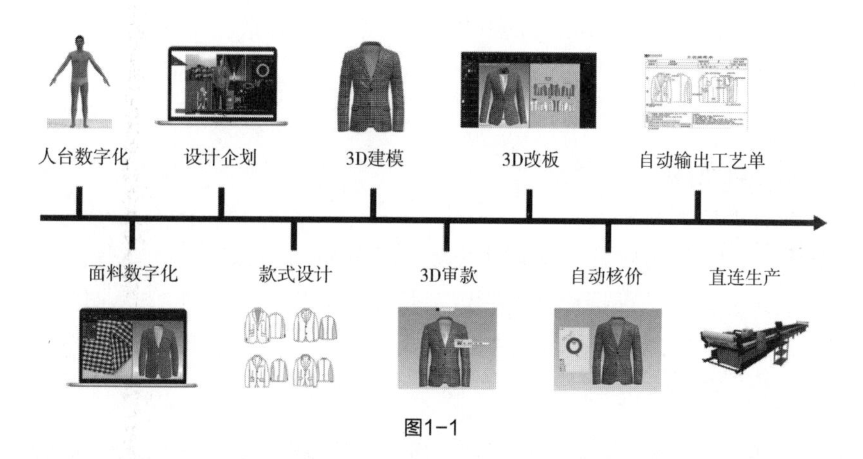

图1-1

根据有效统计，引入Style3D数字研发解决方案，服装企业每年可节约十万元到上百万元的样衣成本，进而逐步走向可持续发展。

1. 提高研发效率

传统服装设计主要基于CAD的2D平面设计，设计师完成设计图、板师确定板型和面料、与工厂沟通制作实物样衣、邮寄样衣或差旅面谈审款、重复修改打样、人工核算报价。而外贸行业跨区域、跨国协同定款，研发周期长达数月。Style3D的数字样衣实现研发全流程在线化，有效打破跨区域协作的时空障碍，让项目协同模式得以随时随地在线高效完成。

而当服装企业完成一定的设计资源的数字化沉淀和积累，还可以通过云端在线随时调用数以万计的板型模型、面料数据、设计方案等，不仅可以可视化即时查看设计效果，而且可以在线进行快捷的板型验证和面料搭配，大幅提高研发效率。

2. 降低研发成本

Style3D研发的高仿真、可编辑、可制造的数字服装，以数据为载体，通过协同平台链接设计师、板师、品牌商、服装厂、原料商等上下游多角色，异地、实时、在线协同管理，大幅减少企业物料、人力、时间成本。

2020年，外贸推款受阻，数百家服装外贸公司采用Style3D进行海外推款，获得了海外客户的高度称赞。上市集团浙江嘉欣丝绸股份有限公司的海外重要客户中，英国玛莎百货（M&S）直接采用3D渲染图进行销售，也实证了3D虚拟服装在新消费领域的应用。

3. 链接服装新智造

基于3D数字研发，企业可构建产品研发数据库，规范研发数据管理，方便设计资源重用，同时，数字样衣附带的数据不仅可以直连智能制造工厂，还可为生产和销售的管理决策提供支持，为供应链提高快速反应能力。

4. 数字时尚新展销

数字孪生与设计创意的碰撞将迸发出更多创新展示方式，3D研发能够实现快速出3D款式、出高清渲染图、出3D视频，并快速上新测款，商家无须实物样即可锁定消费者喜好，更快、更高效地感知和应对市场商机。

Style3D全链路的数字研发模式，提高了从设计研发、生产制造到终端销售的整体效率，以技术赋能进行柔性快速反应供应链管理，满足新零售时代的时尚消费需求。Style3D正全力助力时尚产业链从传统、单一、线性的协同交互模式升级为基于3D设计和虚拟仿真技术，以“软件+内容+平台+服务”四位一体的服装产业链数字生态体系，持续赋能更多服饰类企业转型升级，实现可持续发展。

三、Style3D 核心技术创新

1. 高效场景建模与绘制引擎

通过人台数字化，人体与服装匹配算法技术，用户可对虚拟模特的身高、手长，腿长等参数进行自定义设置，定量控制虚拟模特的围度和长度，实现人体体型的个性化调节。

利用部件化服装模型库的积累，智能一键调用，实现创新3D柔性仿真建模与绘制（图1–2）。

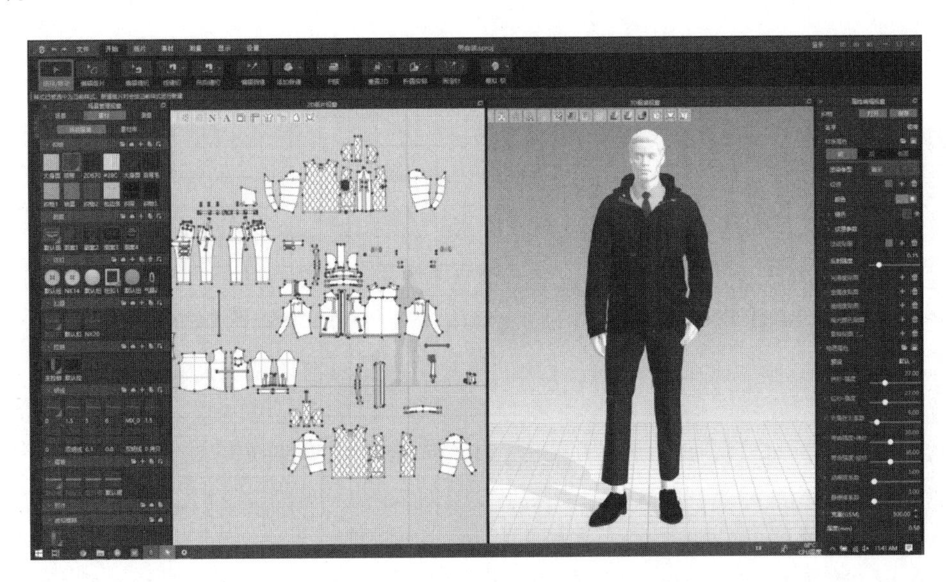

图1–2

2. 真实的面料数字化处理与布料物理模型

通过凌迪科技自主研发的Style3D Fabric软件，用户可直接对扫描和拍摄的图片进行简单且强大的图像处理，包括各种特殊面料与材质。

通过对弹性、弯曲、剪切、克重等真实物理属性的提供和归拔、粘衬、收缩等大量真实服装工艺的还原，以及超过10000倍的属性调节范围，可实现高自由度、无差别的效果模拟。

3. 实时与精细碰撞检测，支持 GPU、CPU 物理仿真

通用性强，可对分辨率差异巨大的板片、精细的小部件以及多层网格进行处理。模拟快速，采用最新硬件加速技术及最新图形学成果，可实时处理百万级面片，Style3D模拟引擎里能以14fps以上对超过600k个面的服装进行全分辨率模拟（RTX 2070）。稳定性高，适用于不同场景，多约束处理，可自动解除交叉，支持动画场景，支持复杂多层服装效果。

4. 布料真实感 3D 渲染与交互技术

自主研发实时渲染引擎和VRay离线渲染，可自定义多材质光照模型，支持照片级的渲染效果。建立渲染集群中台，可支持软件端与基于云的集群渲染，大幅加快渲染效率与速度。

第二章

功能概述

项目一　Style3D软件界面及功能介绍

工作任务：

任务一　安装与界面

任务二　工具与功能

授课学时：

4课时

项目目标：

1. 了解Style3D的安装及调试。
2. 熟悉Style3D的界面及窗口。
3. 掌握Style3D基本工具功能。

教学方法：

讲解演示法、操作练习法。

教学要求：

根据本项目所学内容，学生可独立完成Style3D软件安装，并了解软件基础工具的功能。

任务一　安装与界面

一、Style3D 软件安装

1. Style3D 软件获取

（1）在计算机浏览器网址栏输入：sukuan3d.com进入速款平台首页，鼠标单击“开始免费设计”，网页跳转到登录页面，新用户注册点击“验证码登录”并输入手机号，点击“获取验证码”，收到验证码并输入，点击“登录”，设置“密码”，确定，即注册成功，登录后网页自动跳转至“我的设计中心”（图2–1）。

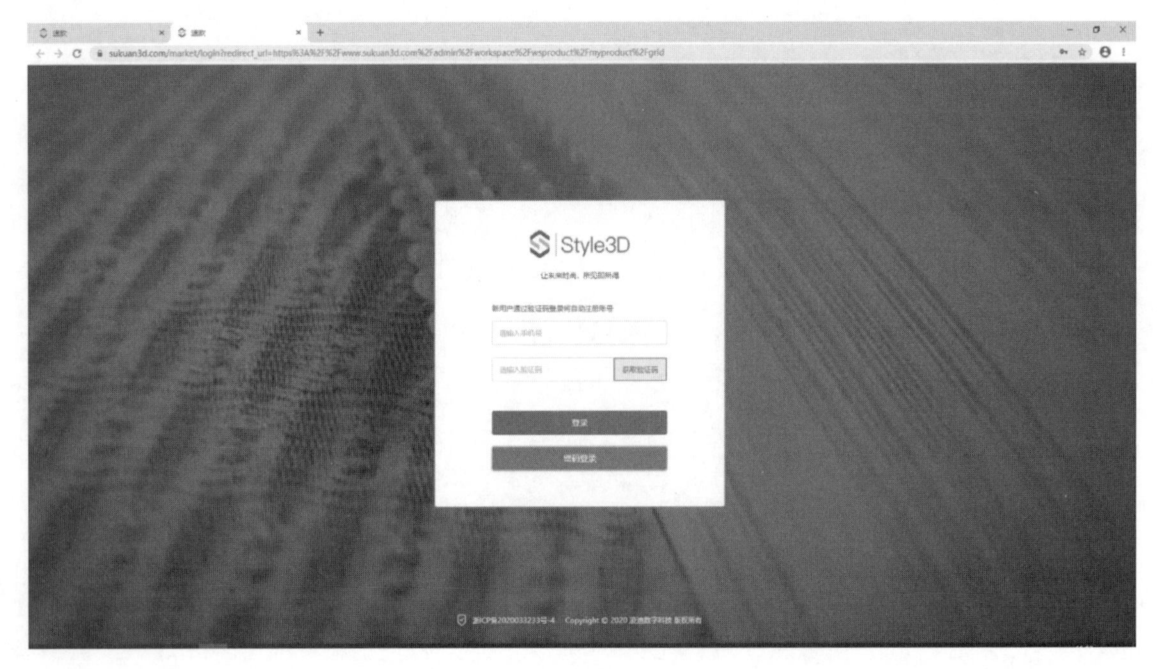

图2–1

（2）进入平台页面后，在应用中心软件工具模块，点击“Style3D服装设计建模软件”进入软件下载页面，点击“立即下载Style3D建模软件”下载Style3D软件安装包（图2–2）。

图2–2

2. Style3D 软件安装

双击下载Style3D软件安装包进行安装，完成安装后打开软件登录页面，输入速款平台注册手机号和密码进行登录，即可进入软件界面（图2–3）。

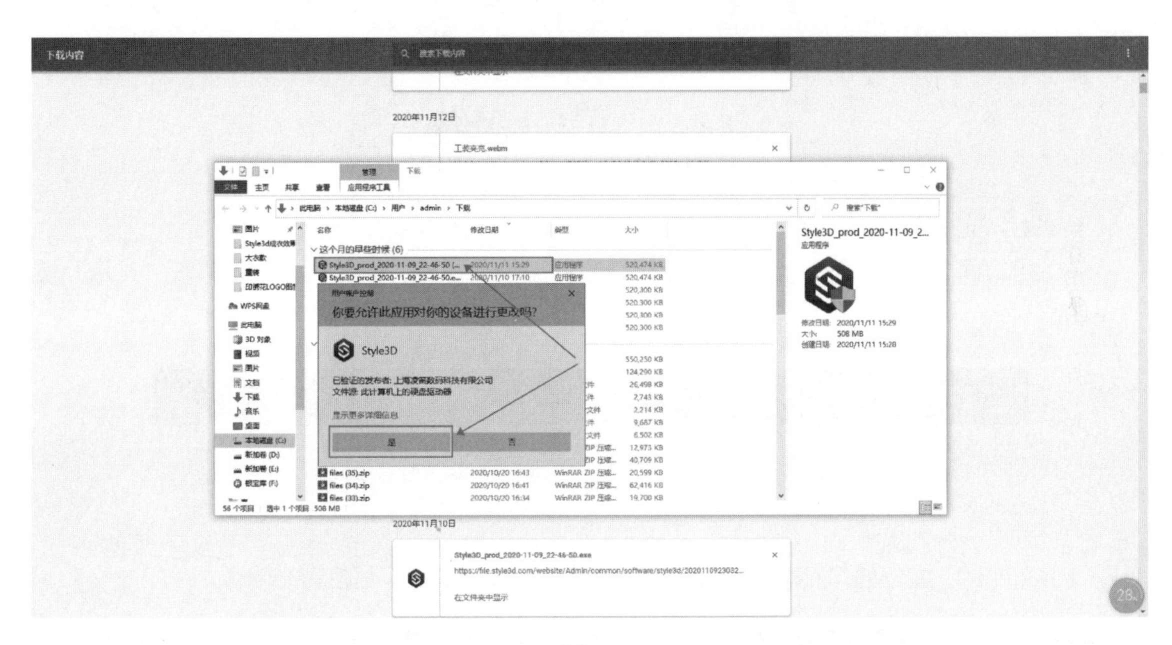

图2–3

二、Style3D 软件界面

1. Style3D 软件界面

Style3D界面主视窗由左向右分为场景管理视窗、2D视窗、3D视窗和属性编辑视窗，界面左侧最上方为菜单栏，菜单栏下方为操作工具功能栏，操作工具功能栏下方为工具操作提示栏，界面右侧最上方为用户名称和界面切换工具（图2–4）。

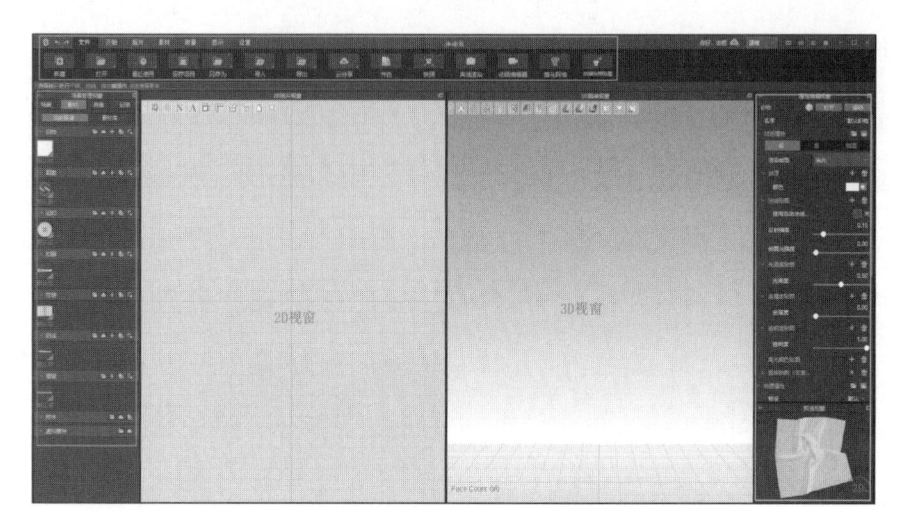

图2-4

2. Style3D 软件界面操作

Style3D软件界面中，2D视窗和3D视窗视角放大缩小通过鼠标滚轮实现，自由拖动视窗位置也通过按住鼠标滚轮实现。

任务二 工具与功能

一、菜单栏

Style3D软件菜单栏由七个类目构成，分别为：文件、开始、板片、素材、测量、显示及设置（图2-5）。

注：本书软件中“版片”同“板片”。

图2-5

（1）文件栏：文件的保存、导入，衣服最终效果处理保存等功能（图2-6）。

图2-6

（2）开始栏：虚拟板片的缝纫缝合，3D视窗成衣模拟，效果模拟处理（图2-7）。

图2-7

（3）板片栏：编辑板片内容，新建板片内容、边线和内部线编辑、缝边编辑（图2-8）。

图2-8

（4）素材栏：对面料、图案、纽扣、拉链、明线、褶皱等素材编辑（图2-9）。

图2-9

（5）测量栏：对虚拟模特进行测量，对衣服板片进行测量（图2-10）。

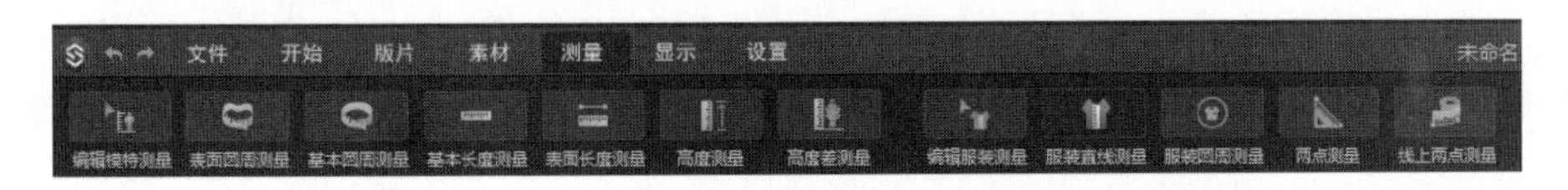

图2-10

（6）显示栏：视角切换，服装工艺处理，素材，模特窗口显示隐藏，界面重置（图2-11）。

图2-11

（7）设置栏：偏好设置，版本更新，版本信息，在线手册使用教程（图2-12）。

图2-12

二、工具功能

1. 文件栏工具功能（表2-1）

表2-1

图标	名称	功 能
	新建	新建一个新项目工程文件，把原来的项目关闭，重新启动新空白界面
	打开	打开保存的项目文件，打开保存的服装，打开保存的虚拟模特

续表

图标	名称	功 能
	最近使用	可以打开最近一段时间使用过的项目文件
	保存项目	将文件进行保存
	另存为	将服装等另存为新的文件
	导入	导入DXF格式的板片文件、OBJ格式的模型附件或模特、FBX格式的模型模特或带动作的模型模特文件、SCO格式的项目工程文件
	导出	导出DXF格式的板片文件、OBJ格式的模型附件或模特、FBX格式的模型模特或带动作的模型模特文件、SCO格式的项目工程文件
	云分享	一键上传软件里做好的成衣到速款云平台，一键更新速款平台已有的成衣款式
	齐色	对做好的成衣进行齐色编辑、多色编辑、不同面料效果编辑
	快照	3D快照：在3D视窗对服装成衣进行多角度快照，并渲染高清图进行保存效果图片，和生成旋转动态图编辑保存 2D快照：在2D视窗对所有板片进行快照保存
	离线渲染	对服装成衣进行高清图渲染，可调整材质和不同环境的光照、灯光角度等状态下的成衣效果图片，并渲染生成保存
	动画编辑器	服装成衣根据模特动作录制走秀动态效果展示，可导出视频
	简化网格	对成衣板片的网格数量进行简化，把小网格改成大网格从而使服装整体模型文件数据内存变小
	烘焙光照贴图	对服装成衣效果的光照烘培到衣服上，让成衣层次廓型更明显

2. **开始栏工具功能**（表2-2）

表2-2

图标	名称	功 能
	选择/移动	在2D和3D视窗中对板片进行选中、移动操作，模拟状态下在3D视窗对板片进行拉扯拖拽操作
	编辑板片	在2D和3D视窗中对板片边线、内部线和点进行拖动和编辑等操作

续表

图标	名称	功　能
	线缝纫	将板片的边线或内部线进行缝纫缝合
	多段线缝纫	将多选线段与多段线段进行缝合
	自由缝纫	在边线或内部线上自由点选缝纫线的起点，沿边线或内部线进行拖动，自由选择任意位置为终点
	多段自由缝纫	以自由缝纫的方式将多选线段与多段线段进行缝合
	编辑缝纫	对已有的缝纫线进行编辑，可以拖动缝纫线的端点，选中缝纫线可以编辑缝纫线折叠角度和缝纫线的强度，可以对缝纫线属性进行编辑
	添加假缝	在3D视窗里将板片进行点对点缝合固定在一起，类似珠针或别针对服装进行固定
	假缝到模特	在3D视窗里将板片的某个位置以点对点的形式固定在虚拟模特的某位置，类似使用珠针将衣服固定在人台上
	模特圆周胶带	在3D视窗虚拟模特上进行标记，类似人台的标记胶带线，可将衣服板片边线或内部线粘到胶带上
	归拔	在3D视窗内对衣服进行收缩熨烫归拔拉伸
	重置2D	在3D视窗内将板片位置进行重置，使其与2D视窗位置一致内
	重置3D	在3D视窗内将板片位置进行重置，使其与原安排点放置位置一致
	折叠安排	在3D视窗内根据板片内部线和缝纫线可以对板片进行翻折
	翻折褶裥	对连续同一种打褶工艺的折线进行角度编辑
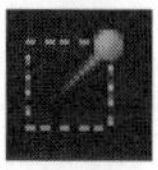	固定针	在2D和3D视窗内对板片所选区域进行固定，使其在模拟状态下不发生变化，也可对该区域进行拖动
	模拟	模拟缝纫线拉力及重力作用下服装的效果

3. 板片栏工具功能（表 2–3）

表2–3

图标	名称	功 能
	多边形	在2D视窗内绘制闭合板片，或在2D/3D视窗板片内部绘制内部线或内部图形
	长方形	在2D视窗内绘制长方形板片，或在2D视窗板片内绘制内部长方形
	圆形	在2D视窗内绘制圆形板片，或在2D视窗板片内绘制内部圆形
	加点	在板片边线或内部线上进行加点操作
	编辑圆弧	在2D视窗内对板片边线或内部线圆弧进行弧度调整
	编辑曲线点	在2D视窗内对板片边线或内部线的曲线点进行编辑
	生成圆顺曲线	对板片或内部线图形的角进行圆弧处理
	延展	在2D视窗内对板片进行展开或收缩
	刀口	在板片净边处创建、编辑刀口
	注释	在板片内任意位置输入文字注释
	勾勒轮廓	将基础线勾勒为内部线或内部图形
	省	在板片外轮廓净边插入尖省
	菱形省	在板片内部生成菱形省
	缝边	对板片净边进行缝边类型及大小等编辑

4. 素材栏工具功能（表 2-4）

表2-4

图标	名称	功　能
	编辑纹理	对板片的面料纹理方向和纹理大小进行编辑
	印花排料	通过排唛架对面料的花形进行排料
	调整图案	对图案进行位置拖动、旋转、放大缩小、正反显示、经纬向、连续平铺或板片铺满等调整
	图案与参考图	添加图案和参考图，切换图案编辑和参考图编辑
	粘衬条	对板片的边线进行粘衬工艺
	纽扣	在板片上创建纽扣，或对已有纽扣进行调整
	扣眼	在板片上创建扣眼，或对已有扣眼进行调整
	系纽扣	将纽扣和扣眼系在一起，或将系好的纽扣扣眼解开
	拉链	在板片边线或内部线上创建拉链，选中拉链可编辑拉链属性
	线段明线	在板片净边线段或内部线创建明线工艺，可对明线进行编辑
	自由明线	在板片任意位置设置明线起点，沿线段绘制明线
	缝纫线明线	在缝纫线两侧板片上创建明线
	编辑明线	对已有明线工艺进行编辑
	嵌条	根据板片或多个板片的连续边线绘制嵌条
	编辑嵌条	对已有的嵌条进行编辑

续表

图标	名称	功 能
	线褶皱	在板片的边线或内部线上创建褶皱工艺贴图效果
	自由褶皱	在板片任意位置设置褶皱起点，沿线段绘制褶皱
	缝纫线褶皱	在缝纫线两侧板片上创建褶皱
	编辑褶皱	对已有褶皱工艺进行编辑

5. 测量栏工具功能（表2–5）

表2–5

图标	名称	功 能
	编辑模特测量	对测量进行编辑操作
	表面圆周测量	在3D视窗内对虚拟模特表面圆周进行测量
	基本圆周测量	在3D视窗内对虚拟模特一圈进行测量
	基本长度测量	在3D视窗内对虚拟模特的表面长度进行测量
	表面长度测量	在3D视窗内对虚拟模特两个位置的间距进行测量
	高度测量	在3D视窗内对虚拟模特某个点到地面的距离的高度进行测量
	高度差测量	在3D视窗内对虚拟模特两个位置之间的垂直距离进行测量
	编辑服装测量	对服装测量进行编辑操作
	服装直线测量	对3D服装表面两点空间上的距离进行测量
	服装圆周测量	对3D服装在某一高度上围成维度的长度进行行测量

续表

图标	名称	功 能
	两点测量	对2D板片上两点间线段的长度进行测量
	线上两点测量	对2D板片同一条线上两点间线段的长度进行测量

6. **显示栏工具功能**（表2-6）

表2-6

图标	名称	功 能
	视角	通过键盘上的数字2、4、6、8、0、5切换3D视窗不同的视角，按F键视角对焦到鼠标选中点
	服装	在2D和3D视窗内对服装和服装上的纽扣扣眼、缝纫线、固定针、假缝、尺寸等进行显示和隐藏
	模特	在3D视窗中显示或隐藏虚拟模特或虚拟模特尺寸、安排点、安排板
	窗口	对软件界面上窗口进行显示和隐藏
	重置画面	对软件整个界面的视窗位置进行重置

7. **设置工具功能**（表2-7）

表2-7

图标	名称	功 能
	偏好设置	对操作快捷键、界面分辨率、内存显示、自动保存路径、保存时间长度等进行设置
	检查更新	检查是否有新版本发布并更新
	关于	关于软件现版本的信息
	在线手册	在线查看Style3D官方网站使用手册及教程
	自定义菜单	自定义快捷菜单

项目二　Style3D Fabric功能操作手册

工作任务：

任务一　下载与安装

任务二　界面与功能

任务三　数字化面料操作

授课学时：

4课时

项目目标：

1. 了解Style3D Fabric的下载及安装。
2. 熟悉Style3D Fabric的界面及功能。
3. 掌握Style3D Fabric数字化面料基本流程与操作。

教学方法：

讲解演示法、操作练习法。

教学要求：

根据本项目所学内容，学生可独立完成Style3D Fabric软件安装，并进行软件基础的操作。

任务一　下载与安装

一、Style3D Fabric 硬件配置

1. Style3D Fabric 计算机配置（图 2–13）

	最低配置	推荐配置	最高推荐配置
系统	Windows® 7 / Windows® 10 64位系统	Windows® 7 / Windows® 10 64位系统	Windows® 7 / Windows® 10 64位系统
处理器	Intel® Core™ i5 6400 或 AMD Ryzen 5 1500x	Intel® Core™ i7 8700 或 AMD Ryzen 5 3600	Intel® Core™ i9 9900K 或 AMD Ryzen 7 3800X 或更高
显卡	Intel(R) HD Graphics 620 显存2GB以上	NVIDIA® GeForce® GTX 2060 或Quadro P4000 显存6GB 以上	NVIDIA® GeForce® GTX 2080Ti 或 Quadro RTX 5000 显存8GB以上
内存	8GB	16GB	32GB
存储空间	20GB 硬件空间以上 推荐使用固态硬盘	20GB 硬件空间以上 推荐使用固态硬盘	20GB 硬件空间以上 推荐使用固态硬盘
显示器	最低 1920 x 1080	最低 1920 x 1080	最低 1920 x 1080
鼠标	两键滚轮鼠标	两键滚轮鼠标	两键滚轮鼠标

图2–13

2. Style3D Fabric 扫描仪（图 2–14）

品牌	EPSON
型号	V550 / V600
图像传感器	CCD
分辨率	4800 dpi * 9600dpi
接口类型	USB2.0

图2–14

二、Style3D Fabric 下载安装

1. Style3D Fabric 软件下载

登录网址：https://www.style3d.com，输入账号密码进入平台页面，在应用中心软件工具模块，下载Style3D面料处理软件（图2-15）。

图2-15

2. Style3D Fabric 软件安装

双击下载的Style3D Fabric软件安装包进行安装，安装完成后，打开即可使用（图2-16）。

图2-16

任务二　界面与功能

一、Style3D Fabric 软件界面

1. Style3D Fabric 窗口构成

Style3D Fabric由2D视窗、3D视窗、工具栏和属性编辑视窗构成。2D视窗可对面料贴图进行编辑，3D视窗可对面料效果进行展示，工具栏为文件、面料、设置等功能入口，属性编辑器可对面料渲染属性、面料物理属性等进行编辑（图2-17）。

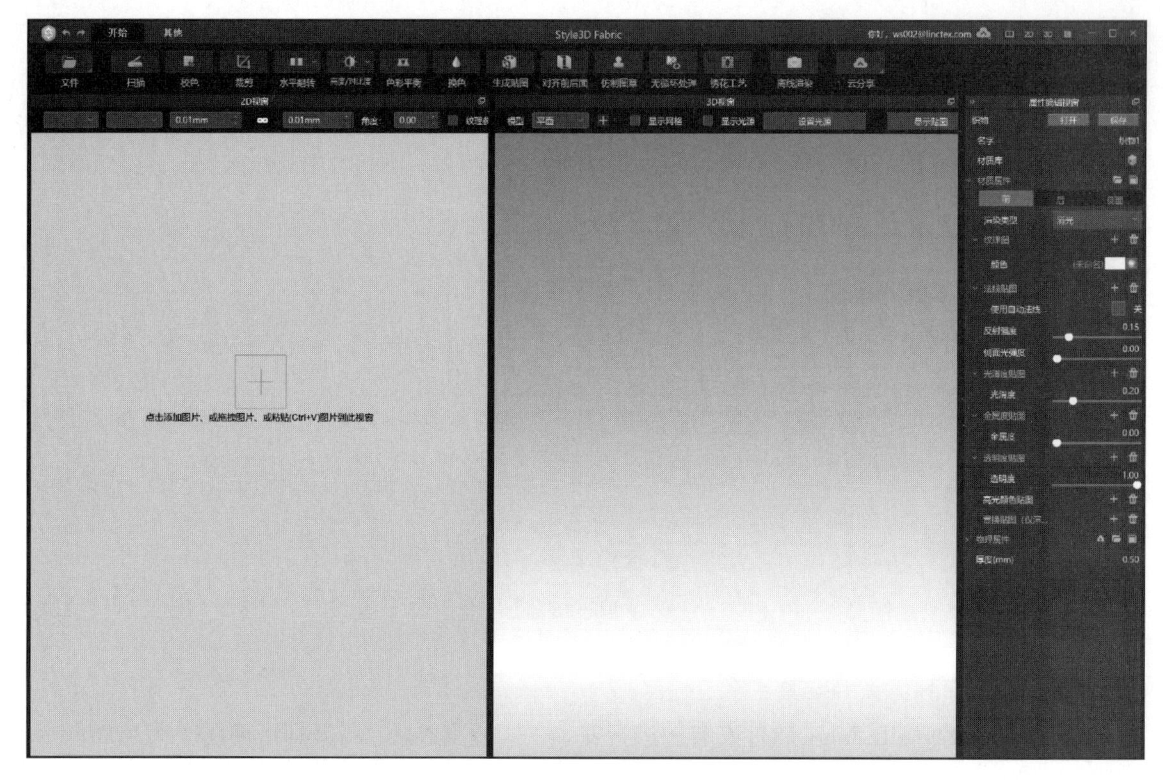

图2-17

2. Style3D Fabric **视窗控制**

在2D视窗中，可通过滚动鼠标滚轮放大缩小贴图，通过按住鼠标滚轮拖动平移贴图；在3D视窗中，可通过滚动鼠标滚轮放大缩小3D场景，通过按住鼠标滚轮拖动平移3D视角。

二、Style3D Fabric 基础功能

1. **开始栏工具功能**（**表** 2–8）

表2–8

图标	名称	功 能
	文件	新建工程文件，保存为FPROJ工程文件，导入扫描好的面料图片，导出处理好的贴图文件，导出处理好的面料工程文件
	扫描	点击可以直接扫描面料，前提是计算机要连接扫描仪并安装驱动
	校色	针对不同扫描设备自动校色，解决设备产生的色差问题
	裁剪	裁剪面料中的循环单元

续表

图标	名称	功 能
	水平翻转	对面料图片进行水平翻转
	亮度/对比度	结合实物面料，调整亮度和对比度数值
	色彩平衡	结合实物面料，调整色彩平衡数值，矫正偏色
	换色	对色块进行更换或删除
	生成贴图	根据面料实际效果生成相关贴图
	对齐前后面	将前面、后面纹理图进行快速对齐
	仿制图章	修复面料局部的脏点或坏点
	无循环处理	将豹纹、毛绒、大循环等无循环的面料小样生成有循环的单元
	绣花工艺	将花稿转为绣花工艺图
	离线渲染	对面料图片进行渲染
	云分享	输入账号密码，一键上传面料到平台

2. **其他栏工具功能**（表2–9）

表2–9

图标	名称	功 能
	视角	切换视窗不同视角
	窗口	切换不同窗口查看内容

续表

图标	名称	功 能
	重置画面	重置回到原始画面
	设置	对快捷键、用户界面、扫描等进行设置
	检查更新	检查并更新到最新版本
	在线手册	在线查看Style3D官方网站使用手册
	视频教程	在线查看Style3D官方网站视频教程
	关于	链接帮助中心，查看相关功能说明

任务三 数字化面料操作

一、面料扫描

1. 面料判别

在扫描前需要根据面料属性进行判定，来确定面料的录入方式。在收料后，需要确定面料是否具有立体结构，如动物毛皮、长毛丝绒织物、立体褶皱等不平整的面料；确定面料图案是否超出扫描范围；确定面料是否具有物理属性，如反光、感光等不易被扫描的外观属性，若为是，则通过拍照来进行录入；若为否，则通过扫描来进行录入。

2. 面料准备

准备的面料大小为A4左右，尽量不要有折痕、脏污等，以方便后续处理，花纹、格子等图案面料至少需要一个四方循环，用于连续拼接得到数字化面料（图2-18）。

图2-18

3. 扫描仪设置

扫描仪设置参考红色标识内容，分辨率在600dpi以内，图像格式设为JPG格式（图2-19）。

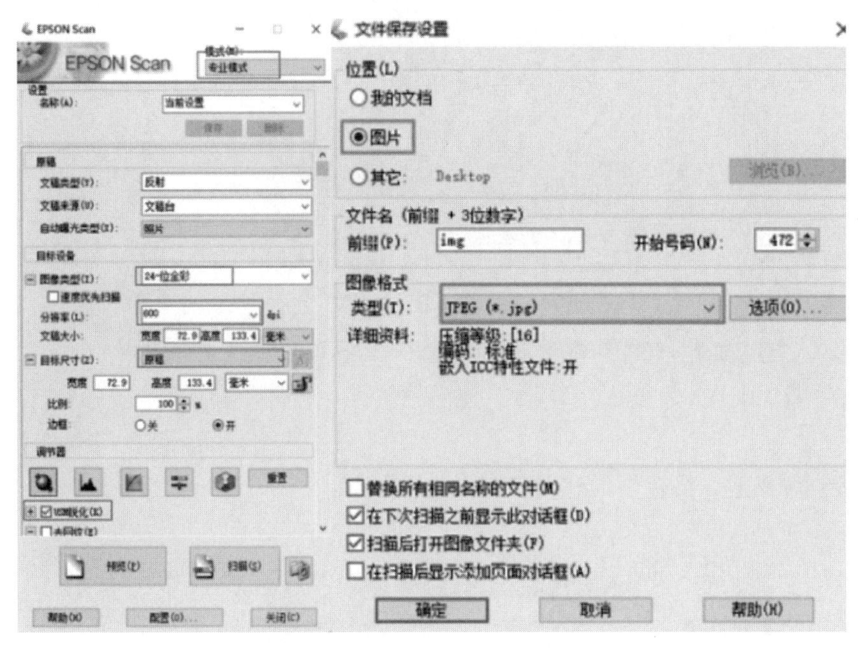

图2-19

4. 面料扫描

（1）面料正面朝下，正织向纹理（上下垂直），平整放置于扫描仪内（图2-20）。

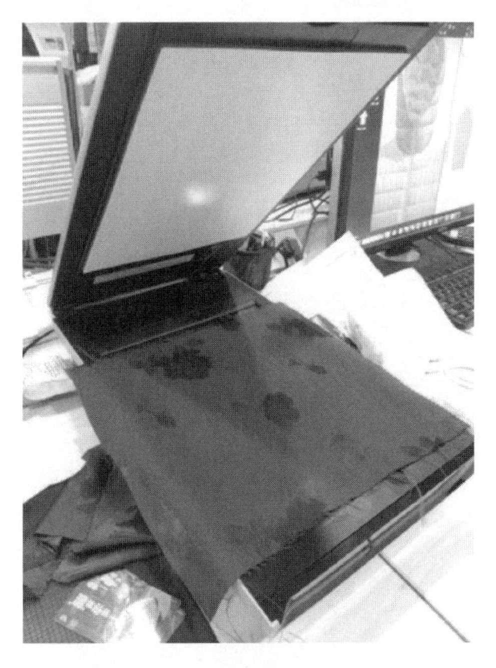

图2-20

（2）扫描预览，并对比实际面料（图2-21）。

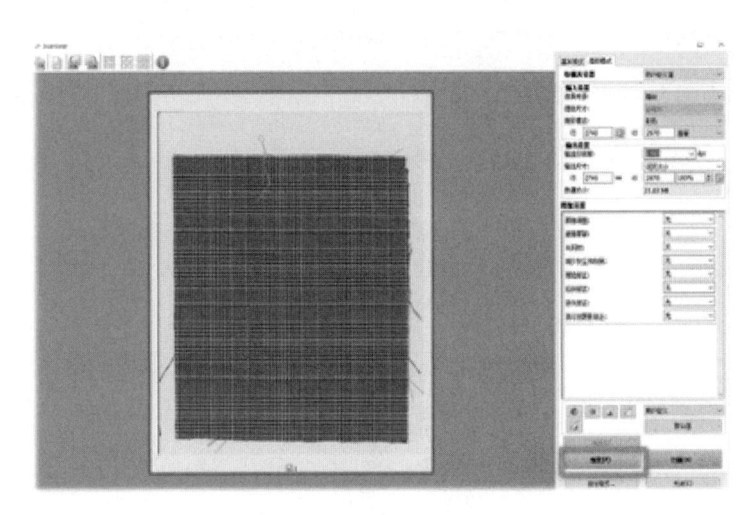

图2-21

（3）选择扫描区域，进行扫描并保存导出（图2-22）。

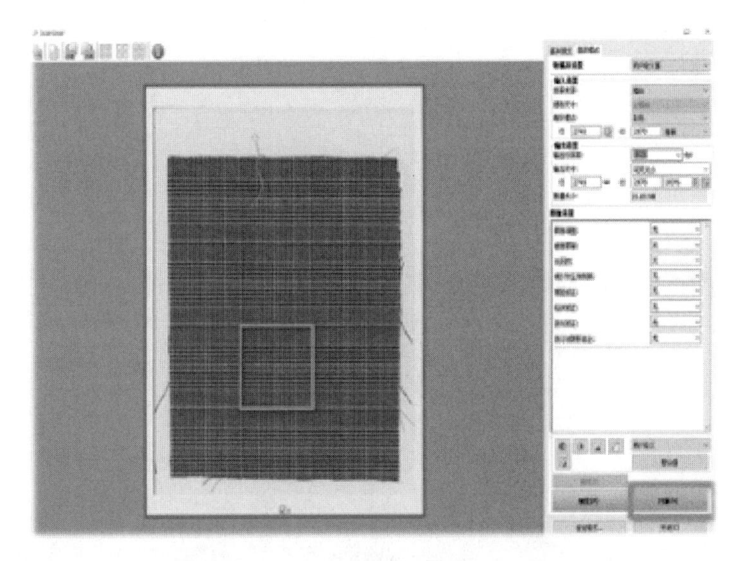

图2-22

5. 文件大小与格式

建议面料贴图大小小于30M，图像分辨率控制在4096dpi以内，若超出范围，软件会进行自动压缩。纹理贴图必须是JPG或者PNG格式，其中PNG用于有透明度的面料，JPG用于一切没有透明度的面料。

二、面料制作

1. 导入面料扫描文件

打开Style3D Fabric软件，点击文件—导入贴图来导入面料，在导入贴图窗口点击浏览选择扫描好的图片，一般面料处理导入扫描好的纹理图即可，特殊面料处理则需要用到其他贴图（图2-23）。

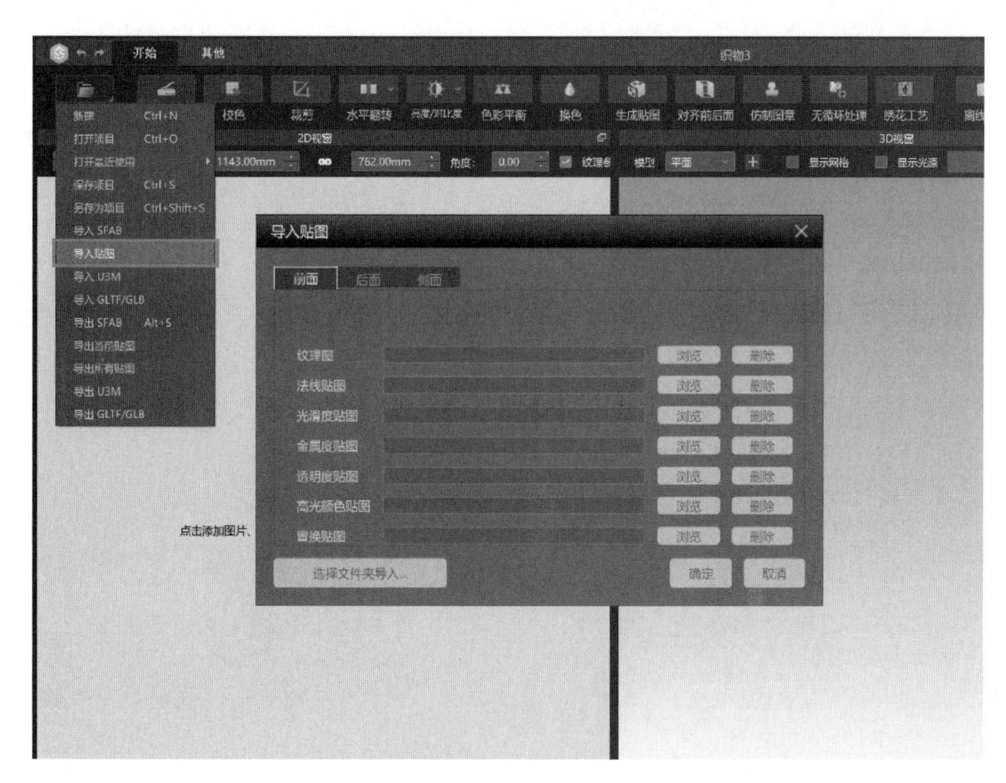

图2-23

2. 截取四方循环

点击裁剪，勾选联动裁剪，左键拖动选择一个四方循环的区域，拖动蓝点或线条对循环区域进行调整，可点击优化裁剪快速调整个循环区域，循环效果较佳时，区域线框为绿色（图2-24）。

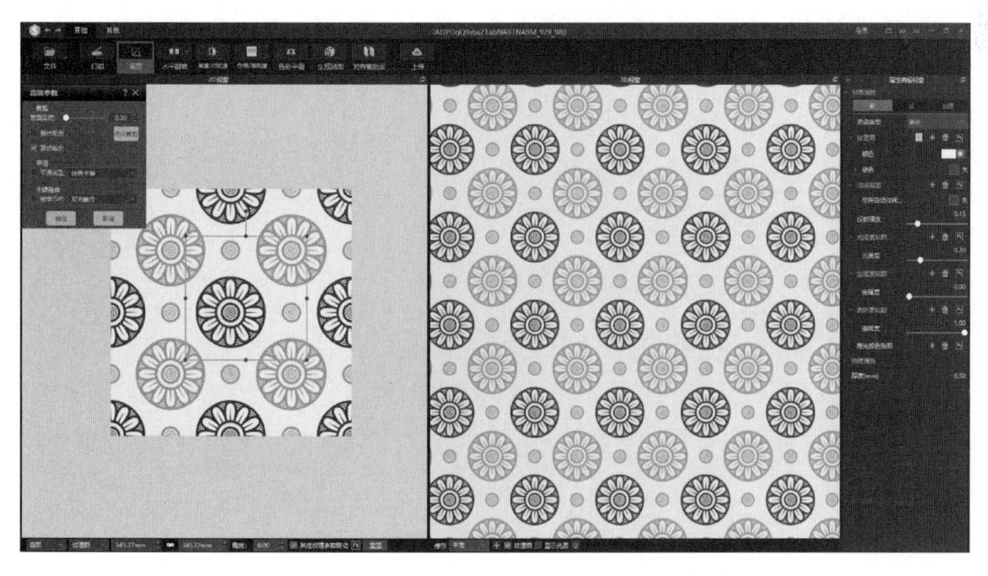

图2-24

3. 效果调整

对比实物面料，确定是否需要调整外观效果，在渲染类型中选择跟实物贴合的面料类型，并通过调整光滑度贴图、金属度贴图和透明度贴图等数值大小以达到外观效果（图2-25）。

图2-25

4. 导出文件

点击文件—导出SFAB面料文件，用于上传平台或资料保存。

三、面料上传

1. 软件云上传

通过软件一键上传，输入平台账号密码登录，导出设置，建议选择系统默认项。

2. 平台新增上传

在平台资源中心—面料库点击上传新增或批量上传，选择面料SFAB文件（图2-26）。

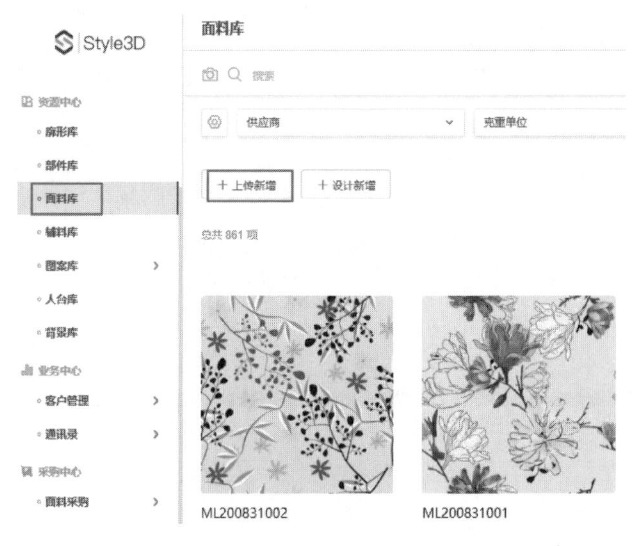

图2-26

第三章

3D 服装建模

项目一　3D 服装建模初阶

任务一　男 T 恤

任务二　百褶裙

任务三　连衣裙

项目二　3D 服装建模中阶

任务一　男衬衫

任务二　牛仔裤

任务三　女风衣

项目三　3D 服装建模高阶

任务一　男西装

任务二　冲锋衣

任务三　羽绒夹克

项目四　3D 服装建模拓展

任务一　文胸

任务二　泳装

任务三　手提包

项目一 3D服装建模初阶

工作任务：

任务一 男T恤

任务二 百褶裙

任务三 连衣裙

授课学时：

18课时

工作目标：

1. 了解数字样衣的缝纫制作流程。

2. 熟悉数字样衣的基础缝制方法。

3. 掌握数字样衣的基础工艺处理。

教学方法：

任务驱动教学法、理实一体化教学法。

教学要求：

根据本项目所学内容，独立完成3D样衣缝制。

任务一 男T恤

工作目标：

1.掌握板片的安排方法。

2.掌握缝纫工具的操作方法。

3.掌握数字T恤的工艺处理方法。

工作内容：

通过Style3D学习板片安排、虚拟缝纫、面料设置等操作，完成数字T恤的缝制着装和模拟。

工作要求：

通过本次课程学习，使学生熟悉数字T恤的制作流程，掌握数字T恤的制作方法，培养学生对数字服装制作的理解能力。

工作重点：

线缝纫工具和自由缝纫工具的操作方法。

工作难点：

数字T恤工艺细节的处理方法。

工作准备：

T恤款式图和DXF格式板片文件（图3–1、图3–2）。

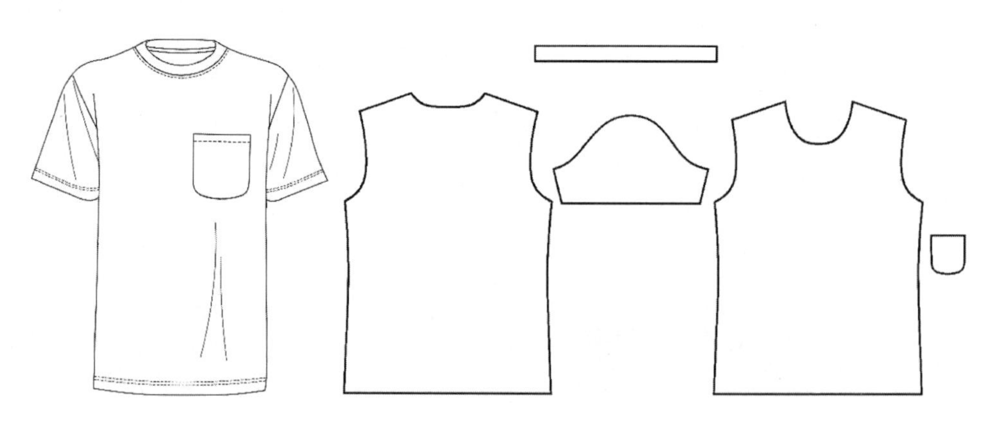

图3–1 图3–2

一、数字样衣开发

1. 导入安排

（1）在文件栏单击导入DXF文件，选中T恤文件，点击打开，勾选对应选项，点击确定导入板片（图3-3）。

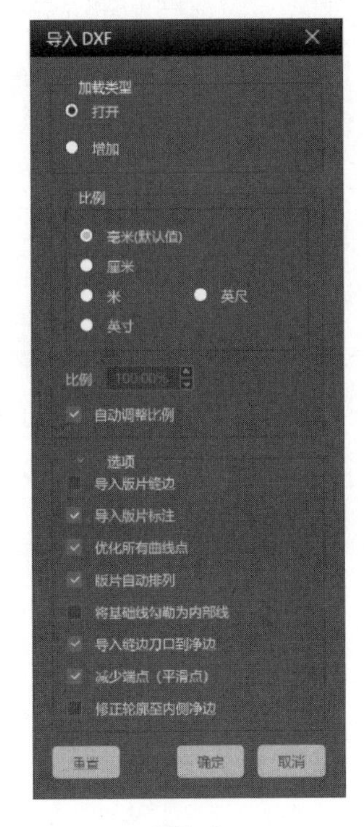

图3-3

（2）在场景管理视窗中点开素材库—虚拟模特，双击虚拟模特进行导入，打开虚拟模特文件窗口点击确定（图3-4）。

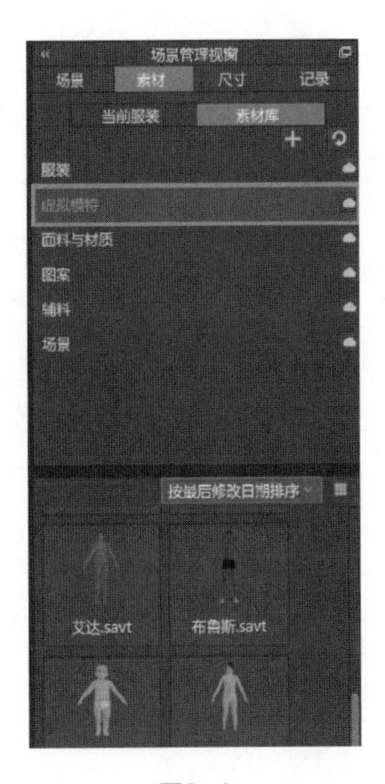

图3-4

▪导入

可导入DXF格式的板片文件，导入OBJ格式的模型附件或模特，导入FBX格式的模型、模特或带动作的模型、模特文件，导入SCO格式的项目工程文件。

▪场景管理视窗

场景管理视窗初始位于场景左侧，具有场景、素材、尺寸、记录四个分页。

1. 场景

展示工程中包含的元素实例。通过眼睛符号可以控制元素是否显示；通过点击可以对元素进行选择、重命名。此外还可对板片进行分组、冷冻和失效操作。

2. 素材

（1）当前服装分页：展示当前工程用到的元素样式。可对用到的样式进行新增、拷贝、删除、应用等操作。角标为蓝色的样式，为新增元素时会应用的样式。

（2）素材库分页：展示系统预置样式和网络中获得的Style3D Cloud素材。

3. 尺寸

展示当前服装中产生的服装测量尺寸、模特尺寸，以及不同码的放码信息。

4. 记录

存储设计过程中产生的草稿记录及历史记录。

（3）单击开始—“选择/移动”工具，单击板片，根据3D虚拟模特剪影的位置在2D板片视窗中移动放置对应板片（图3–5）。

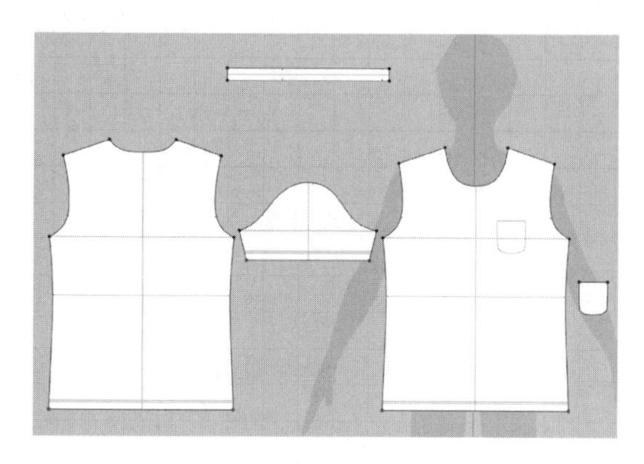

图3–5

选择/移动

在2D/3D视窗中可以对板片进行选中、移动，选中板片按鼠标右键可以对板片进行更多的操作，如冷冻、硬化、复制、水平翻转、垂直翻转。3D视窗右击板片时可进行重置安排位置、移动到外面、移动到里面、变焦到全景、表面翻转等操作。2D视窗右击板片可进行克隆对称板片、旋转角度、克隆为内部图形及生成里布层等操作。模拟状态下在3D视窗可以对板片进行拉扯拖拽。

（4）单击开始—“重置2D”，将3D服装视窗中的板片按照2D板片视窗摆放的位置重新安排（图3–6）。

图3–6

重置2D

按照2D视窗中的板片的位置在3D视窗中对所有板片重新进行排列。

（5）在3D视窗左上角图标工具中点击显示安排点（图3–7）。

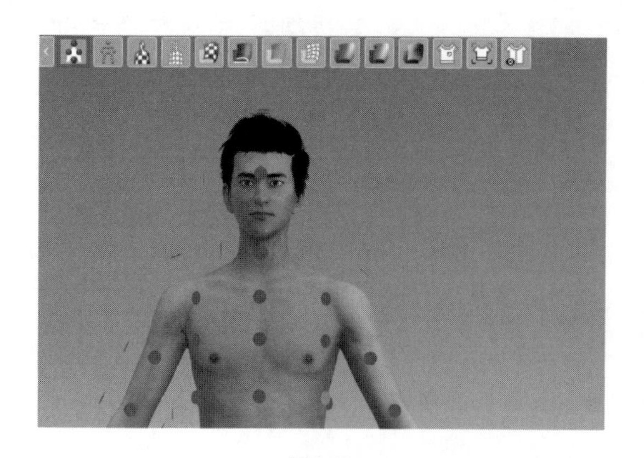

图3–7

显示安排点

显示和隐藏虚拟模特上的安排点，板片可通过安排点将服装板片以符合模特人体的曲面放置在模特周围。

开启模拟后会关闭安排点显示。

（6）单击开始—“选择/移动”工具，在前片上单击鼠标左键，在模特前中线安排点上再次单击鼠标左键安排板片（图3-8）。

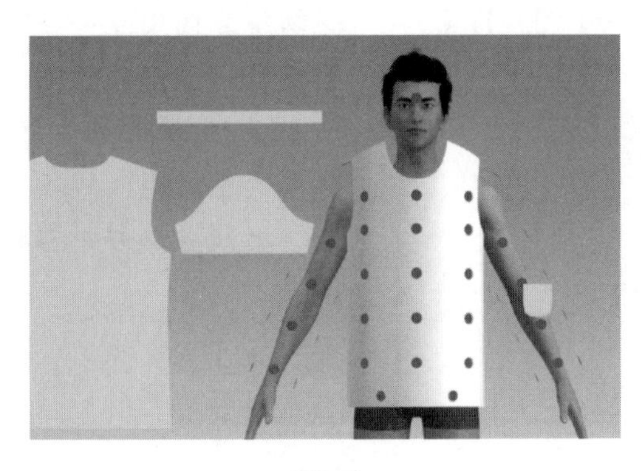

图3-8

（7）用“选择/移动”工具单击其他板片，再次单击虚拟模特身上对应位置处的安排点，将板片依次放置在对应安排位置，过程中通过视图控制对模特进行移动旋转（图3-9）。

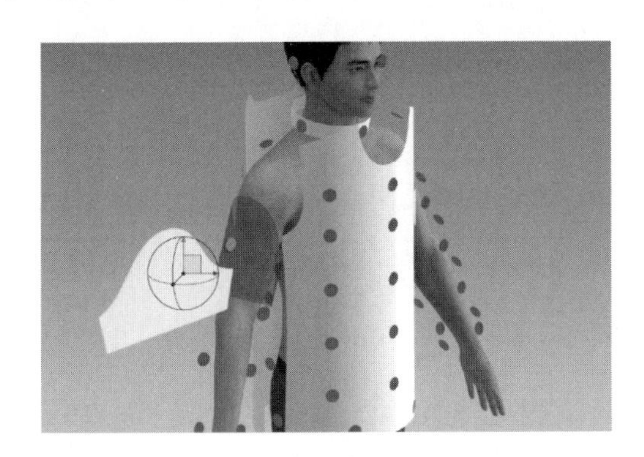

图3-9

（8）用“选择/移动”工具单击口袋板片，拖动定位球上箭头调整位置，向前拖动蓝色箭头，使口袋板片位于前片前方，便于后续模拟等操作（图3-10）。

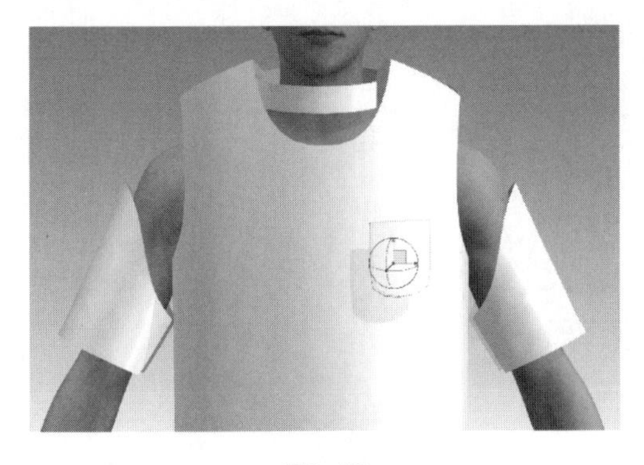

图3-10

▪视图控制

滑动鼠标滚轮可放大缩小视角，按住鼠标滚轮可以拖动视窗位置。拖动鼠标右键可旋转3D界面视角。

通过键盘上的数字2、4、6、8、0、5可切换3D视窗不同的视角，按F键视角对焦到鼠标选中点。

▪定位球

非模拟状态下，在3D场景中使用选择/移动功能点选板片之后会出现定位球，可以对板片进行平移和旋转操作。

红色箭头可对板片左右拖动，绿色箭头可对板片上下拖动，蓝色箭头可对板片前后拖动。

2. 样衣缝合

（1）开始—“线缝纫”工具在前片侧缝靠近上端部分左键单击，再在对应后片侧缝靠近上端部分左键单击，由于侧缝有刀口，“线缝纫”工具只会缝合侧缝上部分（图3-11）。

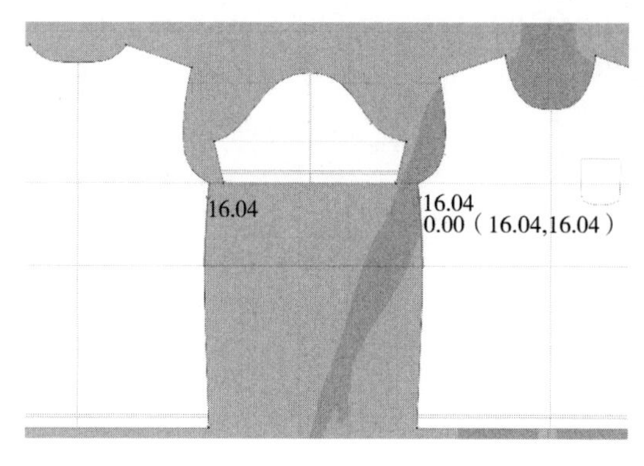

图3-11

（2）用“线缝纫”工具继续在前片侧缝下部靠近刀口部分单击，再在对应后片侧缝下部靠近刀口部分单击（图3-12）。

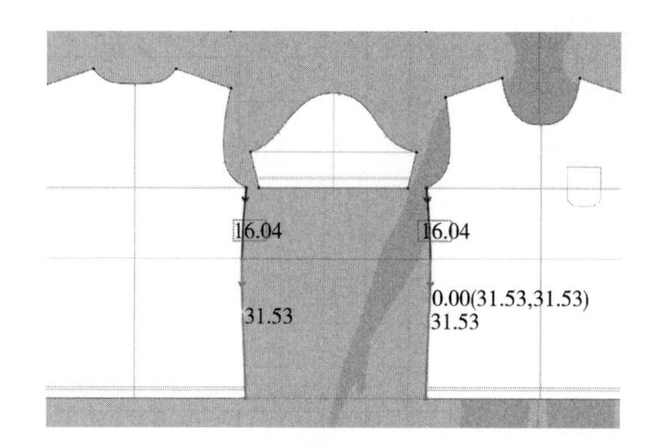

图3-12

（3）用“线缝纫”工具依次在前后片对应肩缝上靠近侧颈点位置单击，将肩斜缝合，另一侧侧缝和肩斜同理（图3-13）。

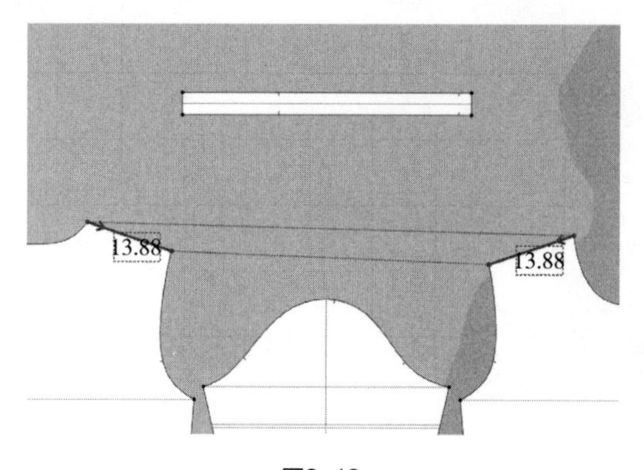

图3-13

线缝纫

依次点击要缝纫的两段线，在它们之间生成缝纫线。缝纫线方向由点击在线上的位置确定，点击的位置靠近哪个顶点，哪个顶点即为方向起点，缝纫时两侧线段方向应一致。直线点和刀口会将线段划分开。

（4）用“线缝纫”工具在袖片袖山线靠近前袖底点位置单击，再在前片袖窿弧线靠近袖窿底点位置单击（图3–14）。

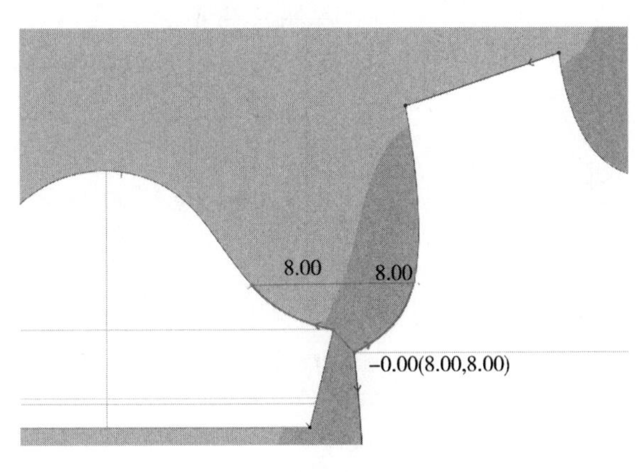

图3–14

（5）用“线缝纫”工具在袖片袖山线靠近袖山高点位置单击，再在前片袖窿弧线靠近肩点位置单击（图3–15）。

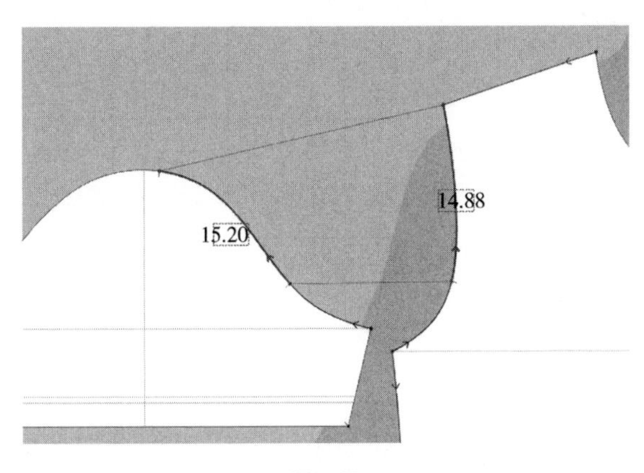

图3–15

（6）用“线缝纫”工具继续完成袖山线和袖窿弧线的对应缝合，注意缝纫线方向及对刀口缝纫（图3–16）。

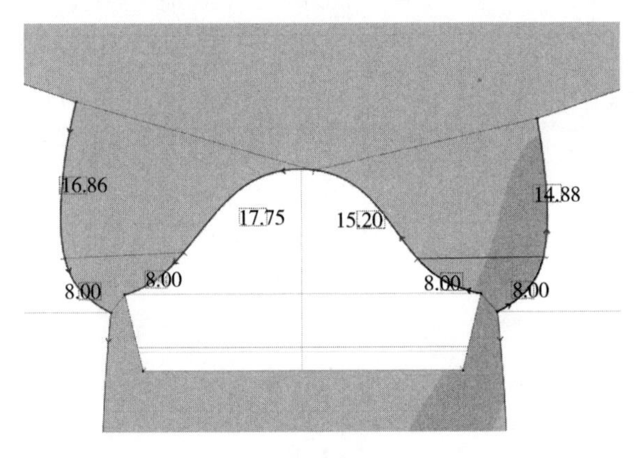

图3–16

◎◎◎**工艺提示**

袖窿缝合时要对刀口，使用缝纫工具分段对应进行缝纫。

（7）用“线缝纫”工具依次点击两条袖侧缝靠近袖底点的位置，完成袖侧缝的缝合（图3-17）。

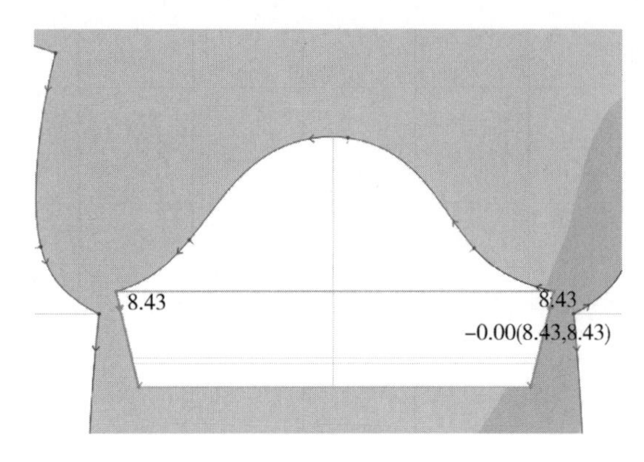

图3-17

◎◎◎工艺提示

注意领口样板实际制作的时候接缝不在肩缝而在后片，缝制时应遵循实际样衣制作进行缝纫。

（8）用“线缝纫”工具在领片下方靠近右侧刀口位置单击，再在前领围线靠近左颈点位置单击（图3-18）。

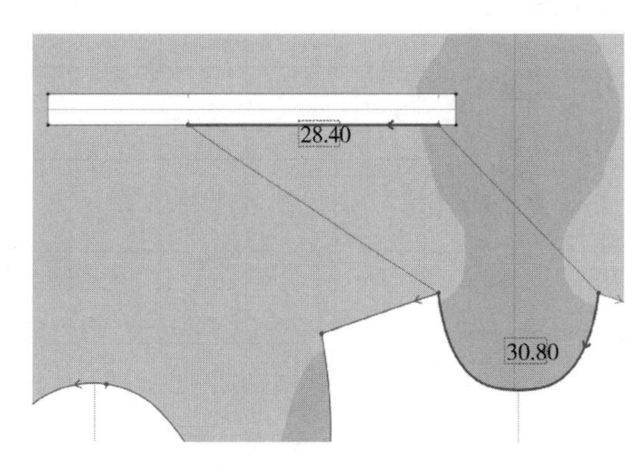

图3-18

（9）用“线缝纫”工具在后领围线靠近左颈点位置单击，按住“Shift”键，在领片下方右侧刀口右方靠近刀口位置单击，再在领片下方靠近左端点位置单击，松开“Shift”键，完成领片与领围线的缝合（图3-19）。

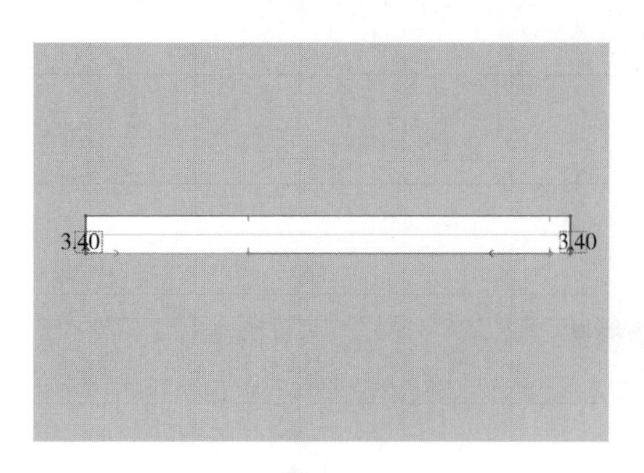

图3-19

线缝纫

按住“Shift”键可以进行单条线段和多条线段的缝合。鼠标先靠近单条线段的一侧进行单击，然后依次按照单条线段缝纫的方向点击多条线段，多条线段每条线段的缝纫方向需与单条线段缝纫方向一致，完成所有线段的缝纫后再松开“Shift”键。默认先点选的线段和后续点选的所有线段依次进行缝合。

（10）依次点击领片侧边靠近下端位置（图3-20）。

图3-20

（11）用“选择/移动”工具在袖片上单击右键“克隆对称板片（板片和缝纫线）”，按住“Shift”键将其平行放置在前片另一侧，将克隆的袖片与前后片之间的缝纫线补充完整（图3-21）。

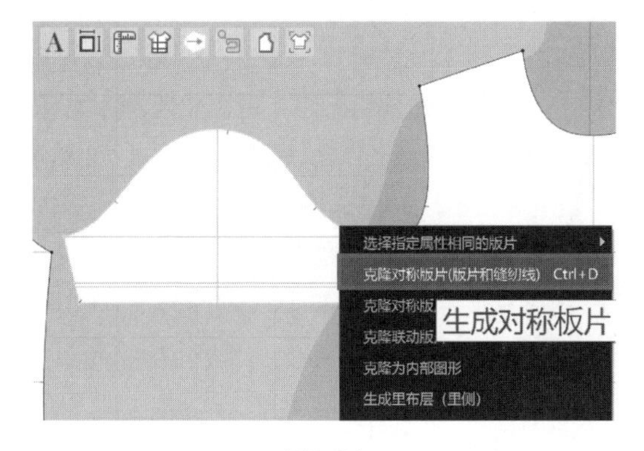

图3-21

（12）用“勾勒轮廓”工具框选前胸口袋基础线，按“Enter”键或线上单击右键选择“勾勒为内部图形”（图3-22）。

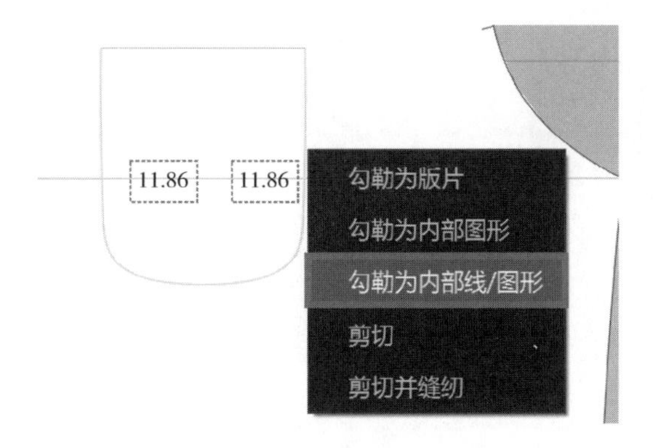

图3-22

▪对称板片

生成和当前板片形状互为镜像的另一板片，两片板片存在联动关系，即一边产生变化时，另一边即时产生相应的变化。

“克隆对称板片（板片和缝纫线）”在缝纫时联动生成对应位置缝纫线，即在后续操作过程中一端添加缝纫线，另一端自动生成对应的缝纫线，“克隆对称板片”则不会自动生成缝纫线。

对称板片在安排时会自动放在对称的安排点上。

板片克隆后，与非对称板片的缝纫线将无法克隆。

▪勾勒轮廓

鼠标点选基础线按回车键可生成内部线，鼠标点选基础线右键可选择生成内部线或内部图形。生成内部线多段连续的线端点是分开的，生成内部图形多段连续的端点是合并在一起的。

●○思考题

在T恤任务完成的过程中思考内部线和基础线的区别。

（13）开始—“自由缝纫”工具在口袋板片左上角单击左键，然后向下移动至右上角单击左键，再在口袋内部线左上角单击左键，向下移动至右上角单击左键（图3-23）。

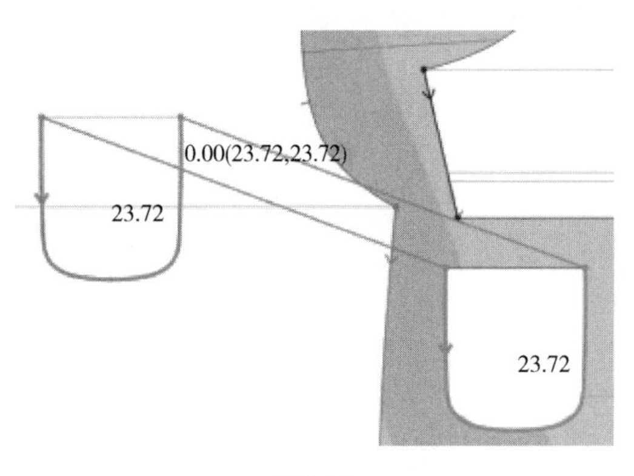

图3-23

（14）T恤板片缝合完成，若缝合过程中出现缝纫错误，可使用“编辑缝纫”工具进行编辑（图3-24）。

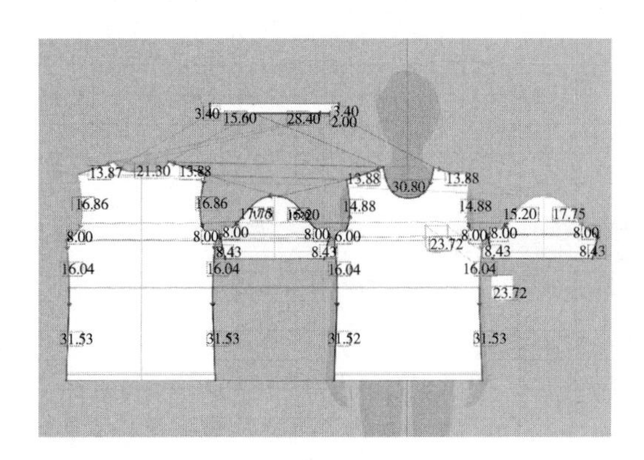

图3-24

3. 着装模拟

（1）在3D服装视窗中旋转检查缝纫线，是否有交叉错误（图3-25）。

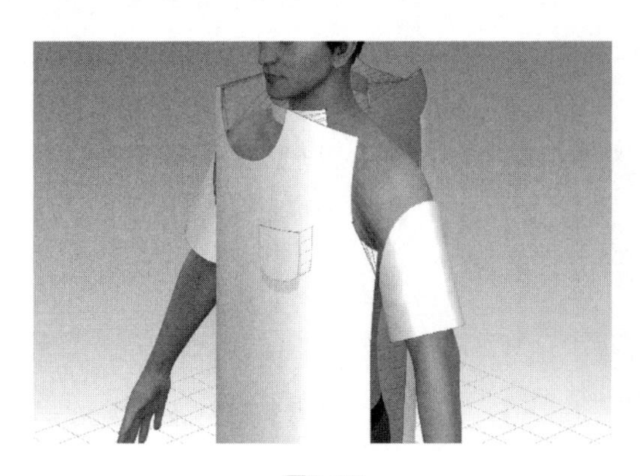

图3-25

自由缝纫

可以自由地在外轮廓线或内部线上点选缝纫线的起点，沿外轮廓线或内部线移动鼠标绘制缝纫线，并选择任意位置为终点。两侧缝纫线方向需为一致且默认鼠标选择缝纫线起点后初始移动方向为缝纫方向。按“Shift”键可以进行单边线段和连续多段线段的缝合。缝纫第二段缝纫线时会有一个和第一段缝纫线等距的提示点，鼠标在该提示点会受到吸附。

编辑缝纫

对已有的缝纫线进行编辑。可以拖动缝纫线的端点调整缝纫线起始点和完成点，可以拖动整条缝纫线调整缝纫线位置，选中缝纫线按“Delete”键可以删除缝纫线，选中缝纫线可以编辑缝纫线折叠角度和缝纫线的强度，可以对缝纫线属性进行编辑。右键缝纫线可以对缝纫线进行“失效缝纫线”及“调换缝纫线”的操作。

（2）点击“模拟”工具或空格键进行模拟着装（图3-26）。

图3-26

4. 工艺细节

（1）用“编辑板片”工具在下摆单击右键“板片外线扩张”（图3-27）。

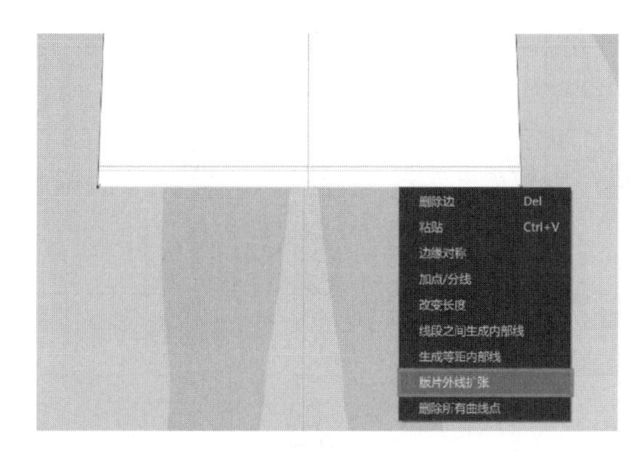

图3-27

（2）在板片外线扩张窗口中间距输入2.5cm，勾选“生成内部线”，侧边角度“镜像”（图3-28）。

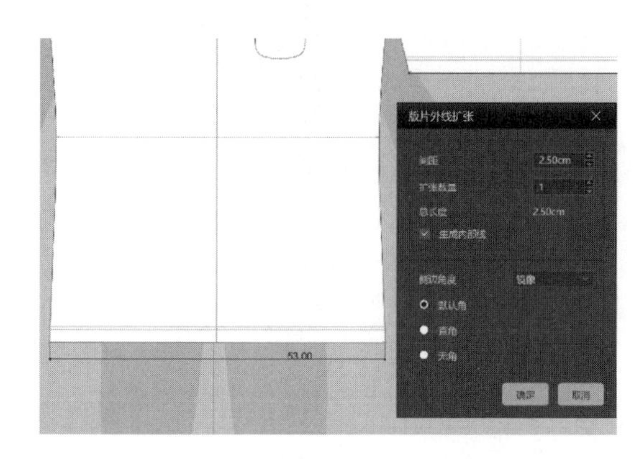

图3-28

模拟

模拟缝纫线拉力、重力及摩擦力等作用下服装的效果。模拟状态下服装会表现出布料的柔性特征，可以对布料进行拖拽。

编辑板片

对板片的内部线和点进行选择、拖动及右键进行相关操作。按住“Shift”键可进行多选。拖动过程按鼠标右键可以输入相对数值，选中外轮廓线或点击鼠标右键可以进行更多操作，如板片外线扩张、生成等距内部线，设置弹性抽褶和点转换曲线点等。

板片外线扩张

将板片部分净边向外扩张一定距离，并保持其余净边不动。

对板片净边使用右键菜单功能，净边将基于设置向板片外部移动，并且不影响板片原有形状。

可设置移动距离、移动过程中是否生成内部线、移动之后净边边缘切角、净边之间夹角形状。

（3）用“勾勒轮廓”工具，按住“Shift”键多选，将下摆两条缝合线勾勒为内部线（图3-29）。

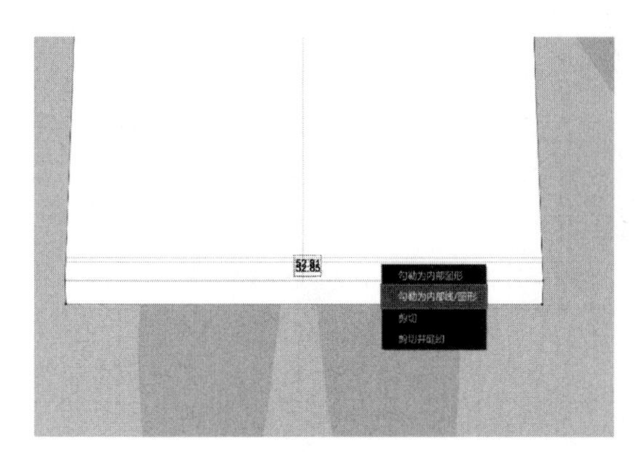

图3-29

（4）用“编辑板片”工具右键单击下摆线段，线段上单击右键“生成等距内部线”，间距为0.5cm（图3-30）。

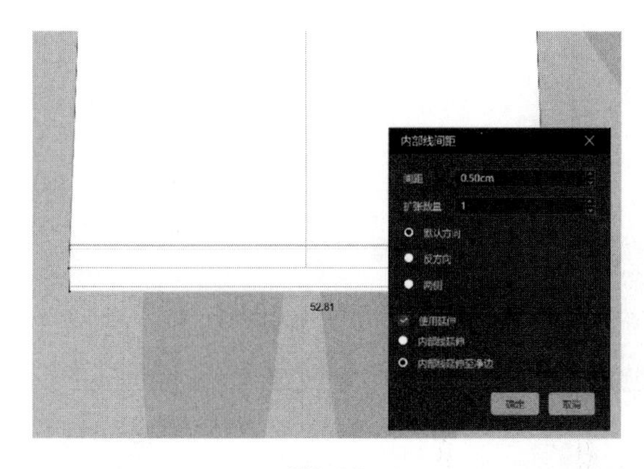

图3-30

（5）开始—“折叠安排”工具，在3D服装视窗中单击翻折线，将下摆折叠，属性编辑视窗中设置折叠角度值为0（图3-31）。

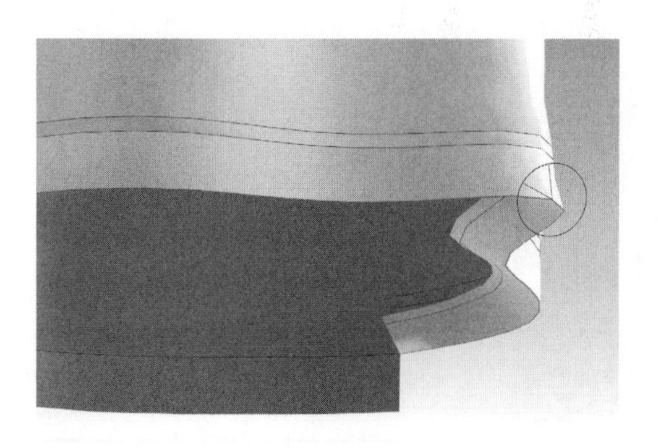

图3-31

▪生成等距内部线

生成与当前线段平行的内部线，设置间距可生成多条，可设置是否将端点延伸到净边。

▪折叠安排

对板片的内部线和缝纫线进行折叠，可对内部线和缝纫线角度进行旋转。

▪折叠角度

折叠角度表示该内部线的两侧面所呈夹角度数。折叠强度表示为了维持该折叠角度所使用的力的大小。

折叠角度小于180°时，折线凸起，显示为红色；折叠角度大于180°时，折线凹陷，显示为绿色。

（6）用“选择/移动”工具在前片上单击右键“硬化”并打开模拟，使折叠效果更明显，可在虚拟模特上单击右键“隐藏模特”，或显示栏模特中关闭显示虚拟模特（图3-32）。

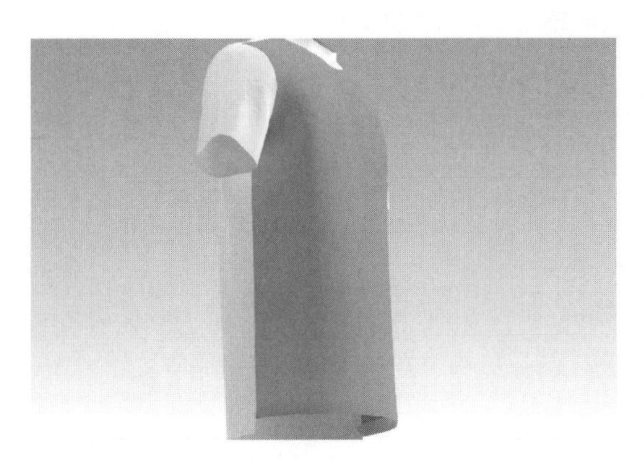

图3-32

（7）用“选择/移动”工具单击前片，在属性编辑视窗的模拟属性中将粒子间距值调整为5~10（图3-33）。

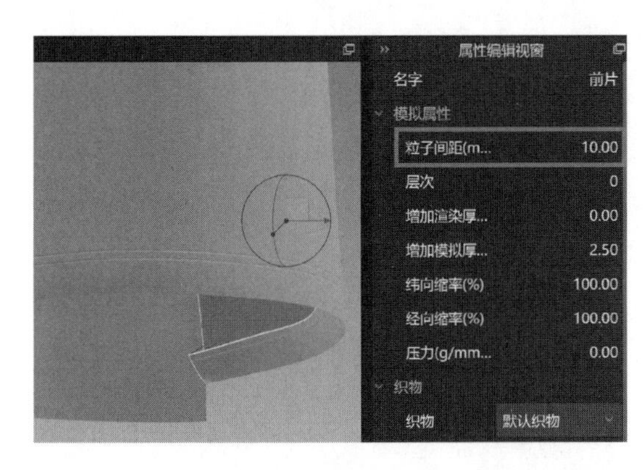

图3-33

（8）“线缝纫”工具将两条缝合线对应缝合（图3-34）。

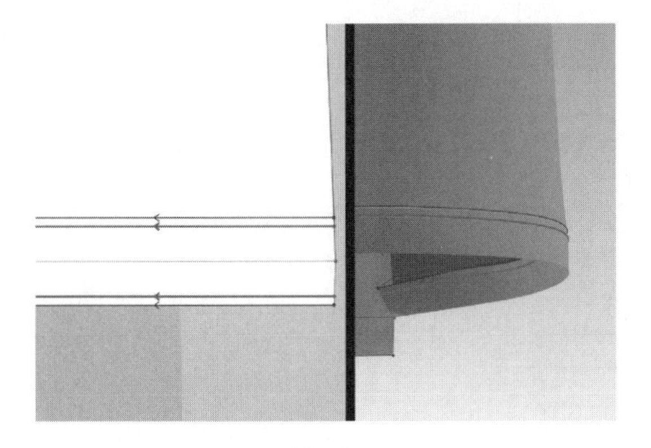

图3-34

▪硬化

硬化会使板片在模拟阶段表现得比原有物理参数更硬一些。

▪粒子间距

服装板片由三角网格组成，网格粒子间距越大，服装越粗糙；反之，网格粒子间距越小，服装越细腻。

（9）缝合后打开模拟，后片底摆和袖口进行同样的操作，完成模拟后在板片上单击右键“解除硬化”（图3-35）。

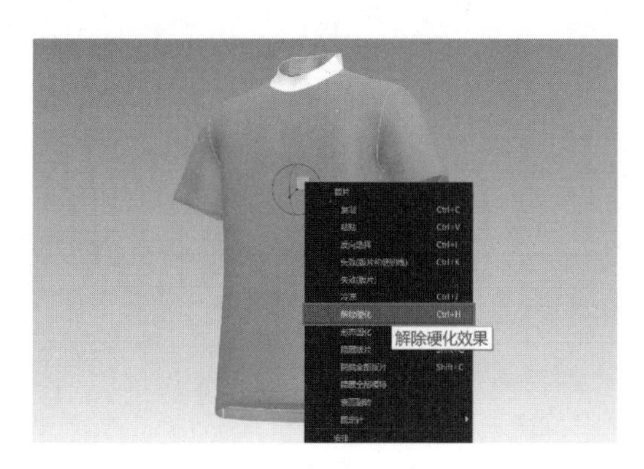

图3-35

（10）“编辑缝纫线”向下拖动袖片和前后片侧缝缝纫线的下端点，补充完整下摆和袖口的侧缝缝纫线（图3-36）。

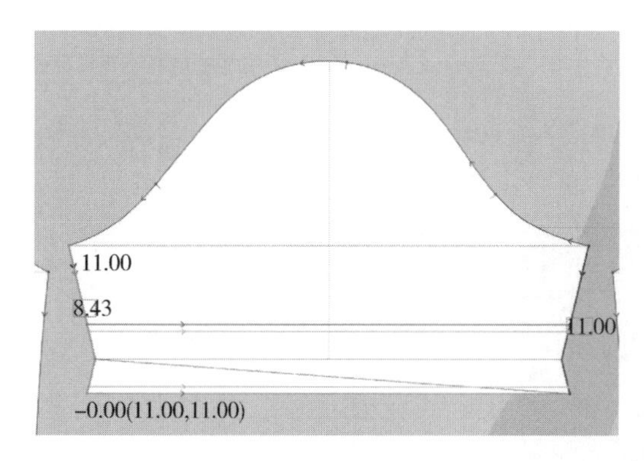

图3-36

（11）用“编辑板片”工具右键单击翻折线，线段上右键“生成等距内部线”，间距0.1cm，方向为两侧，使用延伸（图3-37）。

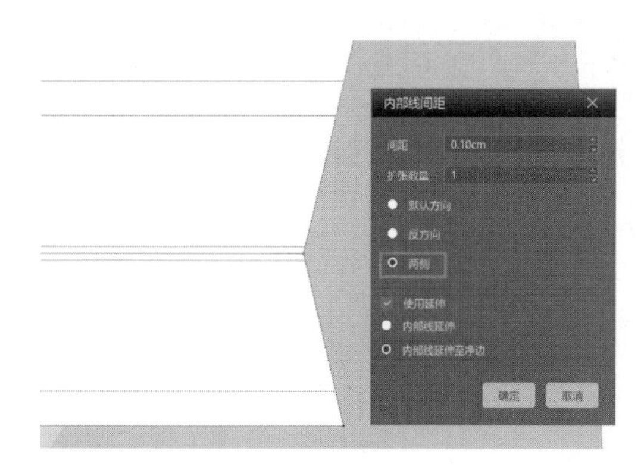

图3-37

◎◎◎**技巧提示**

翻折线两侧增加内部线可影响网格排列，使翻折更自然，内部线间距越小，翻折越细腻（图3-38）。

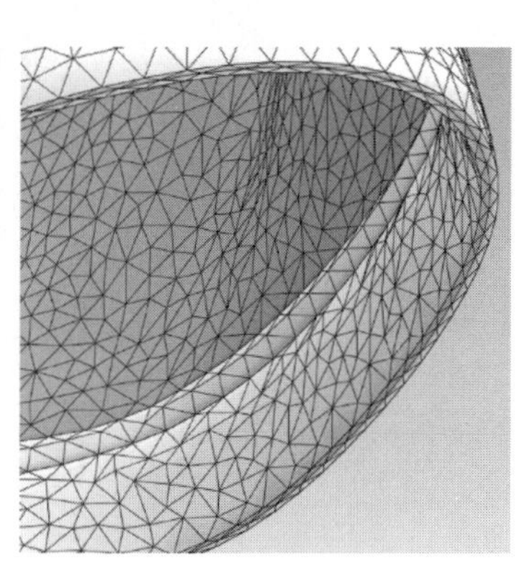

图3-38

（12）翻折线折叠角度值设置为180°，在属性编辑视窗中将三条内部线折叠渲染关闭，打开模拟，显示虚拟模特（图3-39）。

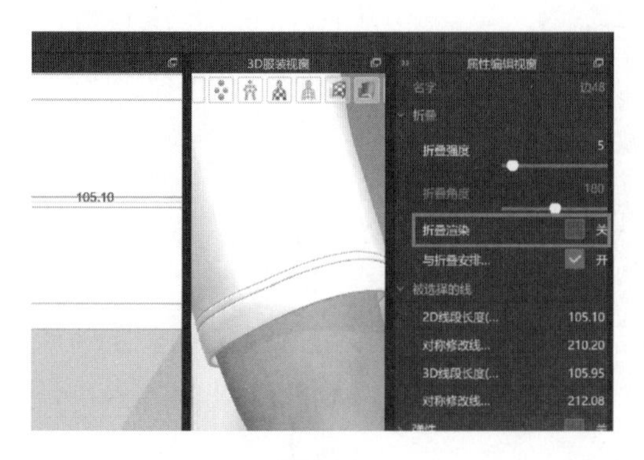

图3-39

（13）模拟状态下，用“选择/移动”工具单击虚拟模特，属性编辑视窗中将姿势切换为“I”，将模特手臂放下（图3-40）。

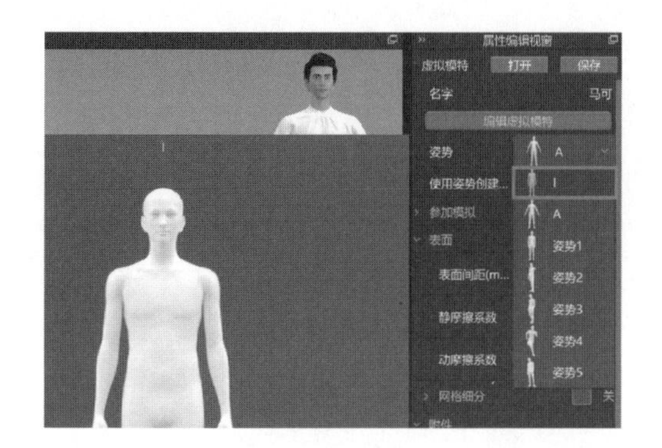

图3-40

（14）用“勾勒轮廓”工具将领片翻折线勾勒为内部线，折叠角度值为0，领片上单击右键“硬化”，开启模拟（图3-41）。

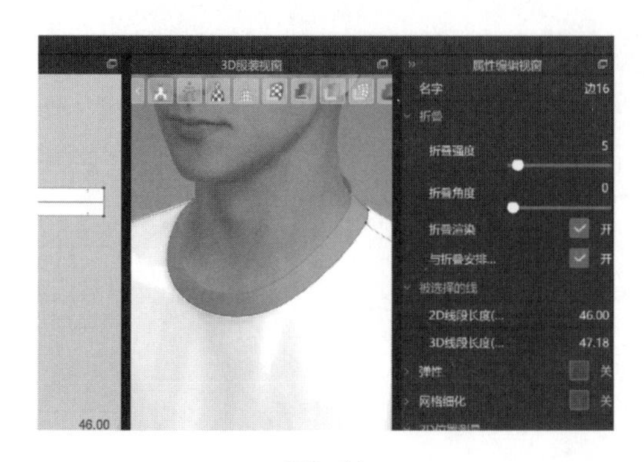

图3-41

◎◎◎**技巧提示**

打开折叠渲染翻折处会更加锋利，关闭折叠渲染可使翻折线更加圆顺柔和。

◎◎◎**技巧提示**

“编辑板片”工具在板片上从右向左框选内部线部分部位即可选中内部线；若从左向右框选则需框选线段全部方可选中（图3-42、图3-43）。

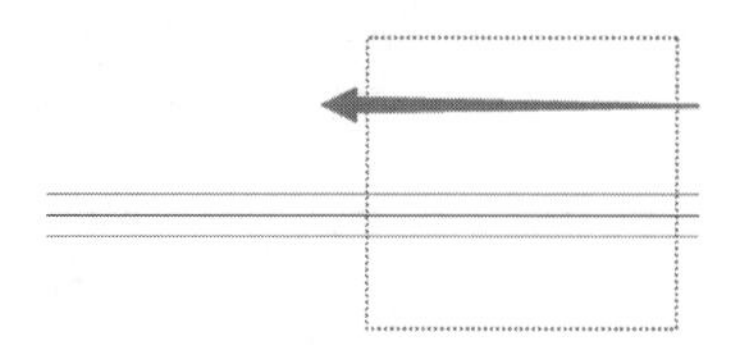

图3-42

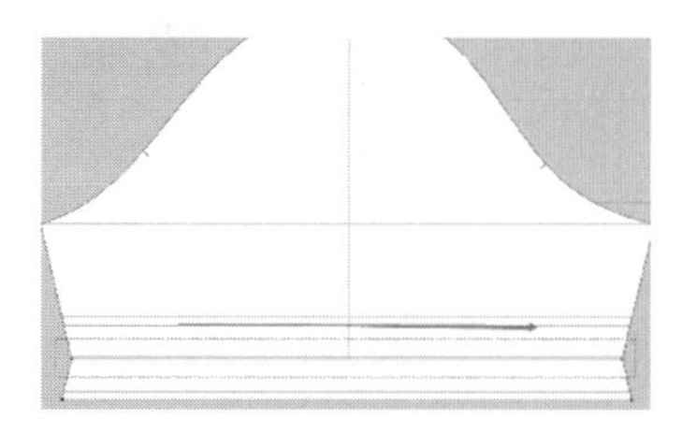

图3-43

◎◎◎**技巧提示**

姿势切换好后，在3D服装视窗中切换前后左右上下视角，查看T恤是否平整、前后是否平衡、左右是否对称。

（15）将领片上侧与下侧进行缝合，在属性编辑视窗中将缝纫类型改为“合缝”（图3-44）。

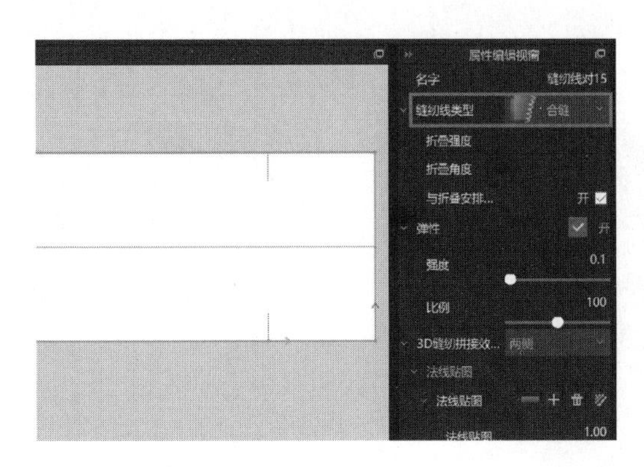

图3-44

▪缝纫类型

缝纫线类型包括平缝和合缝。

平缝指纸样的同一平面的拼接缝纫，如侧缝、肩缝的缝纫方式。

合缝指纸样有上下层缝纫关系，如贴袋的缝纫方式。

两个板片没有叠放关系的缝制效果一般是平缝，板片之间上下关系可以使用合缝，效果更好。

（16）领片解除硬化，在领片翻折线两侧生成等距内部线，模拟好后将翻折线折叠角度值设置回180°，在属性编辑视窗中将内部线折叠渲染关闭，降低领片粒子间距（图3-45）。

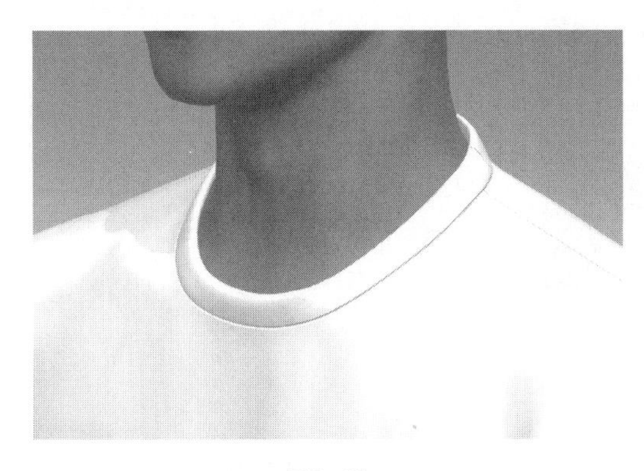
图3-45

（17）用“选择/移动”工具框选全部板片，单击右键“冷冻”（图3-46）。

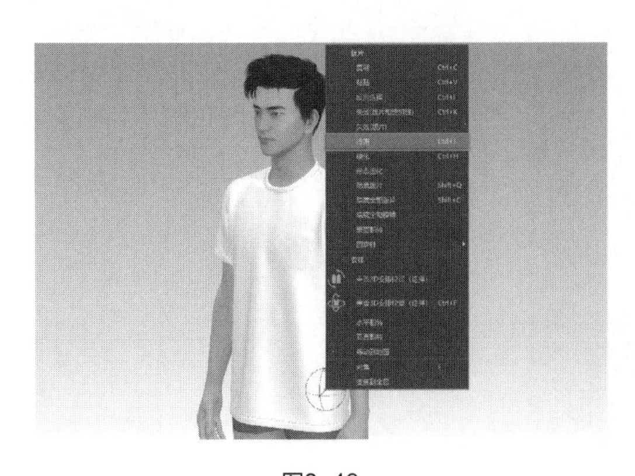
图3-46

▪冷冻

冷冻的板片模拟发生碰撞时不产生形变。冷冻的板片在3D场景呈浅蓝色样式，用于已调整好形态板片的固定，使其免受其他板片碰撞影响。

（18）用“编辑缝纫线”工具选中肩斜缝纫线，根据3D服装视窗中的模拟效果在属性编辑视窗中将缝纫线角度和强度调大，后片肩斜线上单击右键“生成等距内部线”，生成5条间距0.1cm的内部线，将后片解冻并打开模拟（图3–47）。

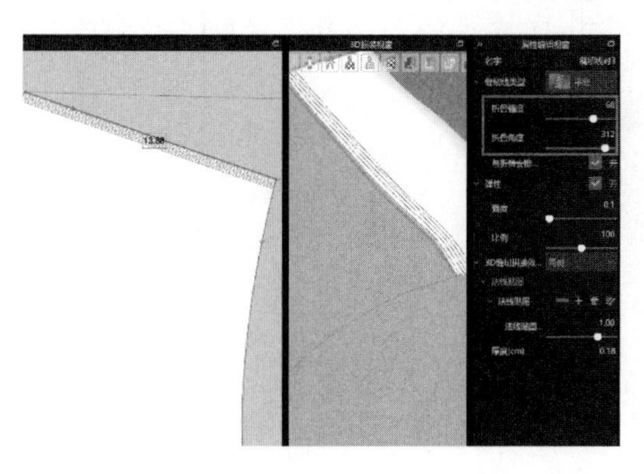

图3–47

◎◎◎**技巧提示**

增加密集内部线后网格的表现效果（图3–48）。

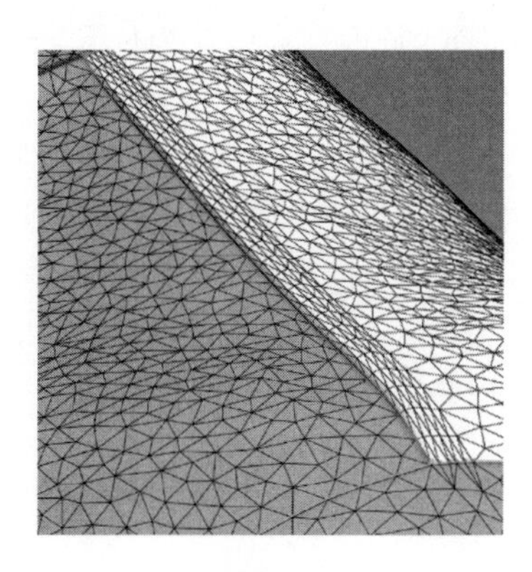

图3–48

（19）将后片冷冻，袖片操作同上（图3–49）。

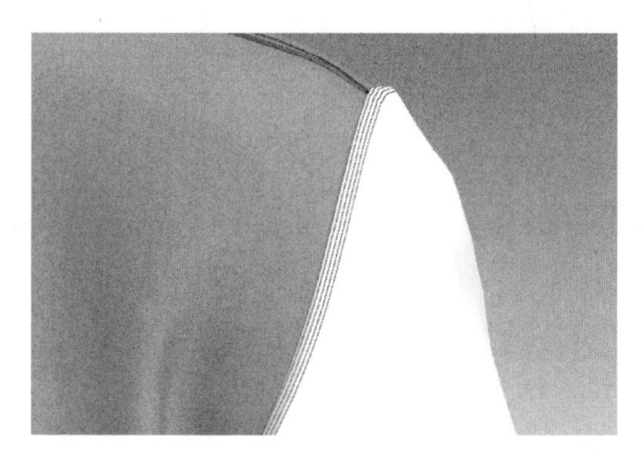

图3–49

（20）在口袋上生成一条间距为0.3cm的内部线，调大折叠角度和强度，降低粒子间距，打开模拟，模拟明线压痕的立体效果（图3–50）。

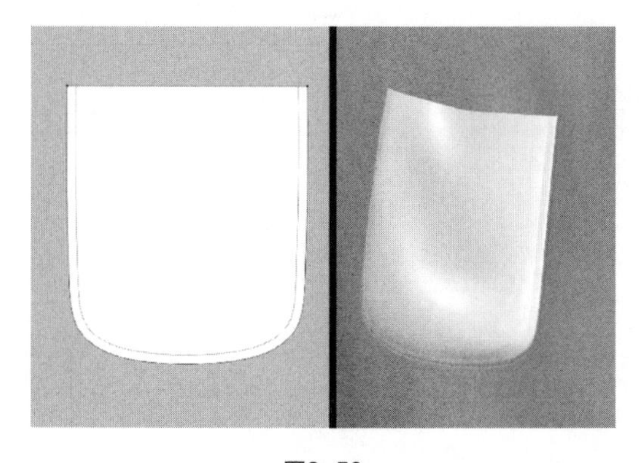

图3–50

5. 护领条制作

（1）用“编辑板片”工具左键单击后领围线查看长度，板片栏“矩形”工具在2D板片视窗单击左键，长度输入后领围线长度，高度值为1，绘制护领条板片（图3–51）。

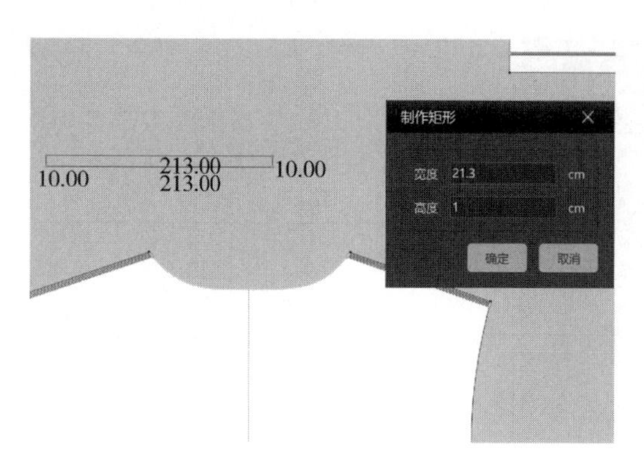

图3–51

（2）用“编辑板片”工具在后领围线上生成间距为1cm的内部线，内部线延伸至净边（图3–52）。

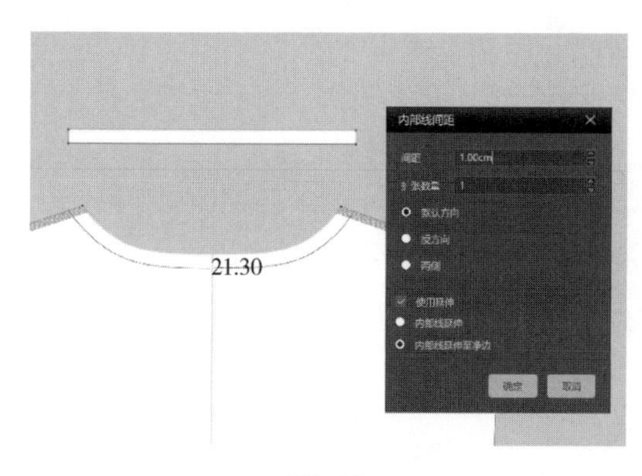

图3–52

（3）“线缝纫”工具与“自由缝纫”工具将护领条与后片进行缝合（图3–53）。

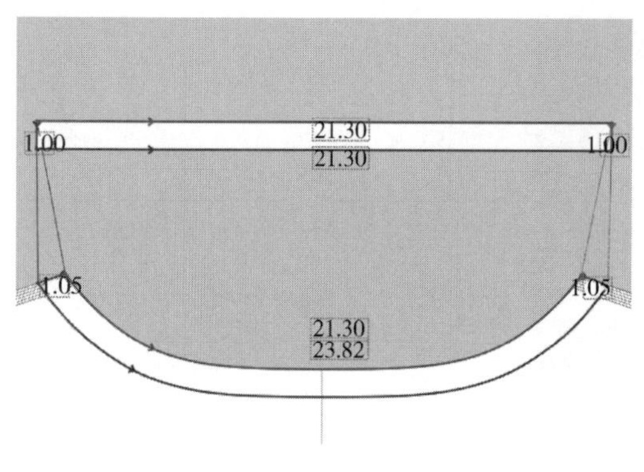

图3–53

矩形

生成矩形板片和内部图形。

生成矩形板片：在2D场景空白处点击通过对话框生成，或直接拖拽。

生成内部矩形：在板片中点击通过对话框生成内部图形，或直接拖拽。

（4）3D服装视窗中，用“选择/移动”工具在护领条板片上单击右键“移动到里面”（图3–54）。

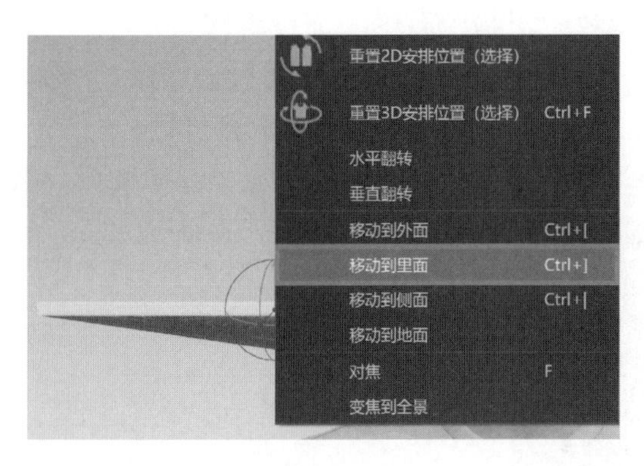

图3–54

（5）隐藏虚拟模特，用“选择/移动”工具单击护领条，在属性编辑视窗中将层次调为–1，降低粒子间距并模拟（图3–55）。

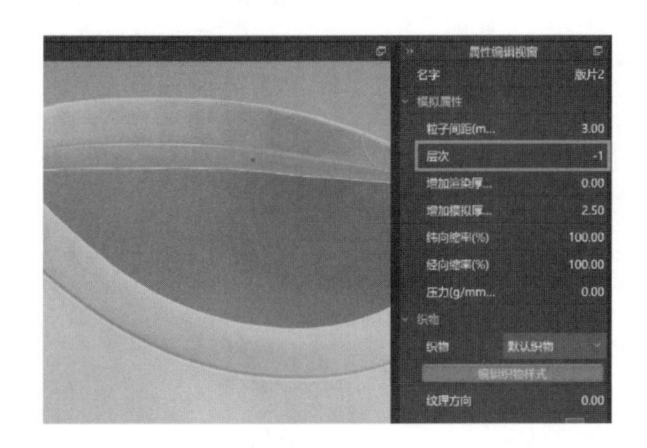

图3–55

（6）在护领条上下两边各生成一条间距0.2cm的内部线，在护领条上单击右键“生成里布层（里侧）”，层次调为–2（图3–56）。

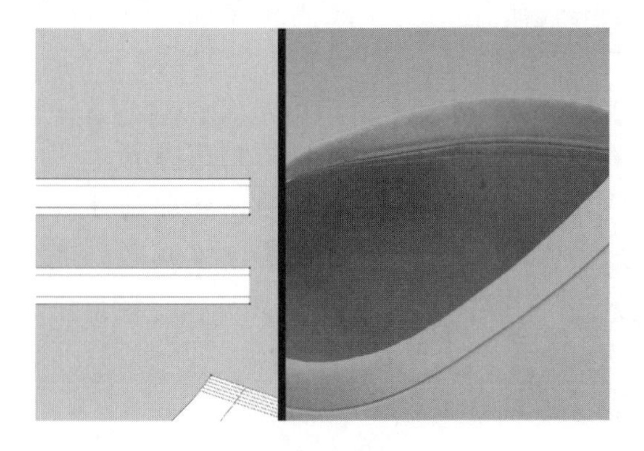

图3–56

▪板片层级

可以设定板片间的层次位置关系。

层次高的板片在模拟时会向层次低的板片法线方向的正方向（一般情况下是外面）移动，层次高的板片在层次低的板片的前面。一般来说面布层次高于里布等。

设置了层次的板片在3D场景中会显示为绿色，模拟结果稳定之后需将两板片层次设置回0。

▪生成里布层

生成和当前板片形状相同的板片作为里布/外布。

生成的板片与原始板片保持联动关系，外轮廓线和内部线会对应地自动缝合，用来制作羽绒服等双层结构服装。

二、数字面辅料设置

1. 面料设置

（1）单击场景管理视窗—素材—当前服装—织物中右上方加号添加面料（图3-57）。

▪生成织物

点击“添加”使用默认数据生成新织物。

选中已有织物后点击“拷贝”，根据选中织物生成新织物。

图3-57

（2）将新织物应用于前后片、袖片和口袋（图3-58）。

▪应用织物

在织物栏单击织物，使其角标为蓝色，选择板片点击织物栏右上方应用图标即可应用该面料。

将织物从左侧素材拖拽至板片上。

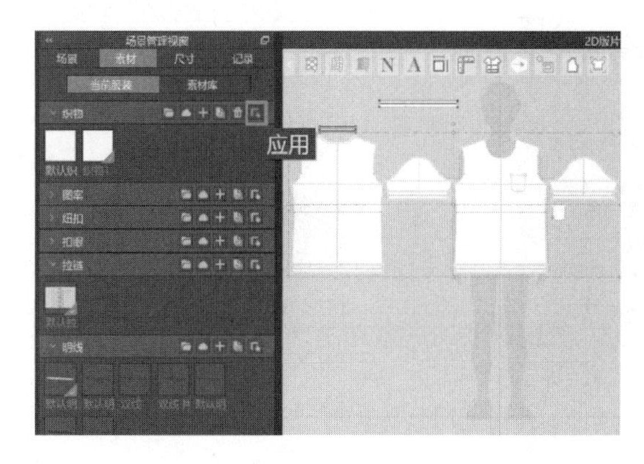

图3-58

（3）在属性编辑视窗中添加纹理，在物理属性预设中选择针织人棉汗布，打开面料厚度和隐藏样式3D（图3-59）。

▪隐藏样式3D

显示和隐藏在3D视窗内服装板片内粘衬、硬化、冷冻等工艺处理显示的颜色，包括冷冻产生的浅蓝色、层次产生的绿色等功能样式。

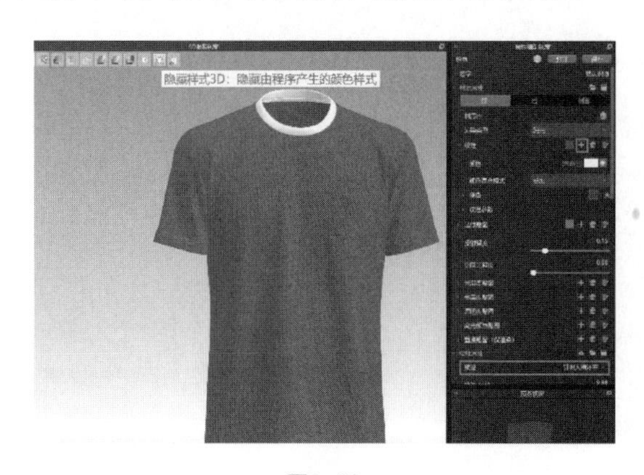

图3-59

◎◎◎技巧提示

应用物理属性后，可依次分别解冻不同板片进行面料物理效果模拟，模拟完成后再将其冷冻。

（4）在素材库—面料与材质—织物法线图—棉中，将罗纹法线贴图拖拽至领片上，选择法线贴图（图3-60）。

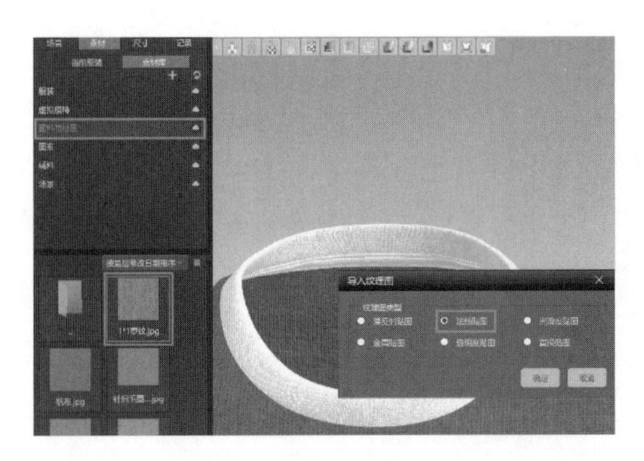

图3-60

（5）单击织物，在属性编辑视窗中调整颜色和纹理参数（图3-61）。

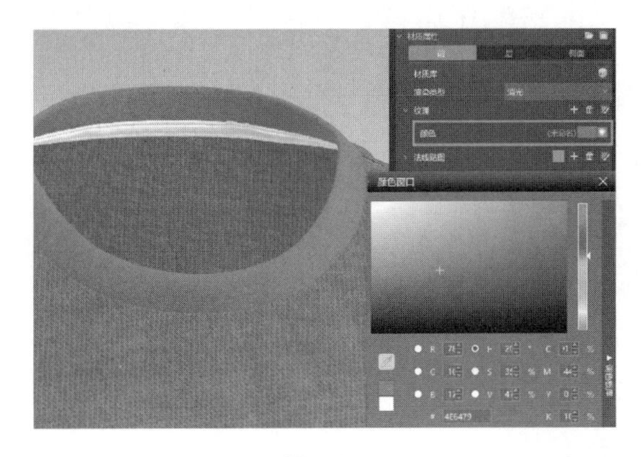

图3-61

（6）添加新织物应用于护领条，调整颜色，面料与材质中选择帆布法线贴图，编辑纹理参数和法线贴图强度（图3-62）。

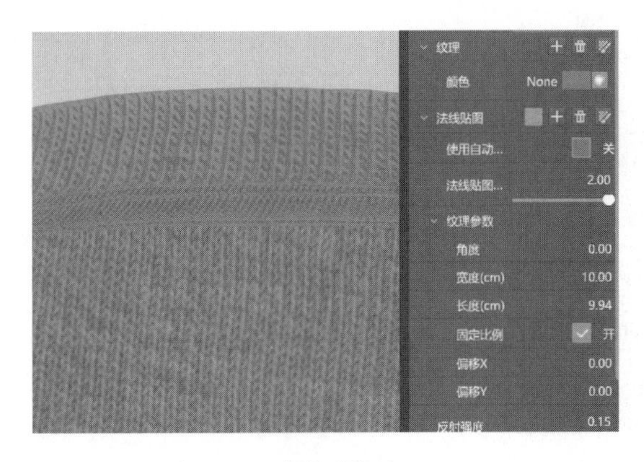

图3-62

▪织物面料属性

鼠标点击场景管理视窗织物栏的图标，在属性编辑视窗中会显示织物面料的属性信息和数值。

可以编辑面料的前、后、侧面的不同渲染材质类型，如丝绸、金属、皮革等。

可以通过点击织物栏加号添加各种面料纹理JPG和PNG格式贴图，通过颜色栏点击彩色球可以去叠加面料纹理的颜色，也可以进行褪色再添加颜色。

可以通过添加法线贴图或者开启使用自动法线使面料纹理更加立体清晰，可以通过不同效果贴图对面料进行反光、金属度、透明度等纹理材质效果处理。

通过属性编辑视窗下方的预览窗口可以对编辑过的面料进行预览。

▪织物纹理参数

设置面料的角度、宽度、长度等参数。若勾选“其他纹理参数连动”则其他贴图与其使用相同的尺寸参数。

▪法线贴图

使用法线贴图提供面料凹凸感。

2. 辅料设置

（1）取消显示面料纹理，方便查看明线（图3-63）。

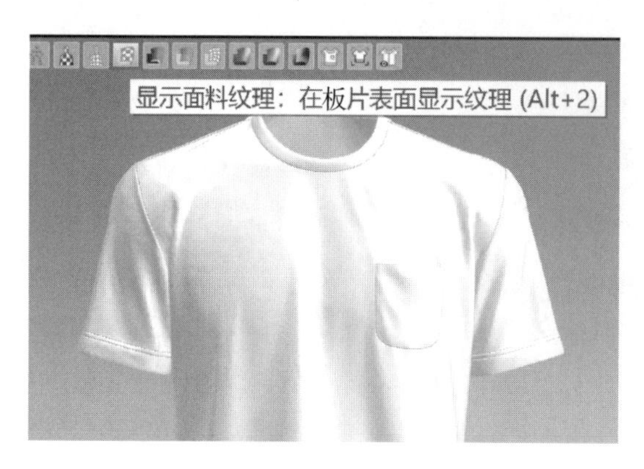

图3-63

（2）用素材栏“线段明线”工具单击衣片和袖片下摆翻折线，在属性编辑视窗中调整线的数量为2，线间距为5mm，宽度为0.5mm，到边距为20mm，调整颜色（图3-64）。

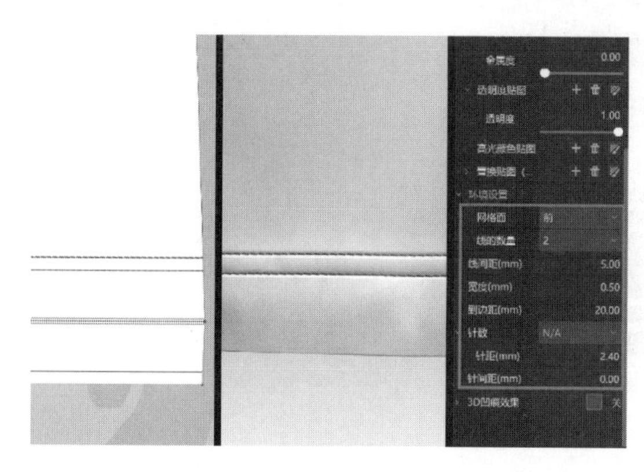

图3-64

（3）用“线段明线”工具在护领条上添加明线，线间距为15mm，到边距为2mm，打开3D凹痕效果（图3-65）。

图3-65

▪线段明线

单击线段添加明线工艺。

▪明线属性

在场景管理视窗点击明线栏明线图标，可以通过属性编辑视窗对明线进行编辑，在预览视窗可以对编辑后的明线进行预览。

在明线库里可以更换不同明线样式，如三针五线、人字车、套结、三针四线绷线前等。

在属性编辑视窗的材质栏中可以更换明线不同的材质类型效果，如丝绸、金属、反光等。

通过纹理栏的加号可以更换添加明线的样式贴图，也可以用明线的方式根据内部线或变线去添加贴图，如腰节一圈加珠片，或领口镶钻等。

在颜色栏点击彩色球可以更换明线颜色，可添加法线贴图或使用自动法线贴图使明线的纹理更加立体清晰，可添加光滑度贴图、金属度贴图、透明度贴图对明线纹理进行不同效果处理。

环境设置栏中，网格面可选择明线在服装板片的正、反面都显示，线的数量即明线生成的数量，线间距即两条明线之间的距离，宽度即线的粗细，到边距即明线到生成明线的线段的距离，针距即明线每一针的长度，针间距即每一针之间的距离。

（4）用“自由明线”工具围绕口袋一圈生成明线，到边距3mm；“线段明线”工具在袋口添加明线，数量为2，线间距15mm，到边距2mm（图3-66）。

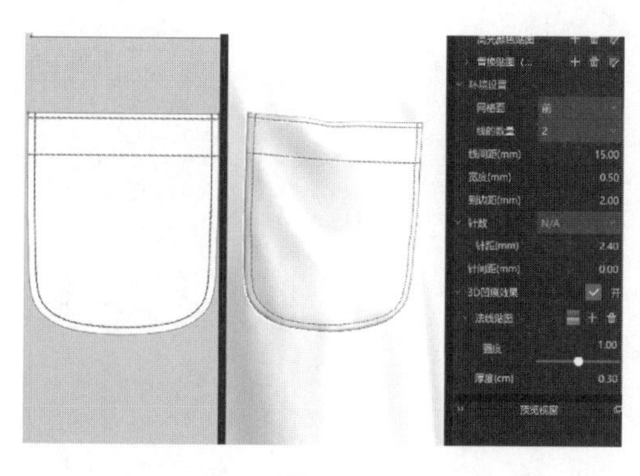

图3-66

自由明线

依次点击起点、终点，生成明线。

三、离线渲染

（1）打开显示面料纹理，文件栏“离线渲染”可对服装进行渲染（图3-67）。

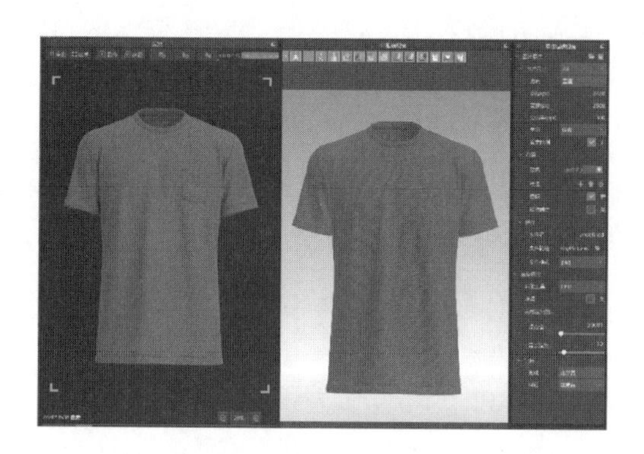

图3-67

（2）可对图片属性和灯光属性进行调整，调整服装角度，单击同步进行更新，单击“最终渲染”进行渲染（图3-68）。

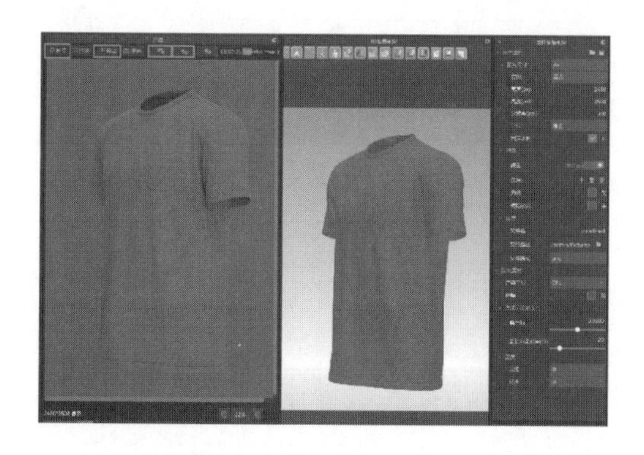

图3-68

离线渲染

对服装成衣进行高清图渲染，可调整材质，如毛领的不同毛皮效果的编辑，将不同环境的光照、灯光角度等状态下的成衣效果图片渲染生成保存。

在渲染视窗打开“同步渲染”会将3D场景中的内容同步到渲染视窗；打开“最终渲染”会根据3D场景中内容生成渲染文件；“停止渲染”会终止已经进行的“同步渲染”和“最终渲染”。

四、数字样衣展示

男T恤3D渲染效果图（图3-69）。

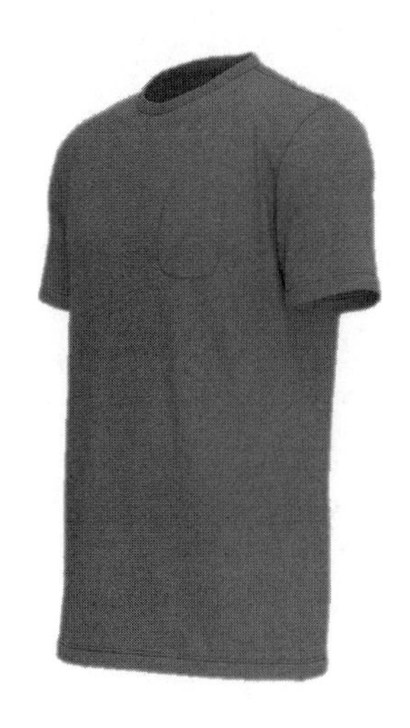
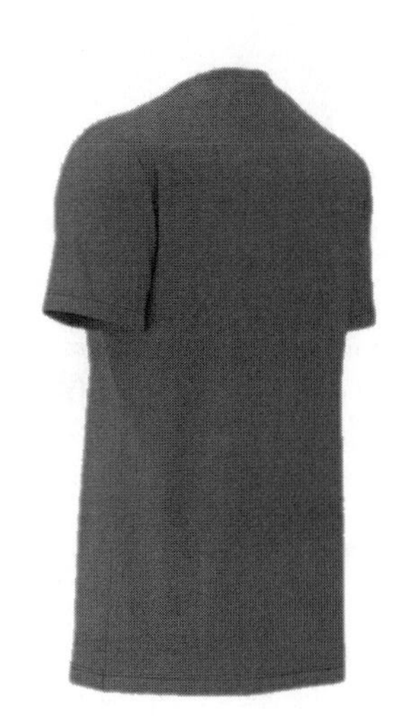

图3-69

●○思考题

在T恤任务完成的过程中思考内部线和基础线的区别。

答案：内部线可以进行编辑和缝纫，但基础线不可以；内部线会参与三角化，但基础线不会。

“三角化”可以理解成“生成网格的过程”。部分操作可能会影响网格的排列，会影响网格排列的操作就需要三角化，即需要设置为内部线。实际操作过程中并非所有板型中的线型信息都影响网格的排列，如布纹线、指示褶方向的箭头、测量相关的线型等。若所有线型都参与三角化会很大程度影响模拟效果，所以目前需要通过勾勒轮廓工具手动选择生成内部线。

●○考核评价

考核评价								
评价项目	3D服装制作基础（40分）			3D服装模拟（40分）			3D服装细节（20分）	
	板片导入（10分）	板片安排（10分）	板片缝纫（20分）	衣身平衡（10分）	褶皱自然（15分）	工艺完整（15分）	面料纹理（10分）	明线设置（10分）
教师评价								
互评								
自评								

任务二　百褶裙

工作目标：

1.掌握安排板和安排点的设置。

2.掌握折叠角度的设置方法。

3.掌握褶皱翻折和缝纫的方法。

工作内容：

通过Style3D学习安排板和安排点的设置，通过对3D数字百褶裙的缝制巩固对折叠角度的认识并熟悉翻折褶皱和缝纫折叠工具的使用，完成3D数字百褶裙的着装模拟。

工作要求：

通过本次课程学习，使学生能够独立完成一件3D数字百褶裙的制作。该百褶裙要求腰头平顺，裙身平整挺阔，褶边顺直。

工作重点：

翻折褶皱工具在百褶裙制作中的运用。

工作难点：

缝纫褶皱工具在百褶裙制作中的运用。

工作准备：

百褶裙款式图和DXF格式板片文件（图3-70、图3-71）。

图3-70

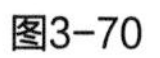

图3-71

一、数字样衣开发

1. 导入安排

（1）导入百褶裙DXF文件并整理摆放位置（图3-72）。

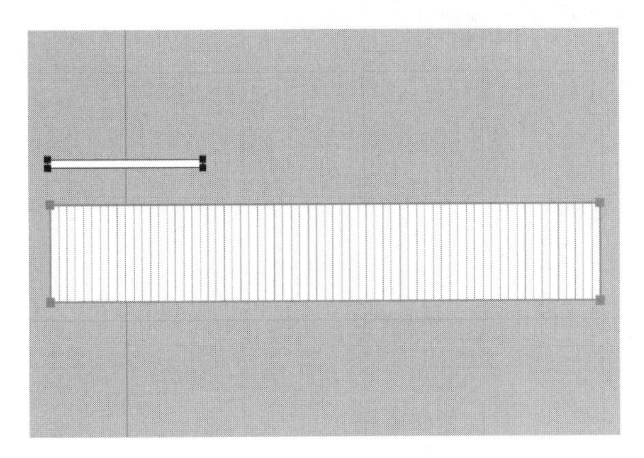

图3-72

（2）双击打开虚拟模特并单击“重置2D”（图3-73）。

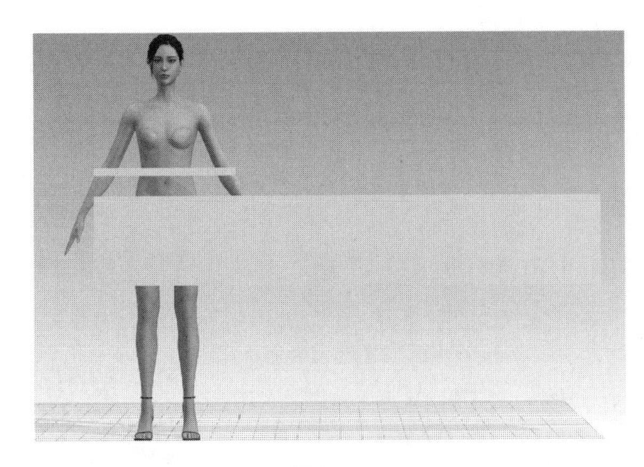

图3-73

（3）在3D视窗图标工具中点击显示安排点（图3-74）。

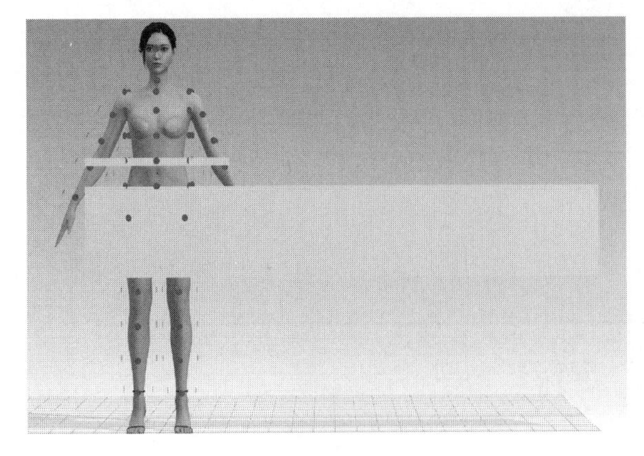

图3-74

知识链接

百褶裙是指裙身由许多垂直的皱褶构成的裙子，通常由腰部至下摆斜向展开，采用压褶工艺在布料上压制出褶皱。传说起源于古代著名皇后赵飞燕的“留仙裙”。

（4）用“选择/移动”工具点击模特，在属性编辑视窗中选择“编辑虚拟模特”（图3-75）。

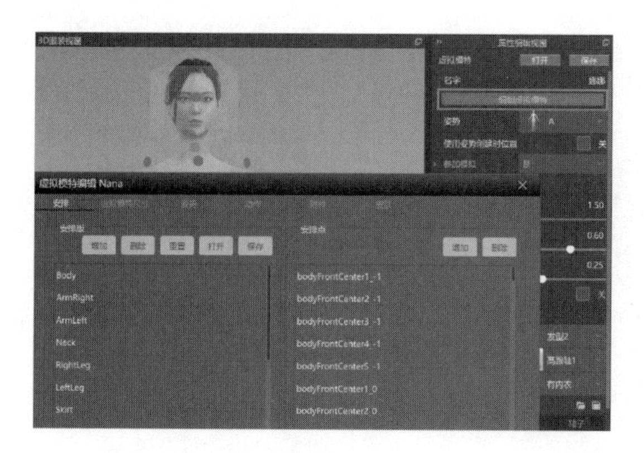

图3-75

（5）选中“Skirt”安排板，将其X轴更改为35cm，Y轴更改为40cm，关闭虚拟模特编辑窗口（图3-76）。

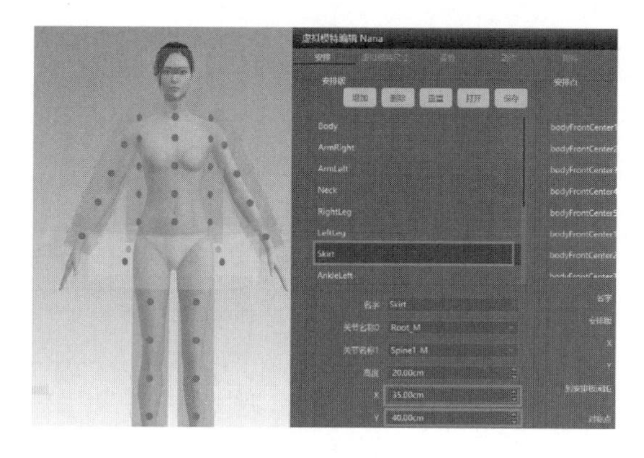

图3-76

（6）用“选择/移动”工具点击裙片，再点击调整后的安排点，将裙片放置在调整后的安排板上，可减少冲突（图3-77）。

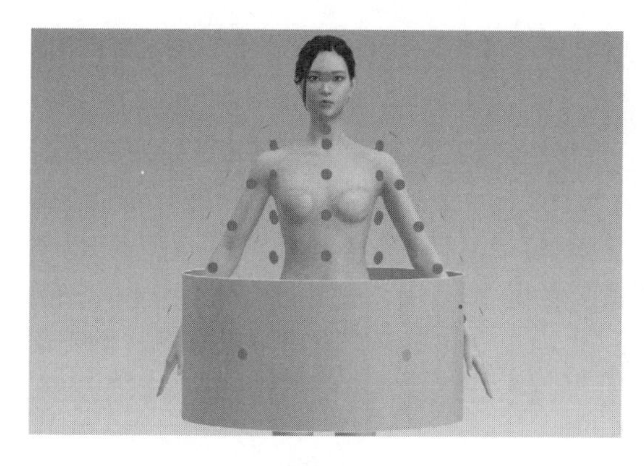

图3-77

▪虚拟模特编辑

安排点附着于安排板上，安排板为绿色空心圆柱体，可通过拖动改变位置或修改参数改变其信息。

名字：安排板名称。

关节名称：若模特包含骨骼，可以将安排板设置绑定到特定的关节，使模特变化姿势后安排板可以进行相应移动。

高度：安排板的高度。

X：安排板在X方向的宽度。

Y：安排板在Y方向的宽度。

安排点可以设置依附于哪块安排板，设置其在安排板上的相对位置。

名字：安排点名称。

安排板：所属的安排板名称。

X：X从0到1所指位置相当于安排点在安排板上的相对位置，从上往下看时钟3点钟方向顺时针旋转一圈。

Y：Y从0到1所指位置相当于安排点在安排板上的相对位置从底部到顶部。

到安排板间距：安排点到安排板的距离。

对称点：设置对称点，可以使进行板片安排操作时，对称板片自动对对称点进行安排。

（7）用“选择/移动”工具点击裙片，在属性编辑视窗安排中将X轴的位置调整为25，调整裙片（图3-78）。

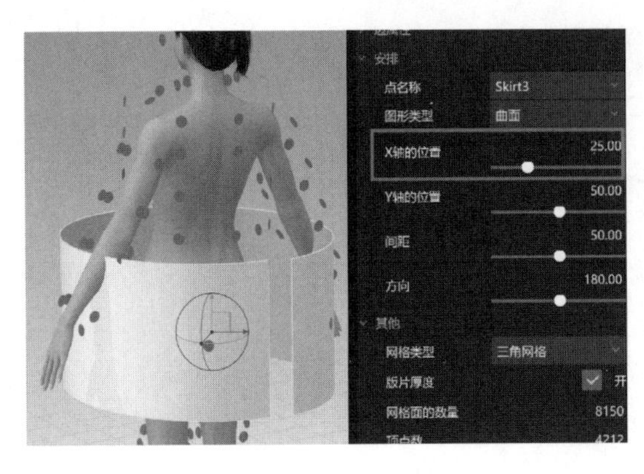

图3-78

（8）用“选择/移动”工具点击腰头，再点击虚拟模特腰部中心位置处的安排点，放置腰头板片（图3-79）。

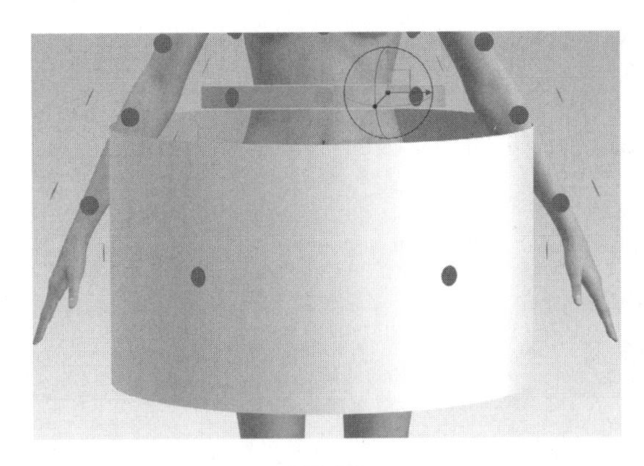

图3-79

（9）点击腰头，将间距调整为30，按数字键“6”，在模特右侧视角下，点击定位球上红色箭头向左拖动（图3-80）。

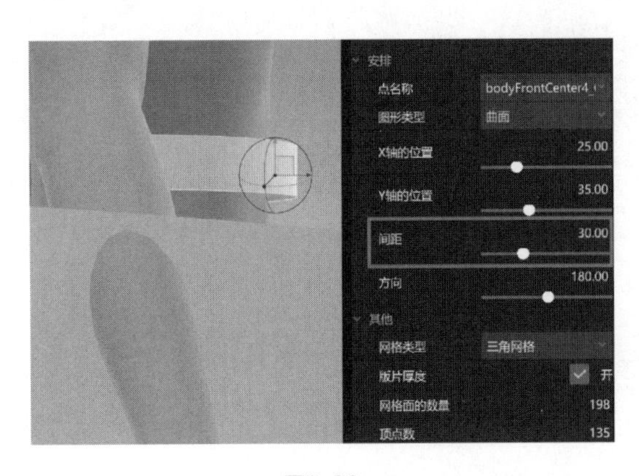

图3-80

▪安排

将板片放置在安排点上后，可在属性编辑器中对其位置进行调整。

点名称：所选板片放置的安排点名称。

图形类型：所选板片以平面或曲面形式进行安排。

X轴的位置：按安排曲面水平移动板片。

Y轴的位置：按安排曲面垂直移动板片。

间距：板片与安排曲面间的距离。

方向：按安排曲面调整板片方向。

2. 样衣缝合

（1）用“线缝纫”工具将腰头侧缝进行缝合（图3–81）。

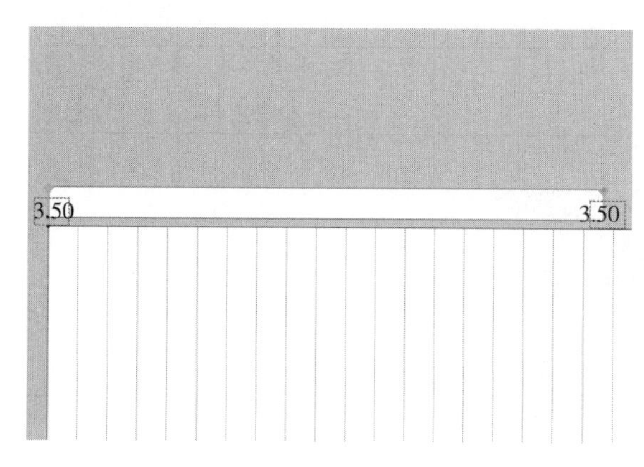

图3–81

（2）在裙片上单击右键—失效（板片和缝纫线）（图3–82）。

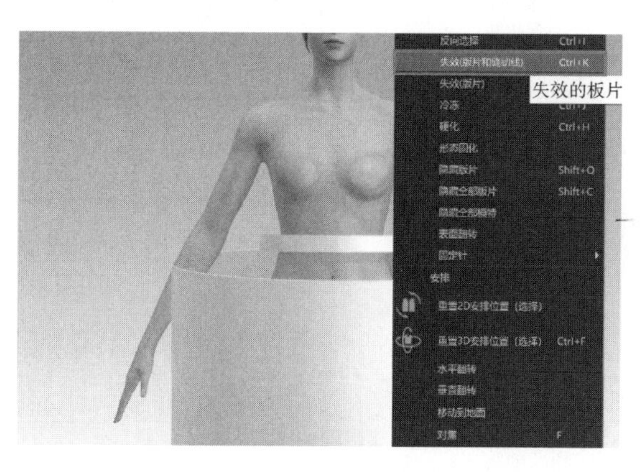

图3–82

（3）点击模拟，当腰头完成模拟后，在腰头上单击右键，选择冷冻（图3–83）。

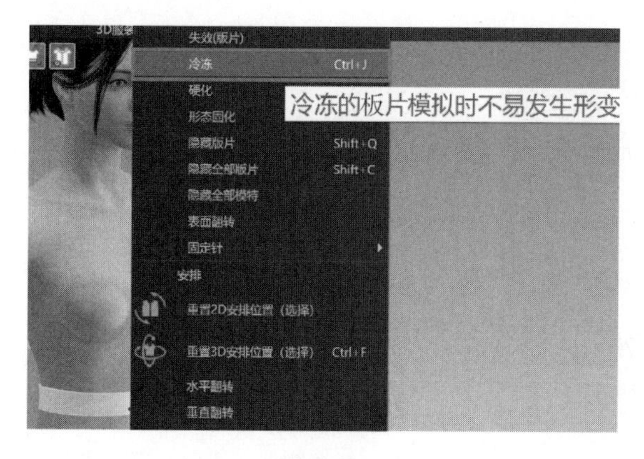

图3–83

▪失效

失效（板片和缝纫线）不参与模拟和碰撞，设置后在3D窗口不起任何效果，设置为失效的板片显示为半透明紫色样式。

失效（板片）不参与模拟和碰撞，但与其缝合的板片在模拟时会受到该失效板片的影响。

●○思考题

如何隐藏场景中的冷冻、失效功能产生的颜色？

（4）用“勾勒轮廓”工具框选全部翻折线，按回车键生成内部线，可按住“Shift”键加选或减选调整（图3-84）。

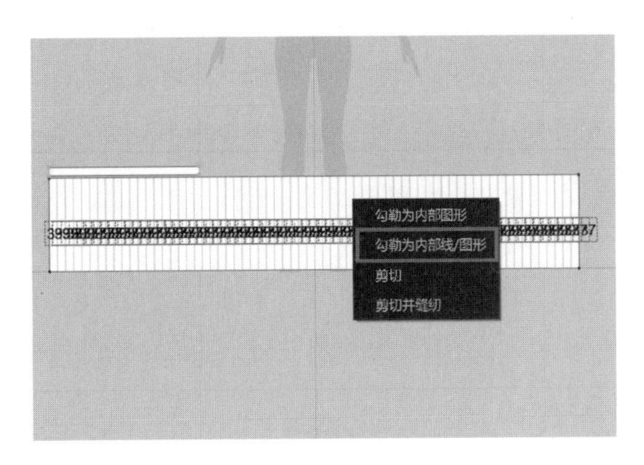

图3-84

◎◎◎**技巧提示**

“勾勒轮廓”工具和“编辑板片”工具在板片内从右向左框选，选框内包含全部翻折线部分部位即可选中全部翻折线。

（5）用“编辑板片”工具框选生成的内部线，单击右键“对齐到板片外线并加点”，在上下外轮廓线上生成断点（图3-85）。

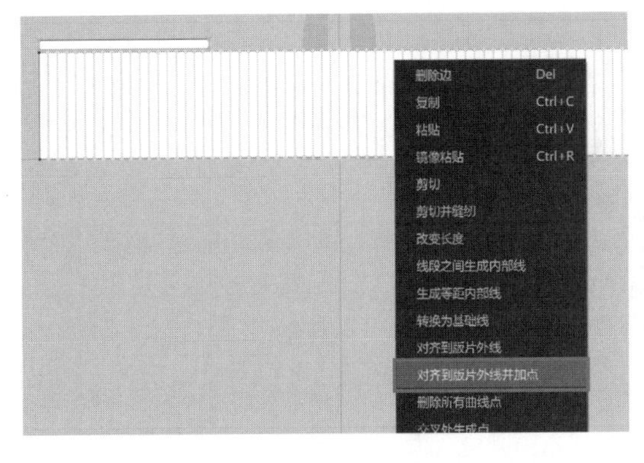

图3-85

▪对齐到板片外线

将内部线两端对齐（延长或收缩）到外轮廓线上。

▪对齐到板片外线并加点

“对齐到板片外线并加点”会在“对齐到板片外线”的基础上在外轮廓线上生成断点。

（6）在开始栏点击“折叠安排”工具右侧小箭头，选择“翻折褶裥”（图3-86）。

图3-86

▪翻折褶裥

对连续同一种打褶工艺的折线即内部线一起进行角度编辑，用拉线剪头范围选中内部线。

先使用划线的箭头工具确定哪些线要设置角度，在弹窗中设置折叠的类型和翻折线折叠要设置的角度。

（7）“翻折褶裥”在翻折线左侧点击左键，鼠标移动至翻折线右侧双击结束，拉线剪头范围内为选中翻折线（图3-87）。

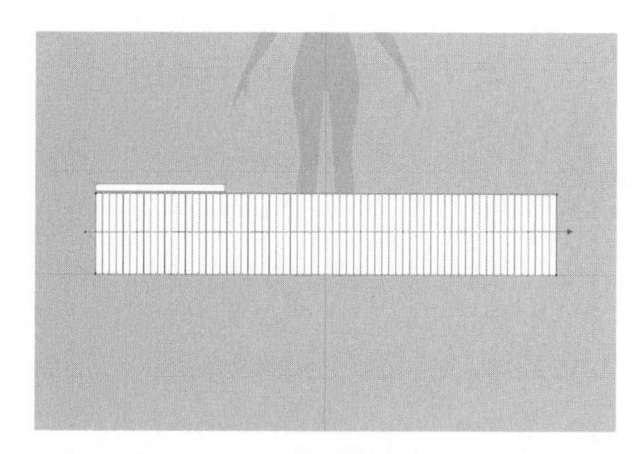

图3-87

（8）在翻折褶裥窗口中选择“顺褶”，每个褶裥的内部线数量为3，折叠角度值为60°~300°（图3-88）。

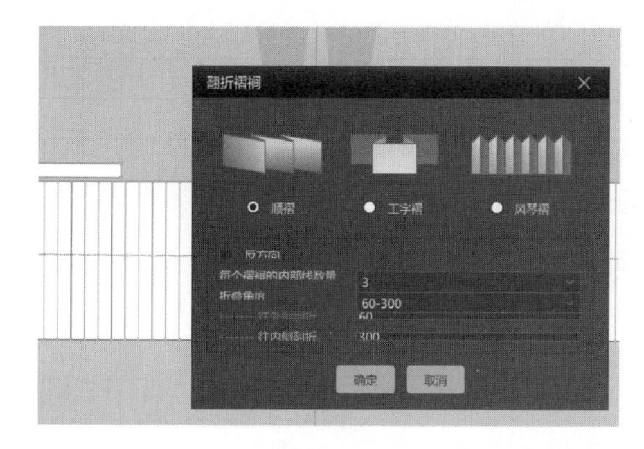

图3-88

（9）在开始栏点击“折叠安排”工具右侧小箭头，选择“缝纫褶皱”（图3-89）。

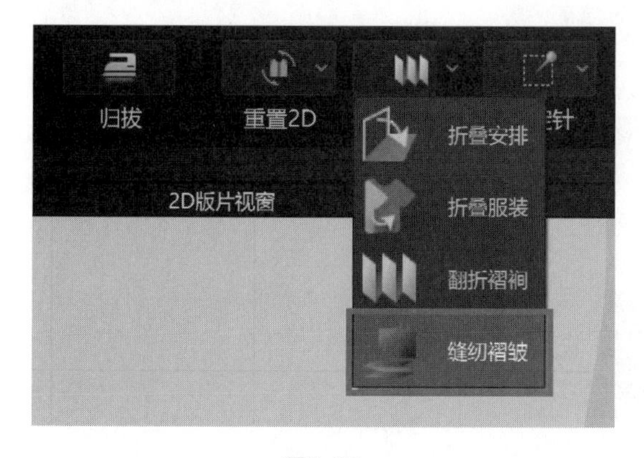

图3-89

●○思考题

工字褶和风琴褶的折叠角度该如何设置？

（10）用“缝纫褶皱”工具单击腰头下方左端点，向右移动鼠标至右端点再次单击，再单击裙片上方左端点，向右移动至右端点双击结束（图3-90）。

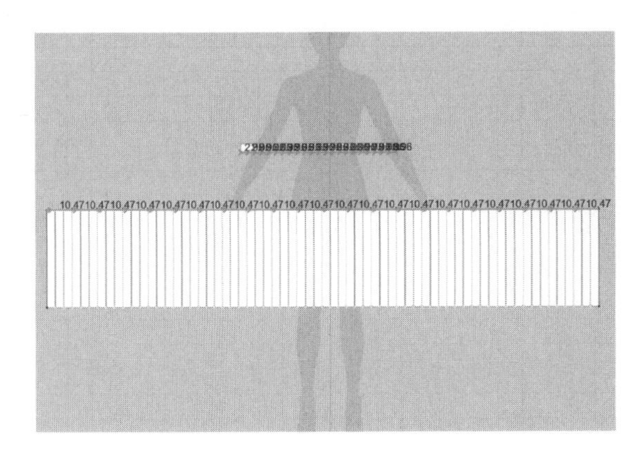

图3-90

（11）用“线缝纫”工具将裙片两侧进行缝合（图3-91）。

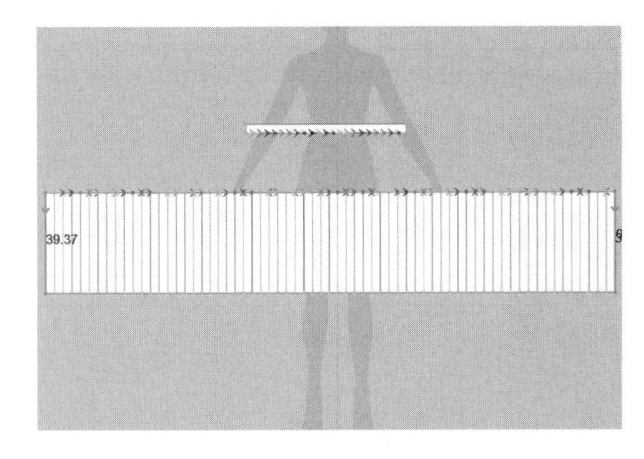

图3-91

（12）用“选择/移动”工具右键单击裙片，选择“激活”，取消之前设置的失效效果（图3-92）。

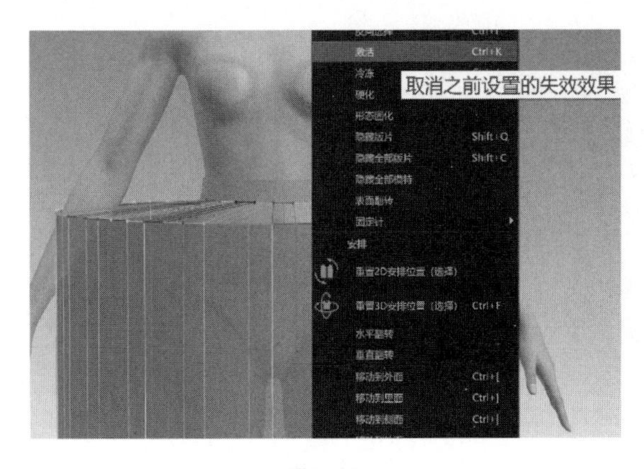

图3-92

缝纫褶皱

可以快速对褶结构进行缝纫。当褶数目较多且有规律时可快速生成多个褶的缝纫线。

（1）通过“加点”“对齐到板片外线并添加点”等工具在有褶的板片上先添加断点。后面添加褶结构时，程序会按照每三个断点进行一次缝纫。

（2）点选褶要缝纫到板片的起点和终点，操作效果类似自由缝纫。

（3）点选生成褶一侧的起点和终点，程序会按照每三个顶点生成一个褶的逻辑自动缝纫褶结构。

（13）用“选择/移动”工具右键单击裙片，选择“硬化”，使板片模拟时效果更硬，便于板片折叠（图3–93）。

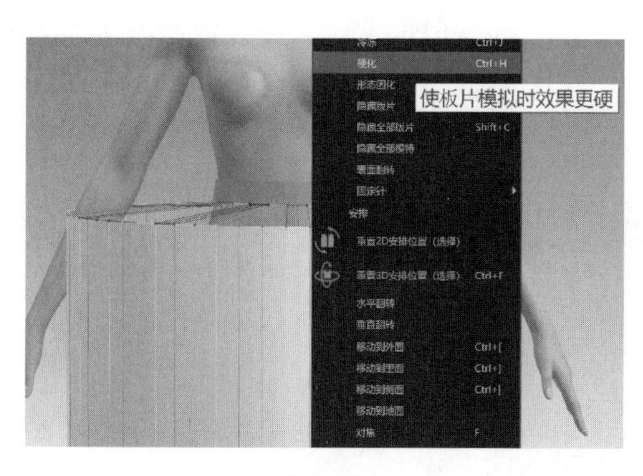

图3-93

◎◎◎**技巧提示**

硬化会使板片在模拟阶段表现得比原有物理参数更硬一些，使设置折叠角度后的翻折线更容易翻折，便于板片进行折叠模拟。

（14）空格键打开模拟，若裙片出现折叠错误，用“选择/移动”工具对其拖拽调整至无误（图3–94）。

图3-94

◎◎◎**技巧提示**

若打开模拟后出现裙片在翻折时与腰头缝合处上下层次出现错误，可轻轻将下层向上拖拽，上层向内拖拽至全部裙片在与腰头缝合处层次正确。

若通过拖拽无法完成调整，则可删除错误处的缝纫线，打开模拟，待该处翻折线按照折叠角度折叠模拟无误后再补充完整该处缝纫线。

（15）用“选择/移动”工具右键单击裙片，选择“解除硬化”，取消之前设置的硬化效果（图3–95）。

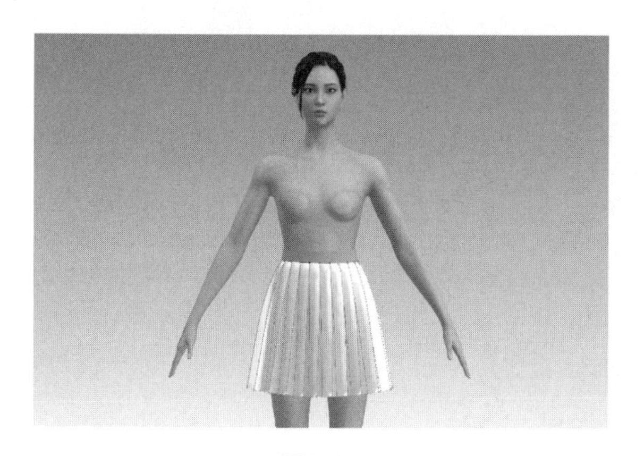

图3-95

3. 细节调整

（1）用“选择/移动”工具选择腰头，在属性编辑视窗中“增加渲染厚度”设为2，板片上单击右键“解冻”（图3–96）。

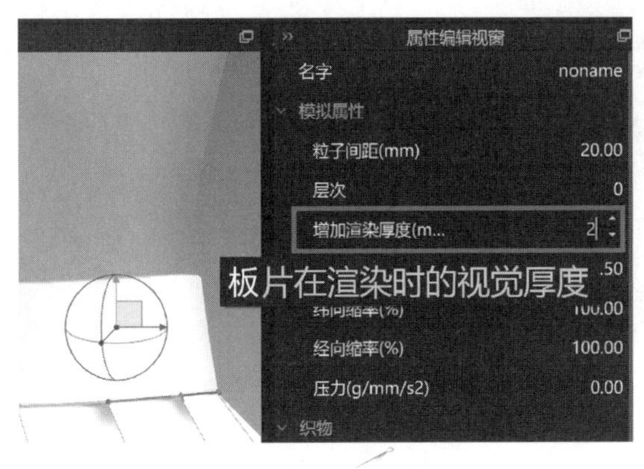

图3–96

（2）点开3D视窗左上角“面料厚度”（图3–97）。

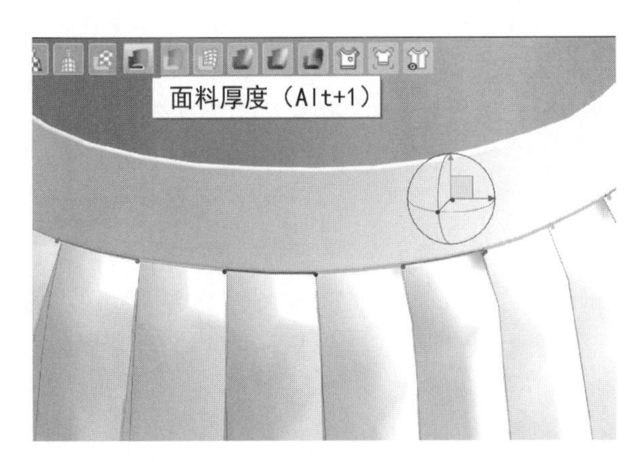

图3–97

（3）点击腰头，属性编辑视窗勾选“粘衬”（图3–98）。

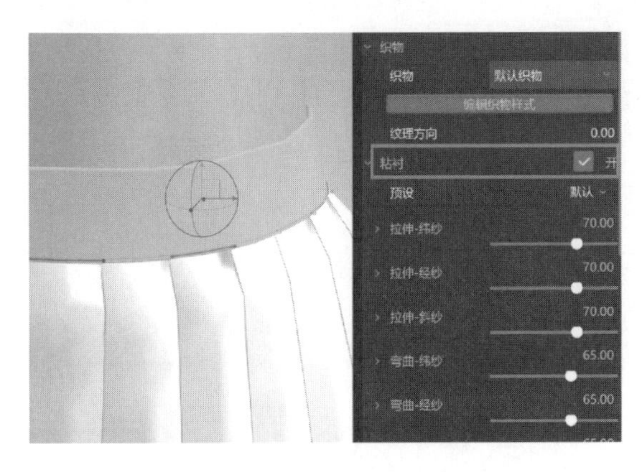

图3–98

●○思考题

织物的厚度与板片的增加渲染厚度、增加模拟厚度有什么区别和关系？

▪粘衬

模拟时使板片不容易发生变形和拉伸。

（4）暂停模拟，用“编辑板片”工具框选所有翻折线，在属性编辑视窗中关闭“折叠渲染”，使折叠边缘更加柔和（图3-99）。

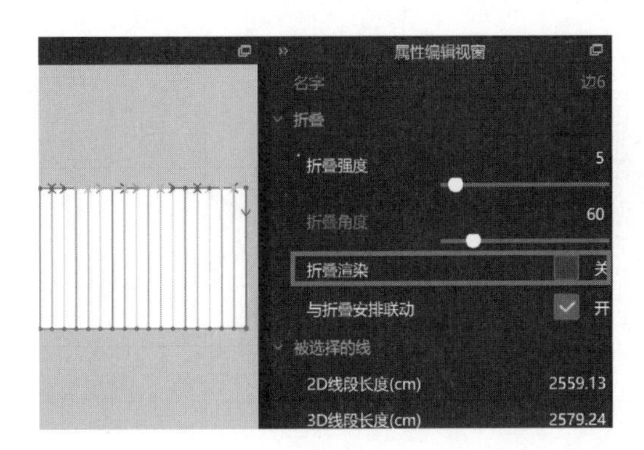

图3-99

（5）全选板片，降低粒子间距，点开模拟（图3-100）。

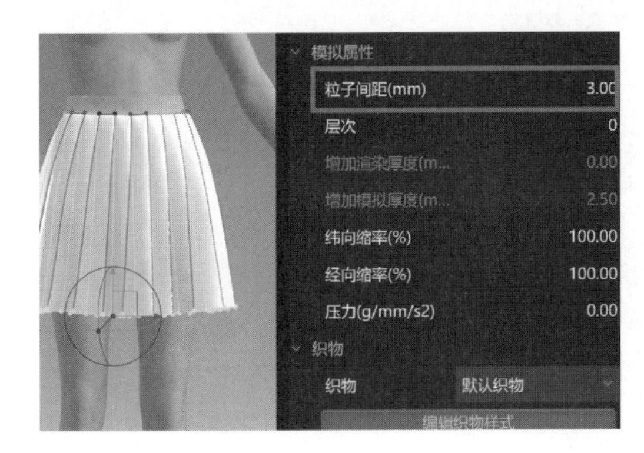

图3-100

二、数字面辅料设置

1. 面料设置

（1）场景管理视窗—素材—当前服装—织物—打开在线素材（图3-101）。

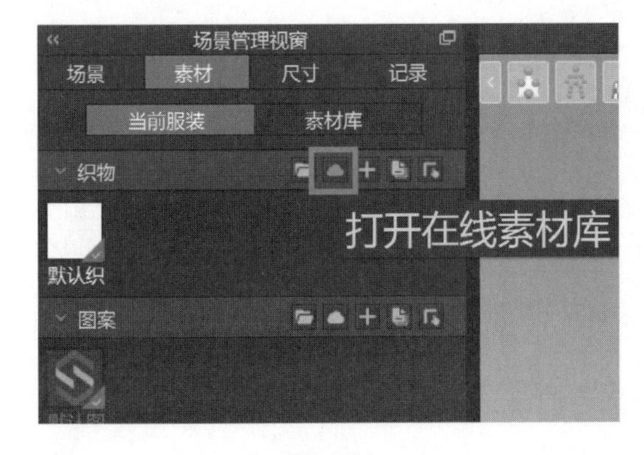

图3-101

▪从在线素材库获取资源

点击场景管理视窗—素材—素材库—打开在线素材库按钮，即可从云端获取素材和官方市场资源。

（2）在线素材库中选择面料，点击下载（图3-102）。

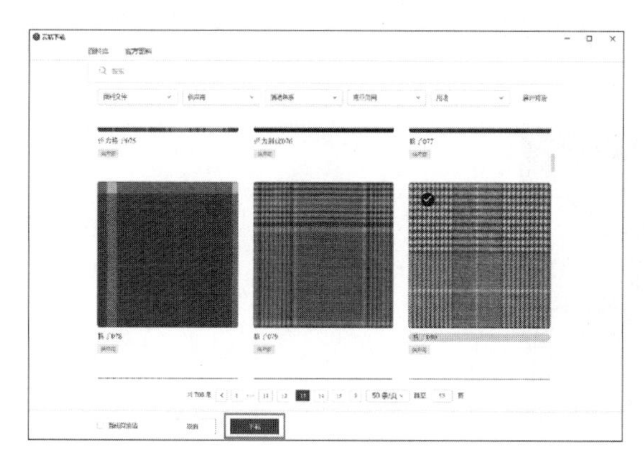

图3-102

（3）用“选择/移动”工具全选板片，将织物栏中的面料拖拽至板片上（图3-103）。

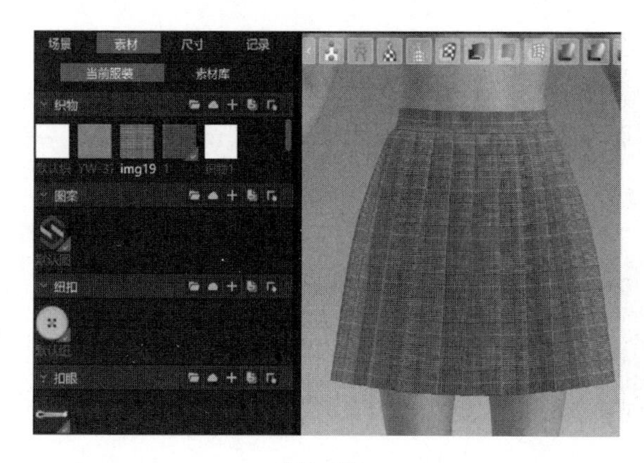

图3-103

2. **辅料设置**

（1）用素材栏“线段明线”工具点击腰头下端（图3-104）。

图3-104

（2）场景管理器—素材—当前服装—明线中选择对应明线，属性编辑视窗中调整宽度为0.5mm，到边距2.5mm（图3-105）。

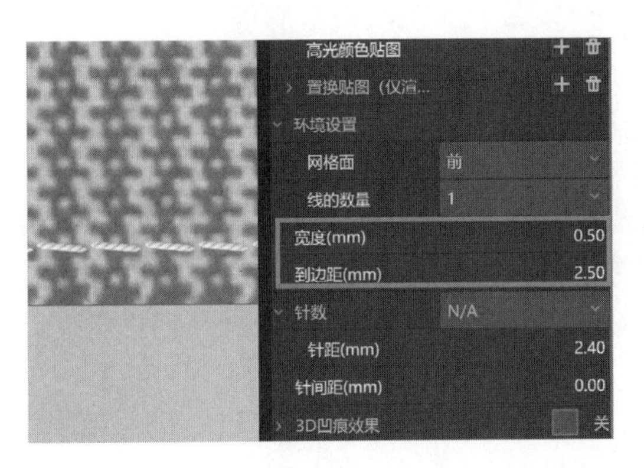

图3-105

（3）场景管理器—素材—当前服装—明线中选择对应明线，右上角点击拷贝（图3-106）。

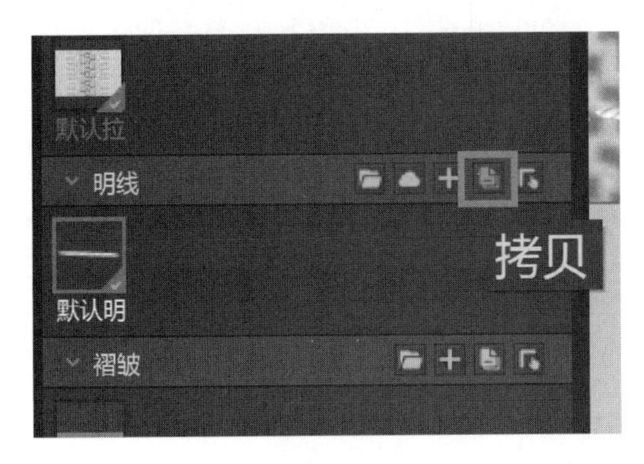

图3-106

（4）用素材栏“自由明线”工具在裙片下摆添加明线，在属性编辑视窗中调整到边距为20mm，网格面选择全部（图3-107）。

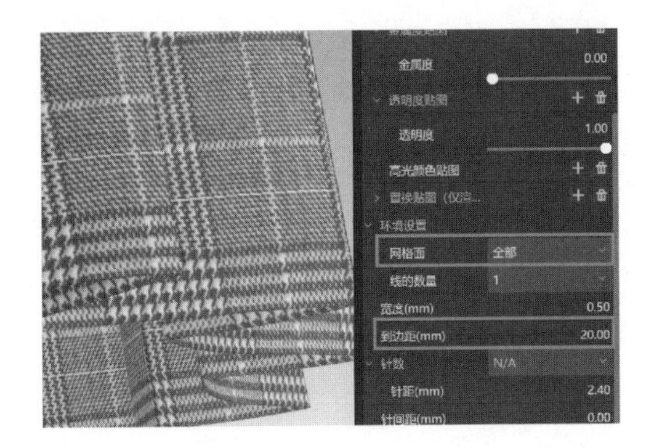

图3-107

◎◎◎技巧提示

明线分贴图和模型通常使用贴图，若追求展示效果的模拟也可用模型，更具有立体感。

▪明线说明

宽度：构成明线一针贴图的宽度，一般来说宽度越大、明线越粗。

针距：构成明线一针贴图的长度，可由3cm或1英寸针数算出。例如10针（每三厘米），针距就是3mm。

到边距：明线贴图到选中的边的距离。

针间距：同一条线每两针之间的额外间距。

线间距：明线条数>1时，两条线之间的间距。

3D凹痕效果：勾选后，会显示明线压出的凹痕法线效果。

三、数字样衣展示

百褶裙3D渲染效果图（图3–108）。

图3–108

●○思考题

（1）如何隐藏场景中的冷冻、失效功能产生的颜色？

答案：点击2D、3D场景左上角按钮中的“隐藏样式”，会隐藏2D、3D场景中功能带来的样式，包括冷冻产生的浅蓝色、层次产生的绿色等功能样式。

（2）织物的厚度与板片的增加渲染厚度、增加模拟厚度有什么区别和关系？

答案：板片进行渲染时使用的厚度等于织物厚度加上增加渲染厚度，需要打开厚度渲染方可看到效果，板片进行模拟时用于计算碰撞的厚度等于织物厚度加上增加模拟厚度。

●○考核评价

考核评价								
评价项目	3D服装制作基础（40分）			3D服装模拟（20分）		3D服装细节（40分）		
	板片导入（5分）	板片安排（15分）	板片缝纫（20分）	平整顺直（10分）	褶边顺直（10分）	百褶制作（20分）	面料设置（10分）	明线设置（10分）
教师评价								
互评								
自评								

任务三　连衣裙

工作目标：

1.掌握数字连衣裙的制作方法。

2.掌握多条线段缝纫的操作方法。

3.掌握抽褶的制作方法。

工作内容：

通过Style3D学习在软件中抽褶制作的方法，完成连衣裙的缝制着装。

工作要求：

通过本次课程学习，使学生能够独立完成连衣裙的制作，数字连衣裙样衣要衣身平整，褶皱自然。

工作重点：

抽褶的制作和模拟。

工作难点：

外层抽褶板片的调整。

工作准备：

连衣裙款式图及DXF格式板片文件（图3-109、图3-110）。

图3-109　　图3-110

一、数字样衣开发

1. 导入安排

（1）导入连衣裙DXF文件并打开虚拟模特（图3-111）。

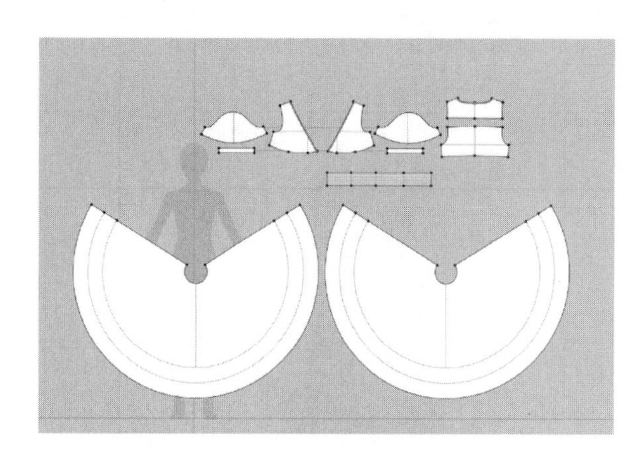

图3-111

（2）按规律摆放2D板片，点击“重置2D”（图3-112）。

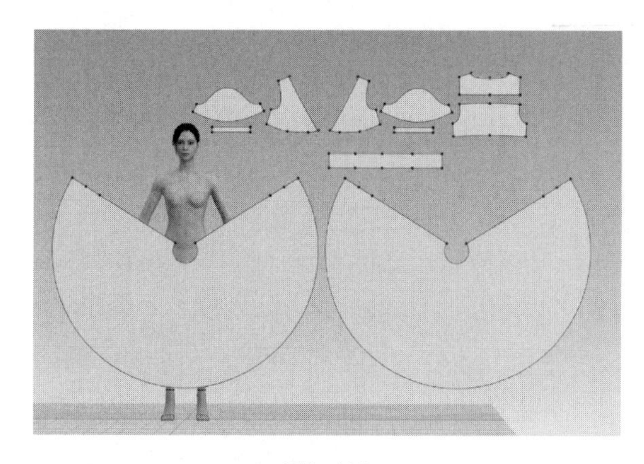

图3-112

（3）打开安排点，点击前片和胸前安排点（图3-113）。

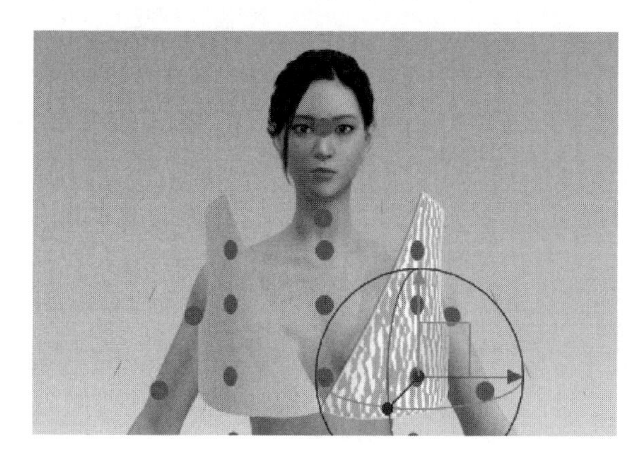

图3-113

◎◎◎**技巧提示**

可使用“选择/移动”工具在2D板片视窗中按住“Shift”键依次左键单击两侧袖片，在袖片上右键“设为对称板片”（板片和缝纫线），则在后续操作中两侧将进行镜像联动变化，袖口同理。

（4）单击腰头和虚拟模特腰部右侧安排点（图3-114）。

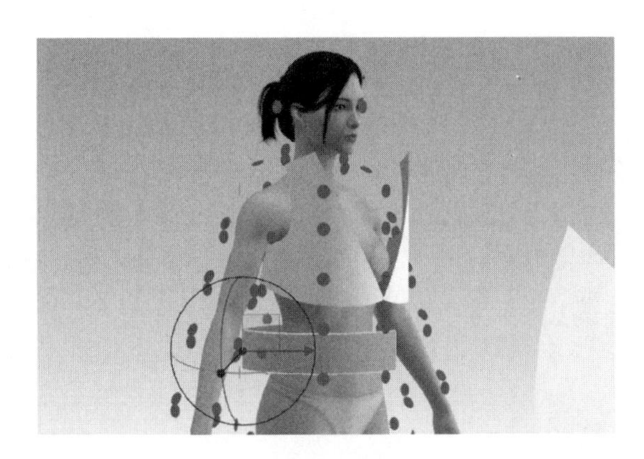

图3-114

（5）在属性编辑视窗中将腰部板片间距值调整为30，数字键“2”正面视图下，向右方和上方分别拖动定位球上红色和绿色箭头，调整腰部板片安排位置（图3-115）。

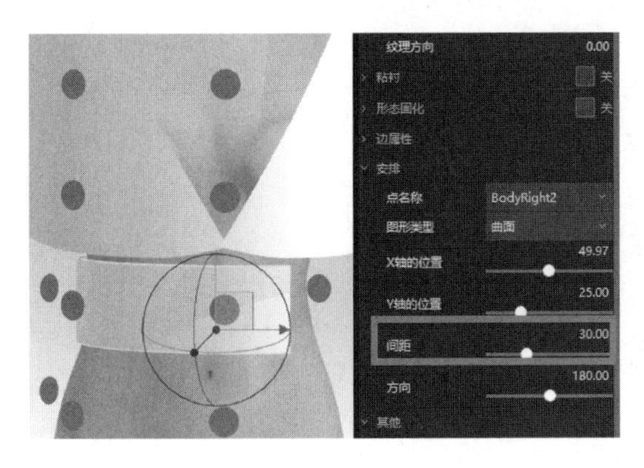

图3-115

◎◎◎**技巧提示**

灵活运用键盘上的数字2、4、6、8、0、5可快速切换3D视窗视角，便于虚拟模特角度的切换和板片安排。

（6）在3D视窗中按“Shift”键多选或在2D视窗中框选后片，数字键“8”后侧视图中，一起放在背部安排点（图3-116）。

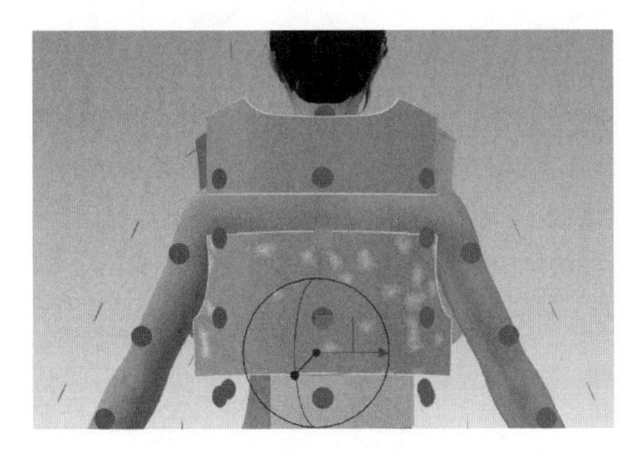

图3-116

（7）在模特手臂安排点上安排好袖片，定位球移动前裙片位置（图3-117）。

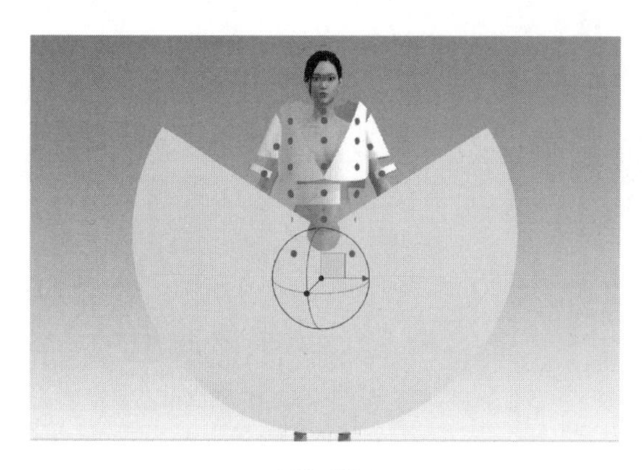

图3-117

（8）定位球移动后裙片，单击右键“水平翻转”（图3-118）。

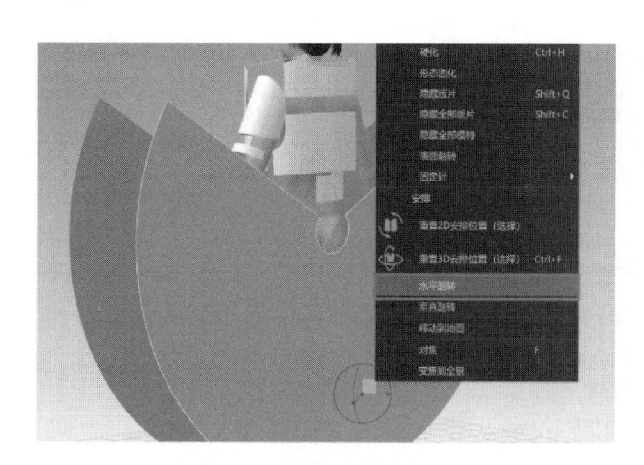

图3-118

2. 样衣缝合

（1）用“线缝纫”工具将肩斜、侧缝、袖口等缝合（图3-119）。

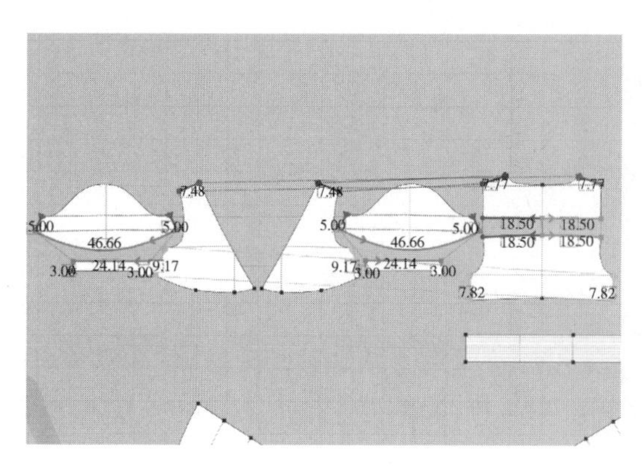

图3-119

◎◎◎**技巧提示**

注意缝纫工具是有方向的，缝纫对象和实际缝制对象相同，缝纫时应按照实际服装结构理解缝纫对象和方向。

（2）用“自由缝纫”工具单击在袖山线前袖底点，向右移动至后袖底点单击，按住“Shift”键在前片袖窿底点单击，向上移动至肩点单击，从后片肩点缝至袖窿底点，松开“Shift”键（图3-120）。

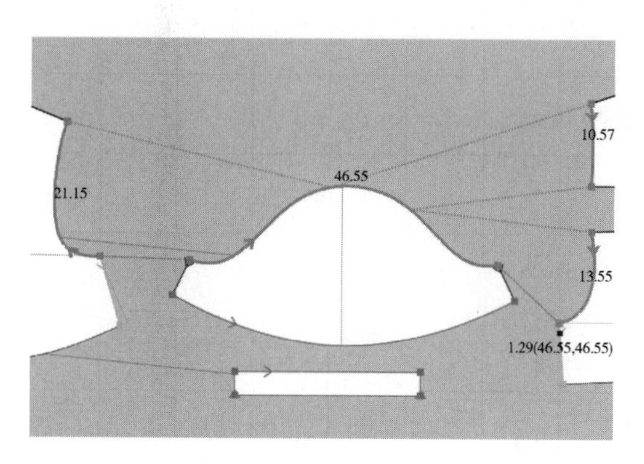

图3-120

（3）用“自由缝纫”工具将前片与腰头缝合（图3-121）。

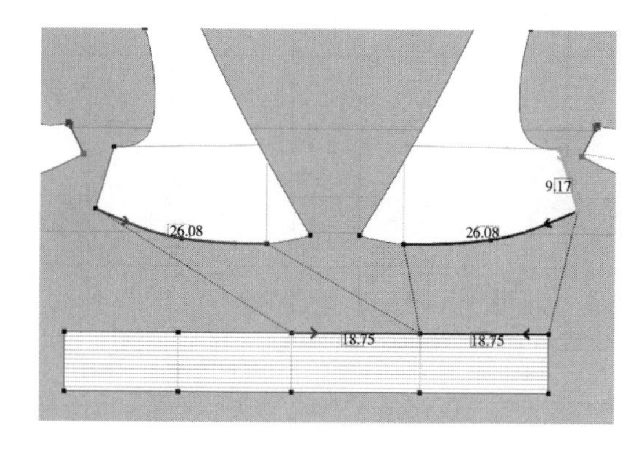

图3-121

（4）用“自由缝纫”工具依次单击左前片剩余部分右端点和左端点，对应从右至左继续在腰头对应位置进行缝纫，在等长的点处结束缝纫（图3-122）。

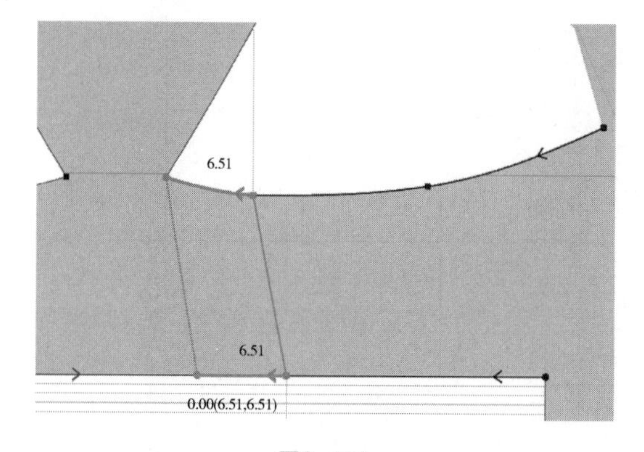

图3-122

自由缝纫

按住“Shift”键可以进行单条线段和连续多条选线段的缝合。

鼠标先在单条线段的起点进行单击，然后沿方向移动至单条缝纫线的终点再次单击，按住“Shift”键，依次按照单条线段缝纫的方向以自由缝纫的方式缝纫多条线段，多条线段每条线段的缝纫方向需与单条线段缝纫方向一致。完成所有线段的缝纫后再松开“Shift”键。默认先点选的线段和后续点选的所有线段依次进行缝合。

◎◎◎技巧提示

注意前片有部分重叠，与腰头缝合时注意缝纫线的端点位置。

（5）另一侧操作相同，将前片重叠部分缝纫线补充完整（图3-123）。

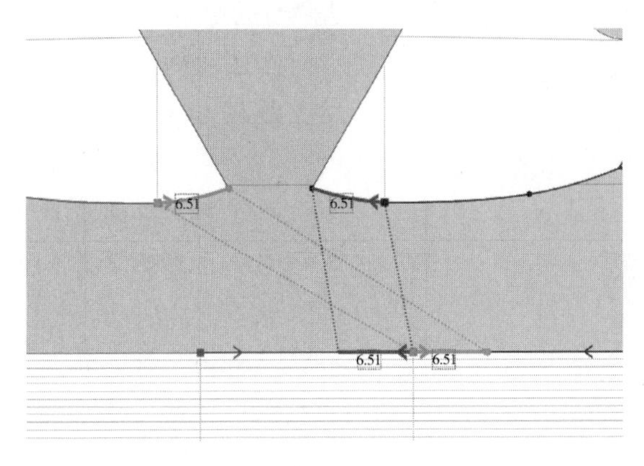

图3-123

◎◎◎**技巧提示**

“自由缝纫”工具在缝纫时第二段线终点处会有一个与第一段线等距离的终点提示点，靠近时会进行吸附。

（6）用“自由缝纫”工具继续完成后片与腰头部位的缝合（图3-124）。

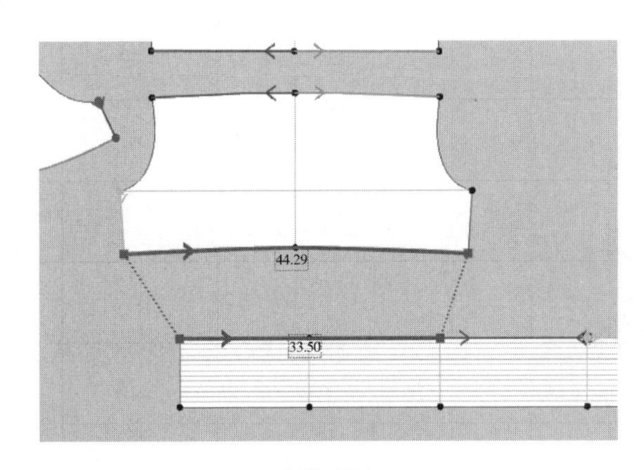

图3-124

（7）用“自由缝纫”工具将腰头与前裙片缝合，腰侧缝与腰侧缝缝合，右侧为前裙片，左侧为后裙片（图3-125）。

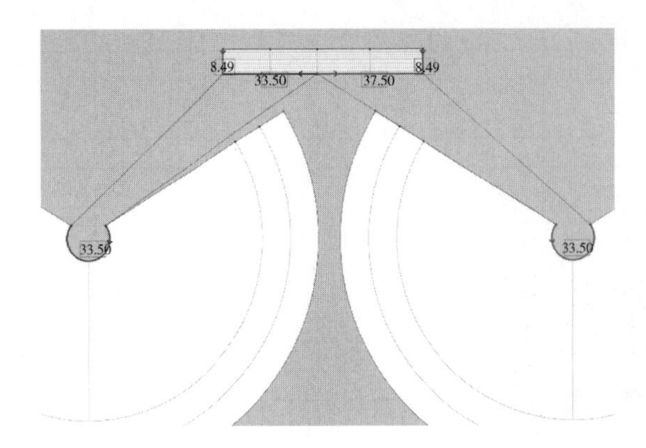

图3-125

3. 着装模拟

（1）打开模拟，让模特模拟着装（图3-126）。

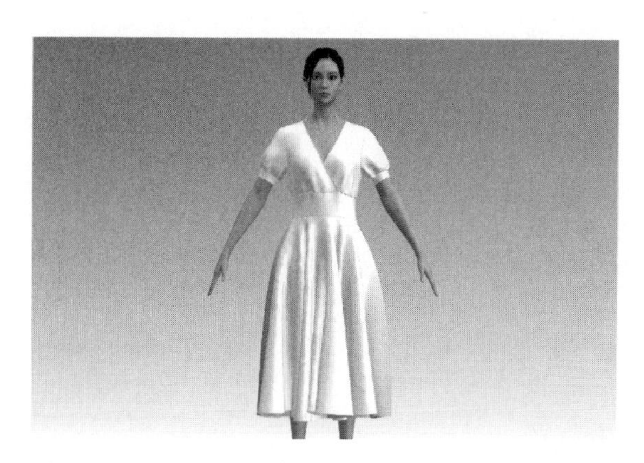

图3-126

（2）将裙侧缝缝合（图3-127）。

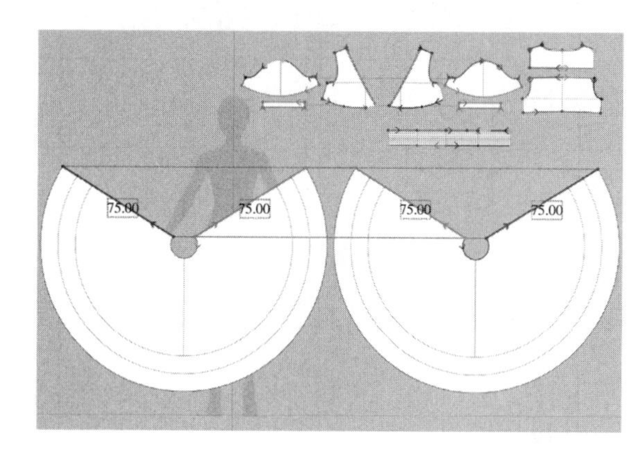

图3-127

◎◎◎**技巧提示**

由于裙摆板片较大，先缝合好侧缝再打开模拟的话缝纫线会和虚拟模特手臂产生交缠，可先打开模拟使裙摆自然下垂再进行缝合。

（3）打开模拟，点击虚拟模特，在属性编辑视窗的姿势中选择“I”，虚拟模特将缓慢变化至手臂放下状态（图3-128）。

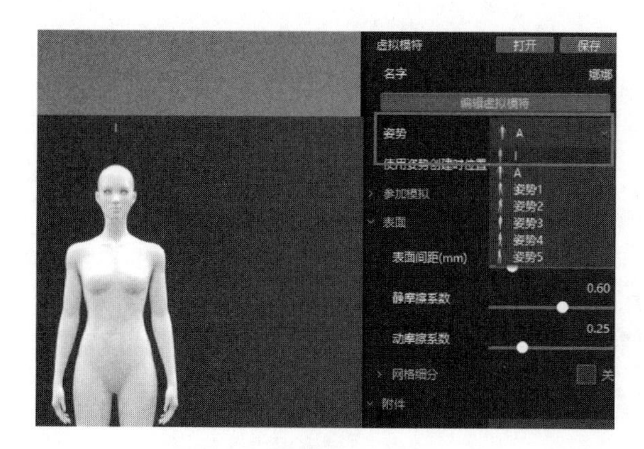

图3-128

4. 细节调整

（1）使用“编辑板片”工具按住“Shift”键多选前后片上领部线段，线段上单击右键“生成等距内部线”，间距值设置为0.6，使用延伸（图3-129）。

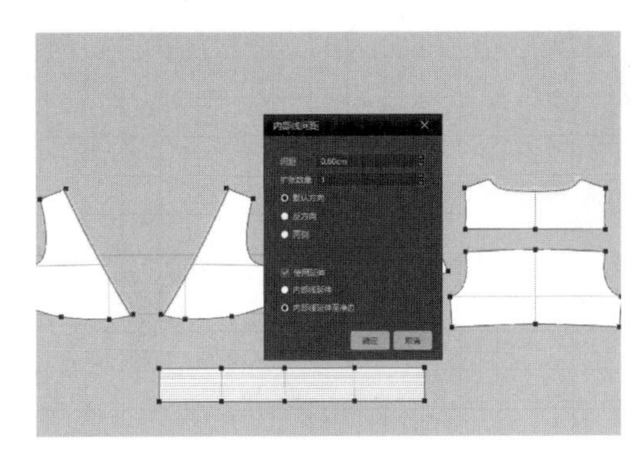

图3-129

（2）用“编辑板片”工具在内部线上单击右键“剪切并缝纫”（图3-130）。

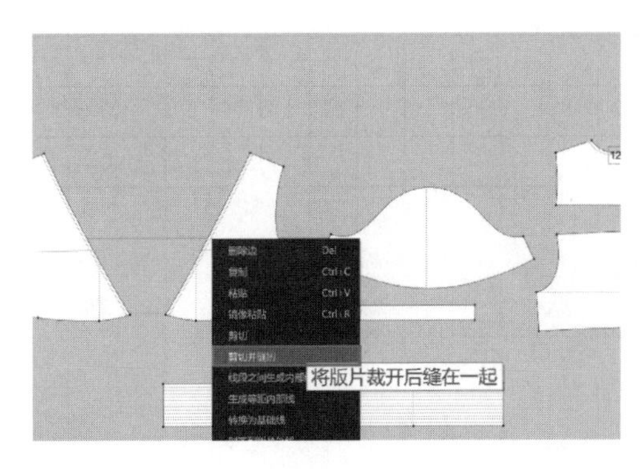

图3-130

▪剪切、剪切并缝纫

选中线后，点击“剪切”或者“剪切缝纫”会沿端点在外轮廓线上一端剪开到终点位置，若另一端也在外轮廓线上则会将板片剪断成两个板片。剪切后的两部分会保留已模拟生成的形态。

若内部线不存在和外轮廓线的交点，则剪切/剪切缝纫不会发生任何改变。

（3）框选剪切的板片勾选“粘衬”，“增加渲染厚度”值设置为0.7，剩余板片设置值为0.2，腰头板片勾选“粘衬”（图3-131）。

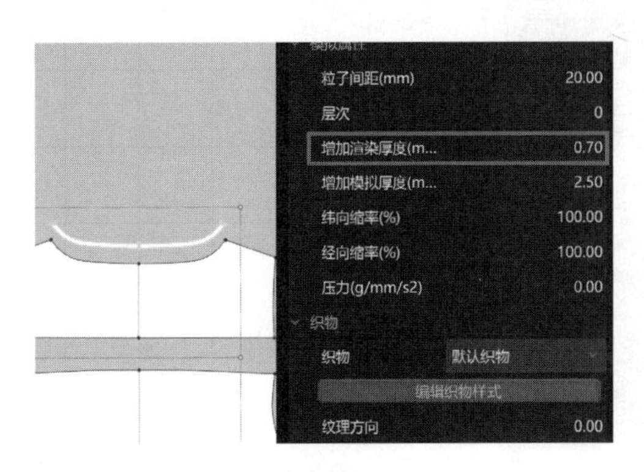

图3-131

（4）全选板片，粒子间距降为3~5，模拟后冷冻，用“勾勒轮廓”工具将腰头横向基础线勾勒为内部线（图3-132）。

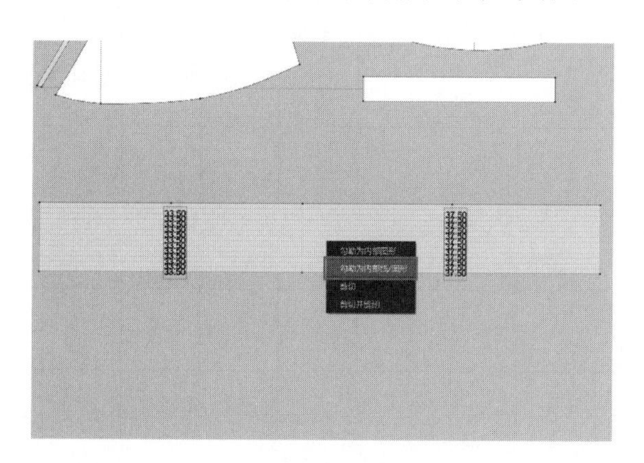

图3-132

（5）在腰头板片上单击右键“生成里布层（外侧）”，将生成的板片放置在原腰头板片上方并解冻（图3-133）。

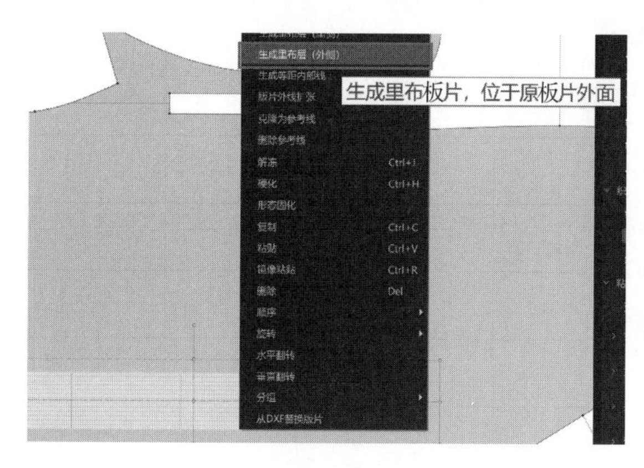

图3-133

（6）将生成板片粒子间距降为2，层次为1，纬向缩率为200，关闭粘衬，模拟后层次调回0并冷冻（图3-134）。

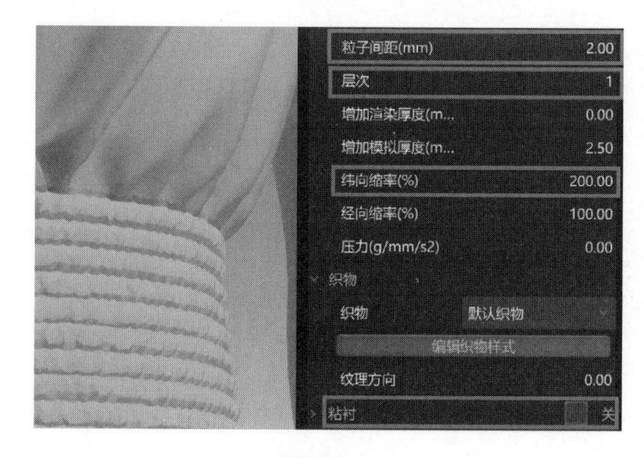

图3-134

◎◎◎**技巧提示**

全选板片可使用快捷键“Q”（“选择/移动”工具），按“Ctrl+A”组合键。

▪经纬向缩率

在经向上或纬向上对板片进行缩放，缩率大小决定板片在该方向上缩放的比例大小，常用于橡筋、打缆及外层褶皱等表现形式的处理。

二、数字面辅料设置

1. 面料设置

（1）在线素材库中筛选蕾丝面料并下载（图3-135）。

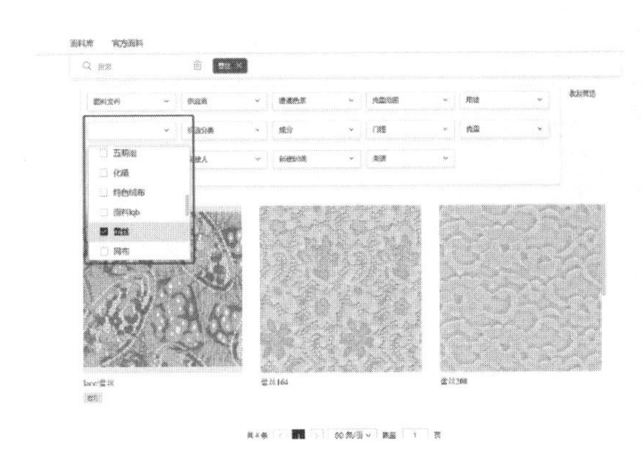

图3-135

（2）将蕾丝面料拖动至连衣裙过肩（图3-136）。

图3-136

（3）在3D视窗图标工具中点击隐藏样式3D，隐藏冷冻所产生的浅蓝色功能样式，便于面料颜色的显示（图3-137）。

图3-137

▪素材库—面料与材质文件夹

软件内置面料与材质库以供选用。将鼠标放置在选中面料SFAB文件上，可预览该面料的效果及克重、厚度、颜色属性，点击后应用成功。

（4）织物添加颜色，渲染类型为“绒”（图3-138）。

图3-138

2. 辅料设置

（1）添加明线宽度0.5mm，到边距2mm，针距3mm，针间距0.2mm，网格为面前后，调整明线颜色（图3-139）。

网格面	全部
线的数量	1
宽度(mm)	0.50
到边距(mm)	2.00
针数	N/A
针距(mm)	3.00
针间距(mm)	0.20

图3-139

（2）将明线按照连衣裙工艺进行应用（图3-140）。

图3-140

◎◎◎**技巧提示**

场景管理视窗—素材—当前服装中点击对应织物，在属性编辑视窗渲染类型中可对面料类型进行选择，包括消光、丝绸、反光、绒、皮革、金属等。

三、数字样衣展示

连衣裙3D渲染效果图（图3-141）。

图3-141

●○考核评价

<table>
<tr><th colspan="9">考核评价</th></tr>
<tr><td rowspan="2">评价项目</td><td colspan="3">3D服装制作基础（35分）</td><td colspan="2">3D服装模拟（25分）</td><td colspan="3">3D服装细节（40分）</td></tr>
<tr><td>板片导入（5分）</td><td>板片安排（15分）</td><td>板片缝纫（15分）</td><td>衣身平整（10分）</td><td>褶皱自然（15分）</td><td>抽褶制作（20分）</td><td>面料设置（10分）</td><td>明线设置（10分）</td></tr>
<tr><td>教师评价</td><td></td><td></td><td></td><td></td><td></td><td></td><td></td><td></td></tr>
<tr><td>互评</td><td></td><td></td><td></td><td></td><td></td><td></td><td></td><td></td></tr>
<tr><td>自评</td><td></td><td></td><td></td><td></td><td></td><td></td><td></td><td></td></tr>
</table>

3D服装建模初阶基础知识考核

1. Style3D界面由哪五大窗口组成？

2. 场景管理视窗的作用。

3. 3D服装视窗的作用。

4. 2D板片视窗的作用。

5. 属性编辑视窗的作用。

6. Style3D中服装建模三要素。

7. 如何快速将服装板片包裹在模特身上？

8. 在Style3D中想要改变服装颜色，应该在哪个窗口操作？

9. 如何对基础线进行编辑？

10. 完成一套女装的设计和数字服装的制作，服装中应包含工字褶和抽褶的元素，注意衣身平顺、工艺完整。CAD软件中的纸样需导出为DXF格式文件才可导入Style3D。

3D 服装建模初阶基础知识考核答案

1. Style3D界面由哪五大窗口组成？
工具栏、场景管理视窗、3D服装视窗、2D板片视窗、属性编辑视窗。

2. 场景管理视窗的作用。
展示工程所有素材的窗口，包括服装、模特、织物、图案等。

3. 3D服装视窗的作用。
显示工程中生成的虚拟服装和模拟结果。

4. 2D板片视窗的作用。
显示工程中包含的服装板片。

5. 属性编辑视窗的作用。
展示所选中元素的属性数值。

6. Style3D中服装建模三要素。
模特、板片、面料。

7. 如何快速将服装板片包裹在模特身上？
使用安排点工具。

8. 在Style3D中想要改变服装颜色，应该在哪个窗口操作？
属性编辑视窗。

9. 如何对基础线进行编辑？
使用勾勒轮廓工具将基础线转换为内部线。

项目二　3D服装建模中阶

工作任务：

任务一　男衬衫

任务二　牛仔裤

任务三　女风衣

授课学时：

18课时

项目目标：

1. 了解较复杂数字样衣的缝制流程。

2. 熟悉较复杂数字服装的工艺细节处理。

3. 掌握数字服装效果提高方法。

教学方法：

任务驱动教学法、理实一体化教学法。

教学要求：

根据本项目所学内容，学生可独立完成男衬衫、牛仔裤、女风衣等较为复杂服装的建模。

任务一　男衬衫

工作目标：

1.掌握男衬衫的缝制流程。

2.掌握衬衫领的制作方法。

3.掌握袖克夫的制作方法。

工作内容：

通过Style3D学习衬衫领、门襟、袖克夫等制作，完成男衬衫的缝制着装。

工作要求：

通过本次课程学习，使学生能够独立完成一件3D男衬衫的制作。要求衣身平顺挺阔，布面平整顺直，注意领部、门襟及袖克夫工艺处理。

工作重点：

衬衫领、门襟及袖克夫的工艺处理。

工作难点：

袖克夫的缝制。

工作准备：

男衬衫款式图（图3-142），衬衫DXF格式板片文件（图3-143）。

图3-142

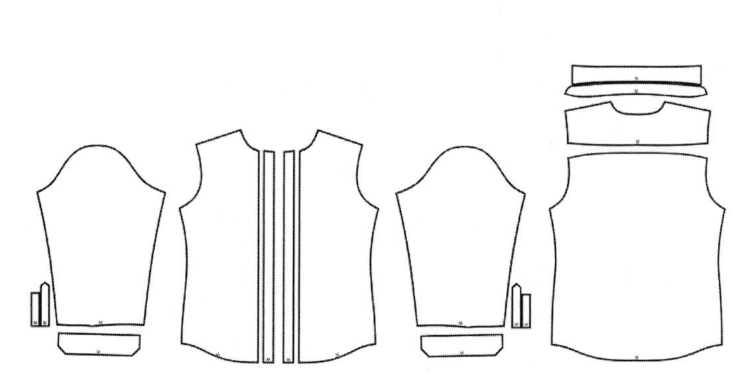

图3-143

一、数字样衣开发

1. 导入安排

（1）导入DXF文件，打开虚拟模特（图3-144）。

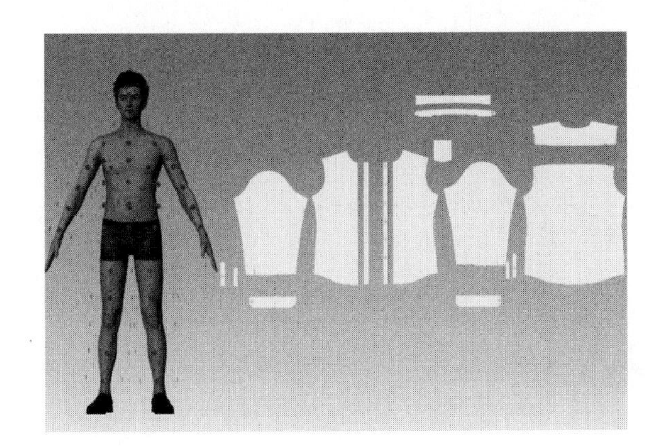

图3-144

（2）按规律安排板片（图3-145）。

图3-145

2. 样衣缝合

（1）依次勾勒宝剑头处基础线（图3-146）。

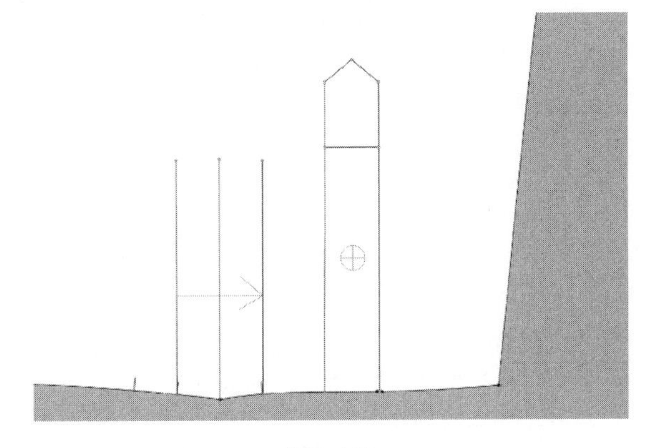

图3-146

◎◎◎**技巧提示**

可以在2D板片视窗空白处单击右键"锁定所有净边"，锁定后用"勾勒轮廓"工具款选宝剑头部分，完成后再在空白处单击右键"解锁所有净边"。

（2）在衬衫袖片袖衩处对应内部线上单击右键“剪切”（图3-147）。

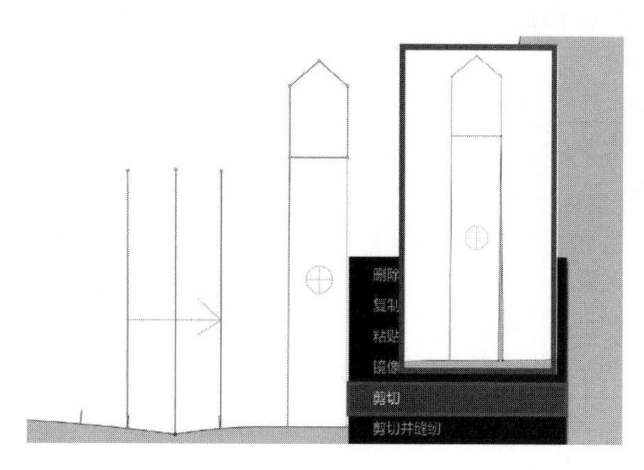

图3-147

●○思考题

男衬衫袖衩的外形特征是什么？袖衩的款式变化有哪些？

（3）用“勾勒轮廓”工具勾勒口袋、门襟、后片省道位置基础线（图3-148）。

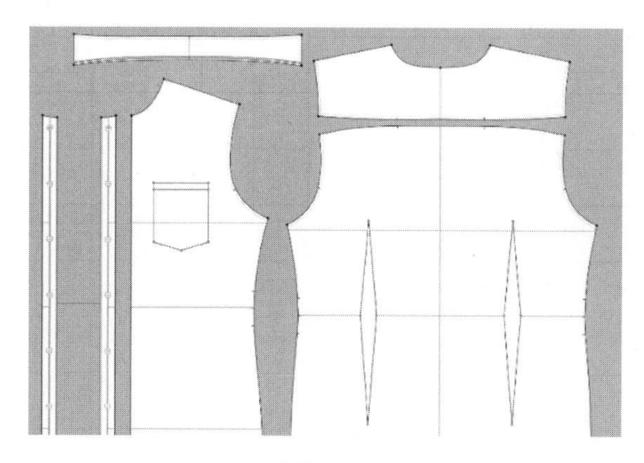

图3-148

（4）用“选择/移动”工具在后片省道内部线单击右键“转换为洞”（图3-149）。

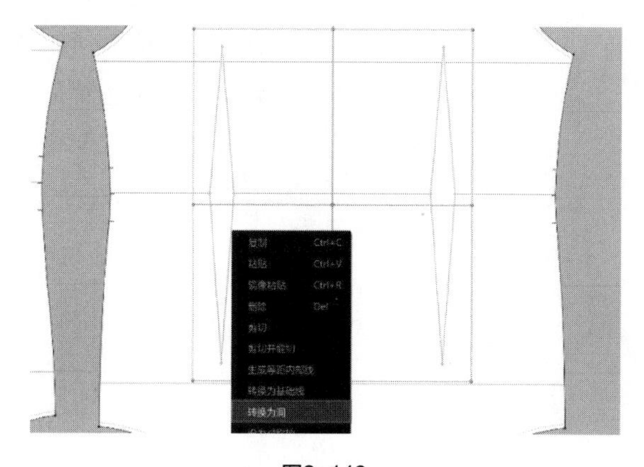

图3-149

▪转换为洞

将当前内部图形转化为洞，洞的结构中间没有布料参与模拟，洞视为板片的边缘。

（5）用“自由缝纫”工具从领座中间向两侧缝合，按住“Shift”键自后领窝中点向侧颈点缝合，再从前片侧颈点缝至门襟，松开“Shift”键（图3-150）。

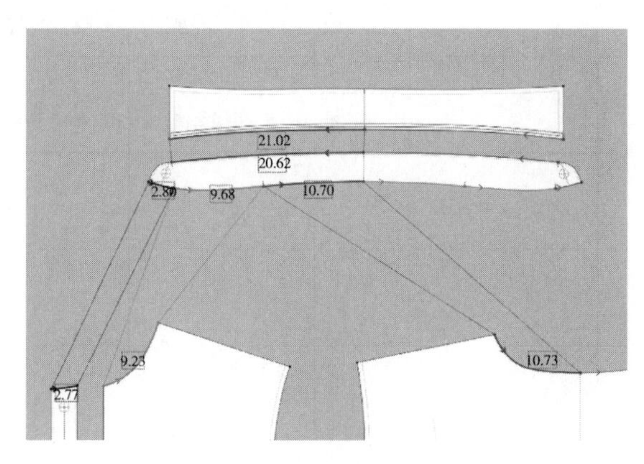

图3-150

（6）按缝纫逻辑关系缝合其他衬衫板片（图3-151）。

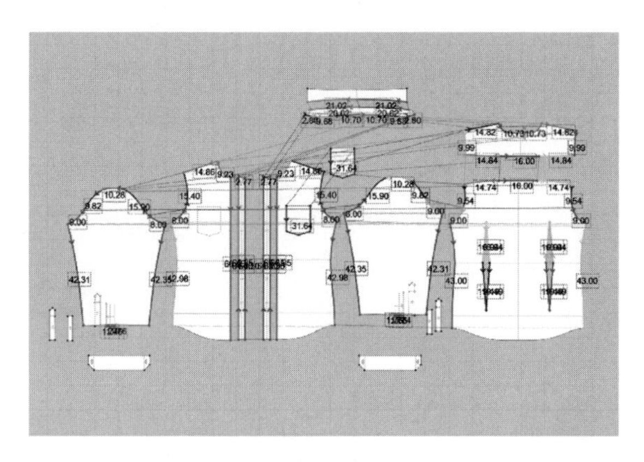

图3-151

◎◎◎**技巧提示**

可先将两侧门襟进行缝合固定，待模拟稳定并系好纽扣后再将缝纫线删除。

（7）袖衩缝在袖片袖衩开口边上，袖衩和衩位缝合，宝剑头上缝合线类型选择“合缝”（图3-152）。

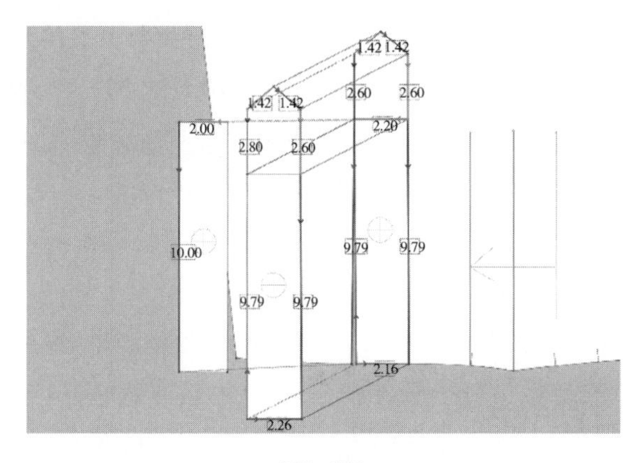

图3-152

（8）用“自由缝纫”工具从左至右缝合袖口板片，按住“Shift”键自袖衩位置起缝，绕过褶位缝回至袖衩位置，松开“Shift”键（图3-153）。

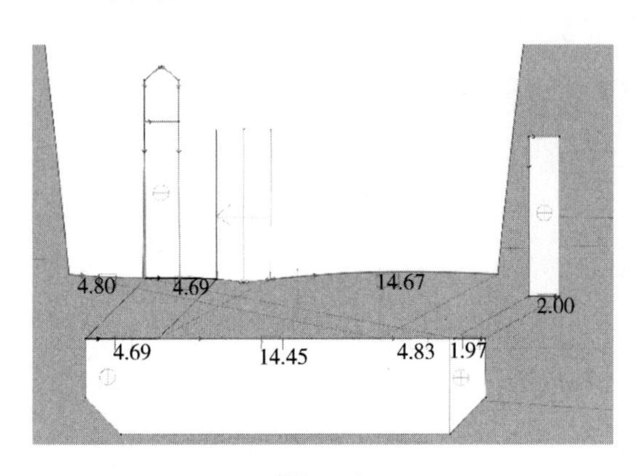

图3-153

（9）勾勒褶翻折线，分别设置角度：360°、0（图3-154）。

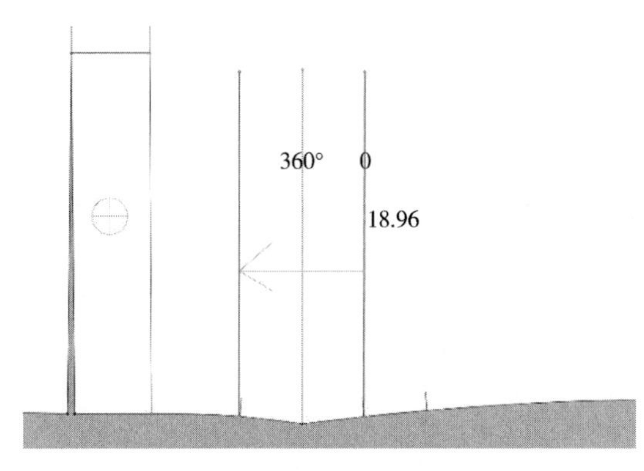

图3-154

（10）从褶中心点向左右两边缝合，再从褶端点向左右两边缝合至等长位置（图3-155）。

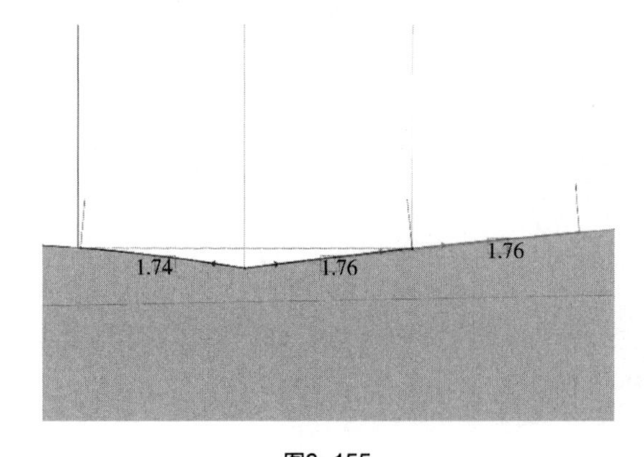

图3-155

◎◎◎**工艺提示**

袖衩位于衣袖上手肘下方，目的是手部可以进出袖口，以便服装的穿脱。在缝合时需注意与袖克夫位置的对应，保证袖克夫侧缝与袖衩对应为一条开口。

袖口扣位可先缝合固定，系上纽扣后再将缝纫线删除。

◎◎◎**技巧提示**

缝制褶时先从翻折线A端点缝至另一翻折线B端点，再从翻折线A端点向反方向缝至等长位置，翻折线B端点两侧缝纫方式同理。

（11）将口袋缝合，打开模拟并更改模特姿势（图3–156）。

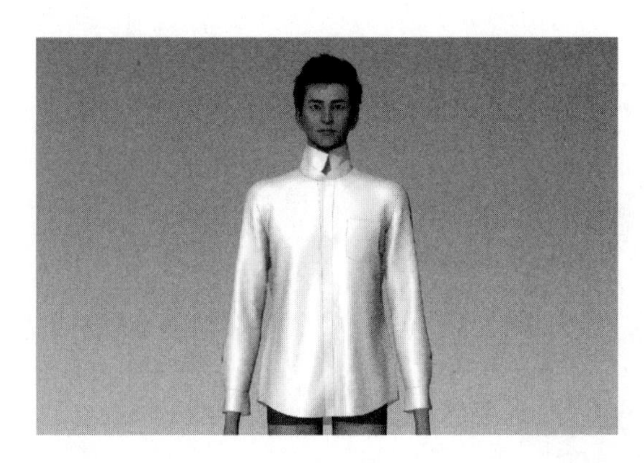

图3–156

3. 工艺细节

（1）用“勾勒轮廓”工具勾勒领片翻折线（图3–157）。

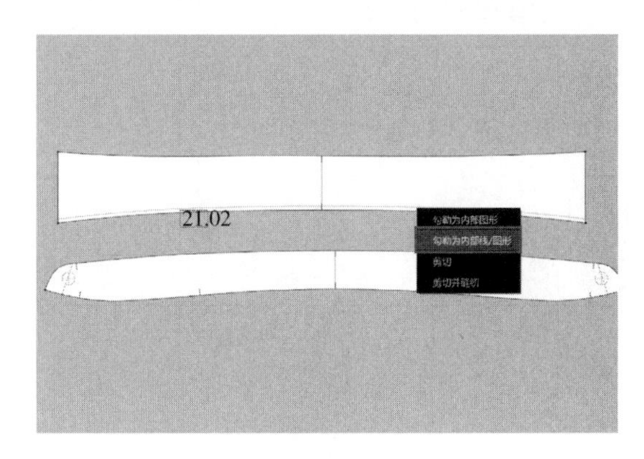

图3–157

（2）用“折叠安排”工具翻折领片，用“编辑板片”工具在领片翻折线上单击右键“生成等距内部线”，间距为0.1（图3–158）。

图3–158

◎◎◎**技巧提示**

在翻领处使用三条内部线，并关闭折叠渲染可使弯曲转折面过渡更加自然。

（3）设置三条内部线折叠角度为210°~240°，关闭“折叠渲染”，降低粒子间距，领面领座添加粘衬（图3-159）。

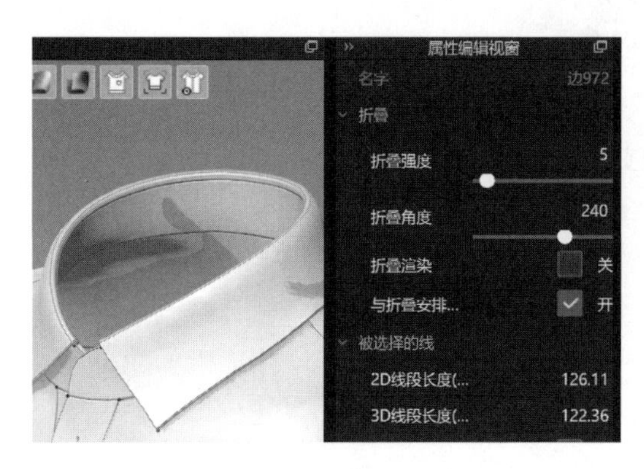

图3-159

（4）“生成等距内部线”分别在领片、领座、门襟及袖克夫压线位置添加内部线，门襟及袖克夫添加粘衬（图3-160）。

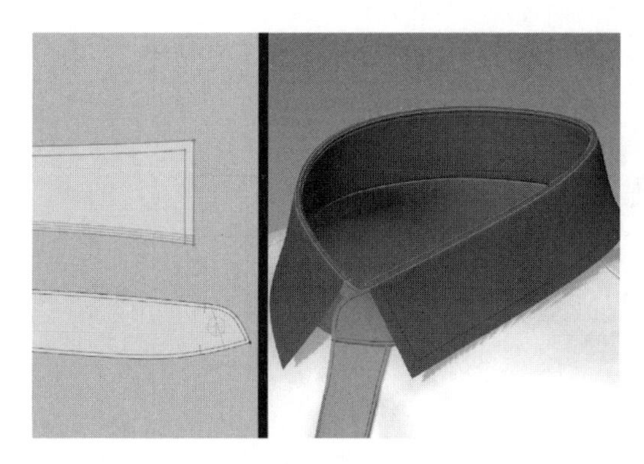

图3-160

（5）在3D服装视窗中，“选择/移动”工具在领面上单击右键“表面翻转”（图3-161）。

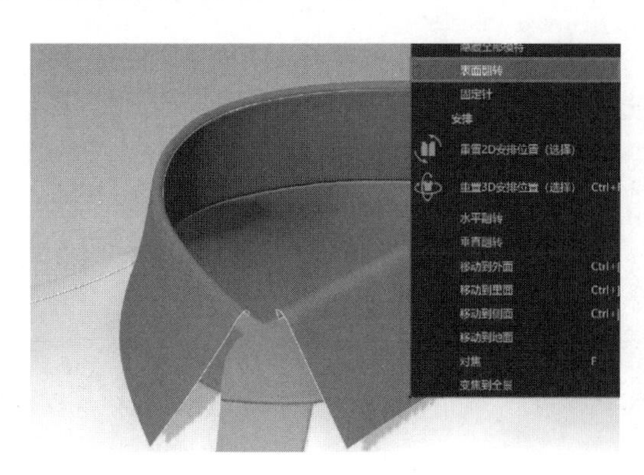

图3-161

▪表面翻转

将板片正面翻转为背面、背面翻转为正面，同时会将2D板片对应地进行对称翻转。

（6）用“选择/移动”工具在领面、领座、门襟及袖克夫板片上单击右键“生成里布层（外侧）”，关闭克隆层粘衬（图3–162）。

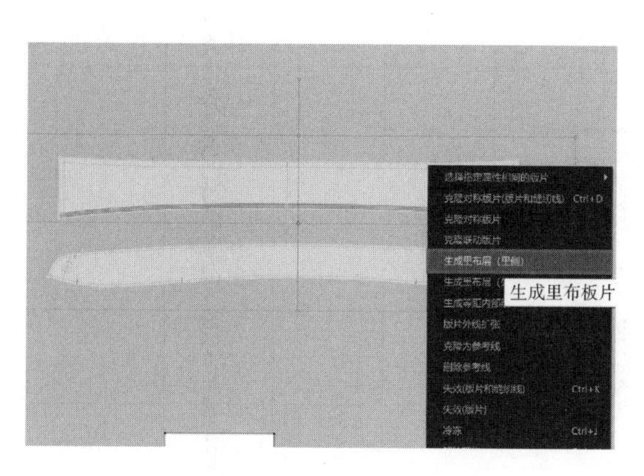

图3–162

（7）删除两层领面板片翻折线之间的缝纫线，模拟厚度为0，渲染厚度为1.5，可根据模拟效果调整板片渲染厚度和模拟厚度（图3–163）。

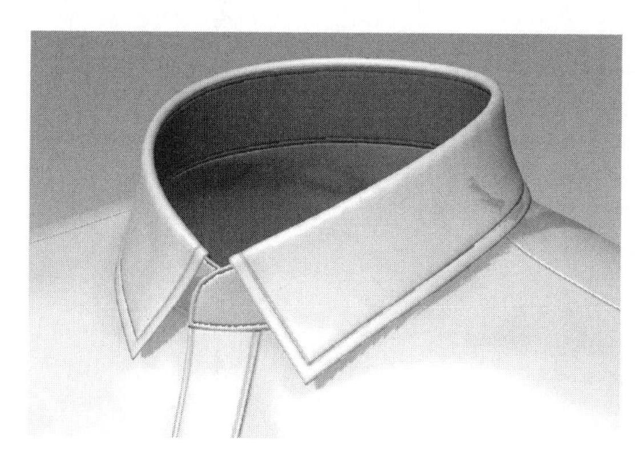

图3–163

（8）袖克夫双层制作完成效果（图3–164）。

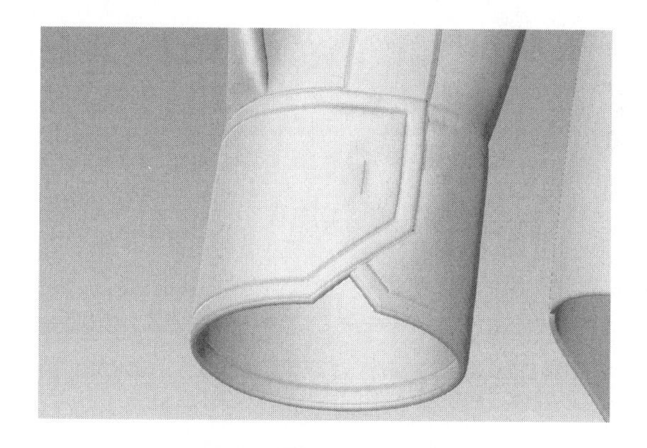

图3–164

◎◎◎**技巧提示**

可使用“编辑板片”工具点击领片、门襟、袖克夫的外边缘线，打开双层表现，也能模拟双层效果。

▪增加渲染厚度

增加渲染厚度为打开厚度渲染看到的效果。

▪增加模拟厚度

模拟厚度为面料模拟冲突计算碰撞的厚度。

二、数字面辅料设置

1. 面料设置

（1）在线素材库中挑选面料并下载应用（图3-165）。

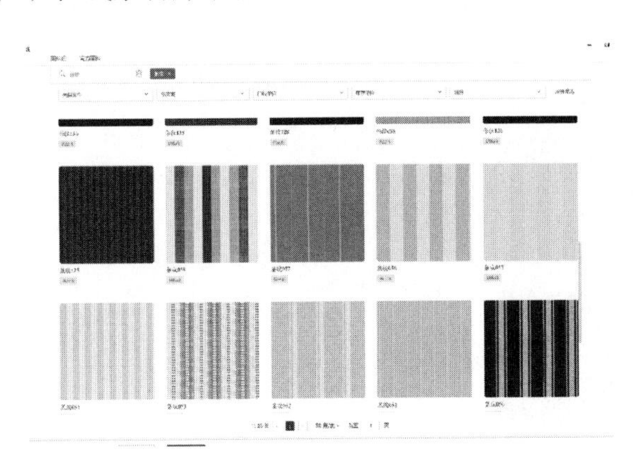

图3-165

◎◎◎**面料提示**

本款为较典型的男长袖衬衫，面料可根据季节进行选择。一般素色、条纹、格子类纯棉织物居多，也可选择混纺及化纤类织物。

（2）用“编辑纹理”工具右键单击板片调整纹理方向（图3-166）。

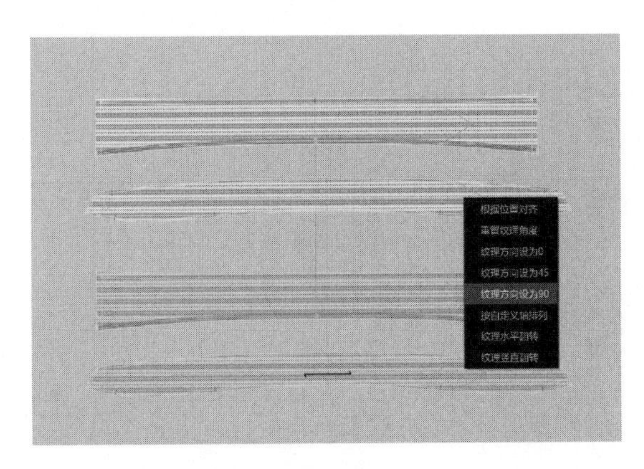

图3-166

（3）根据效果调整面料物理属性（图3-167）。

图3-167

2. **辅料设置**

（1）根据衬衫工艺添加明线，用“纽扣”和“扣眼”工具在门襟上单击右键，沿线同时生成多个纽扣和扣眼（图3-168）。

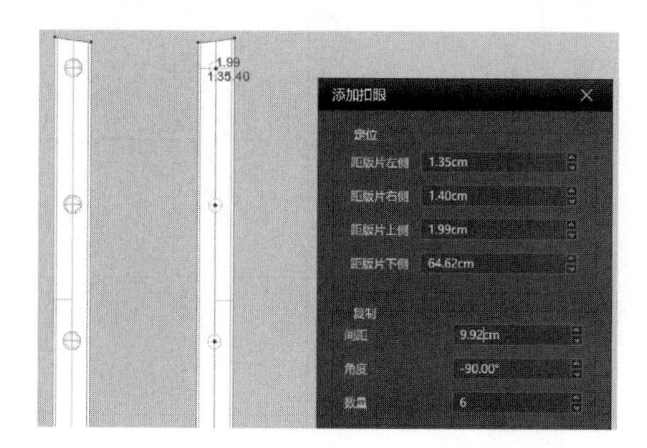

图3-168

（2）用“系纽扣”工具框选纽扣再单击对应扣眼（图3-169）。

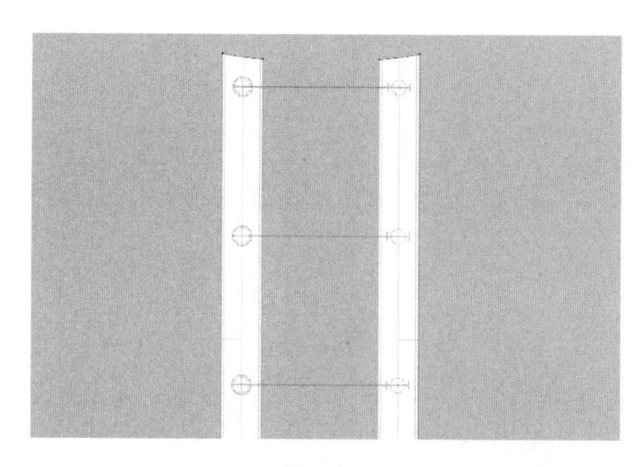

图3-169

（3）袖口和宝剑头上添加纽扣扣眼并系上（图3-170）。

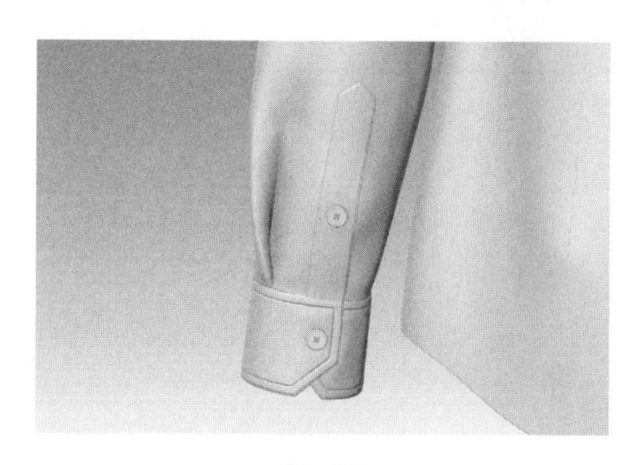

图3-170

纽扣

可在板片上创建和编辑纽扣。

进入功能后直接点击创建的位置即可，右键可定位插入纽扣位置，在边上右键可沿线生成纽扣。

生成纽扣的样式为场景管理视窗中素材页打钩的样式。

右键点击纽扣可对其进行复制、删除、复制到对称板片等操作。

扣眼

可在板片上插入和编辑扣眼。

进入功能后直接点击创建的位置即可，右键可定位插入扣眼位置。

生成扣眼的样式为场景管理视窗中素材页打钩的样式。

右键点击扣眼可对其进行复制、删除、复制到对称板片等各种操作。

系纽扣

将纽扣和扣眼系在一起。

进入功能后依次点击纽扣和对应的扣眼，模拟时纽扣会系在扣眼上。

三、效果展示

男衬衫3D渲染效果图（图3-171）。

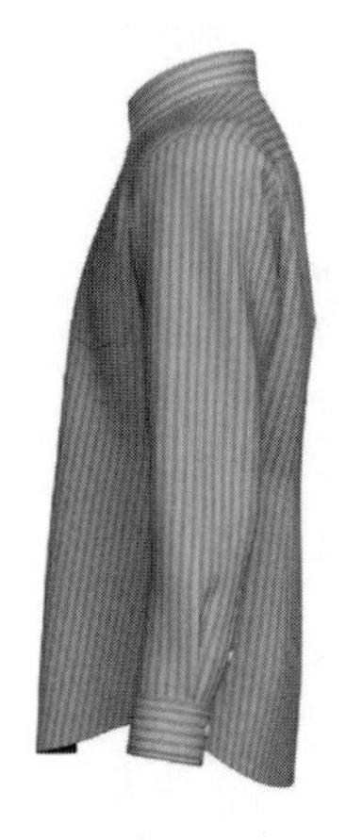
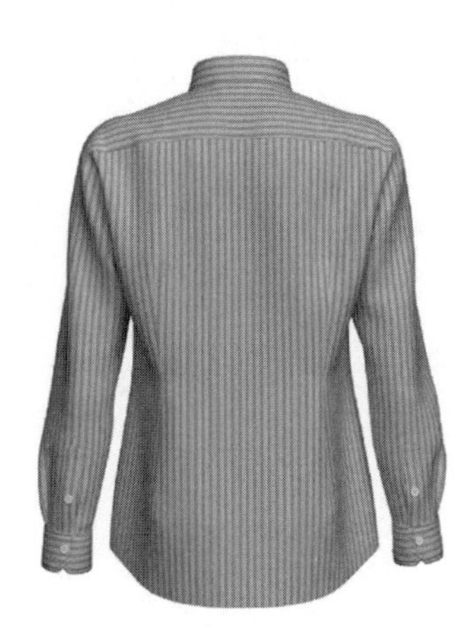

图3-171

●○拓展任务

尝试按照工艺对衬衫左胸贴袋进行表达（图3-172）。

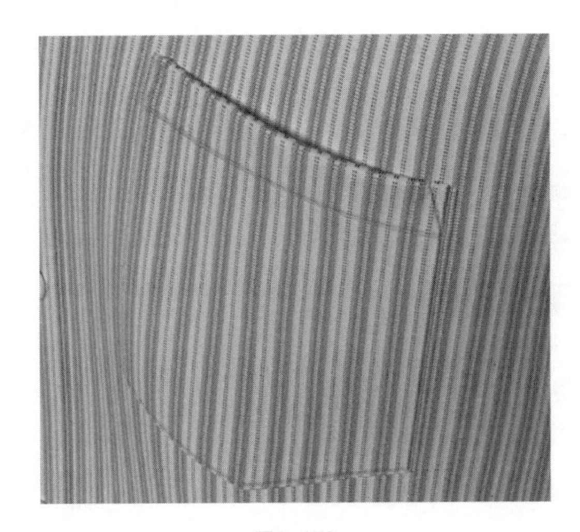

图3-172

●○考核评价

考核评价							
评价项目	3D服装制作基础（20分）		3D服装模拟（30分）		3D服装细节（50分）		
	导入安排（5分）	板片缝纫（15分）	衣身平整（15分）	褶皱自然（15分）	领子翻折（20分）	袖克夫（20分）	面辅料设置（10分）
教师评价							
互评							
自评							

任务二　牛仔裤

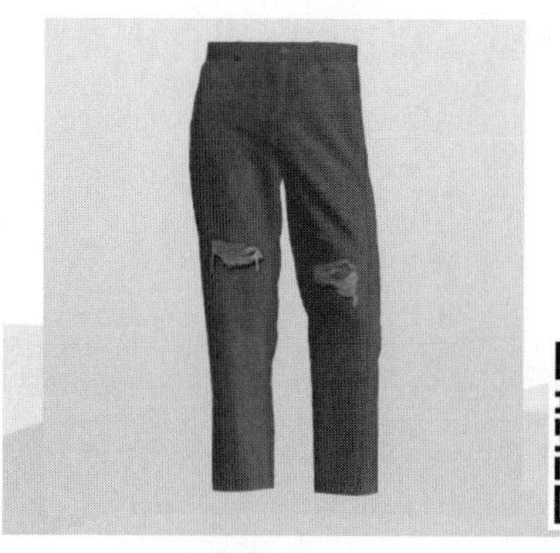

工作目标：

1.掌握数字牛仔裤的缝制方法。

2.掌握图案工具和调整图案工具的使用方法。

3.掌握水洗效果和破洞的表达方法。

工作内容：

通过Style3D学习牛仔面料的水洗和破洞的制作，完成牛仔裤的缝制着装。

工作要求：

通过本次课程学习，使学生熟悉数字牛仔裤的制作流程，并能够独立完成一条水洗破洞牛仔裤的制作。

工作重点：

牛仔面料水洗效果的制作。

工作难点：

牛仔破洞效果的处理方法。

工作准备：

牛仔裤款式图（图3-173），牛仔裤DXF格式板片文件（图3-174）。

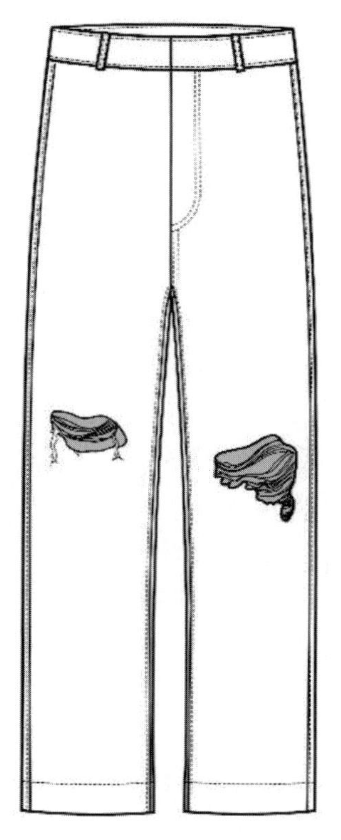

图3-173

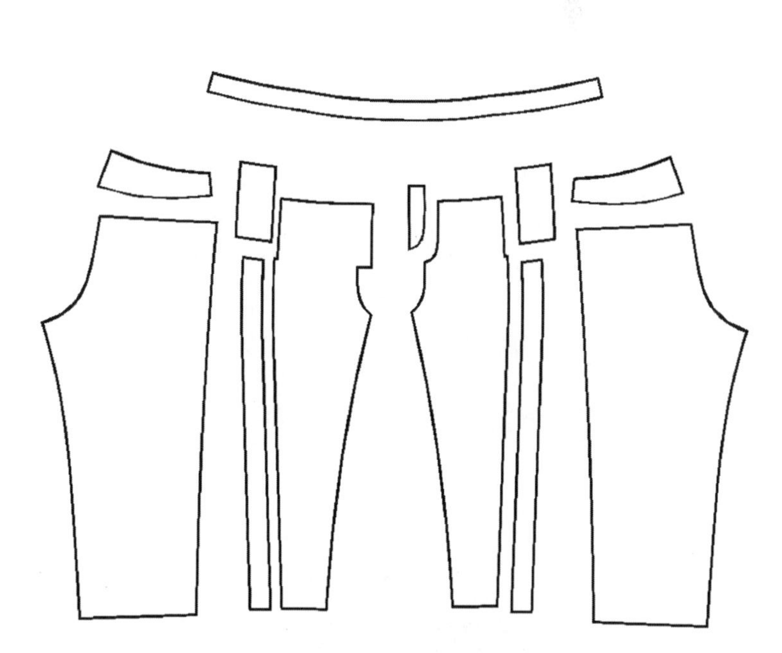

图3-174

一、数字样衣开发

1. 导入安排

（1）导入牛仔裤DXF文件，整理后安排（图3-175）。

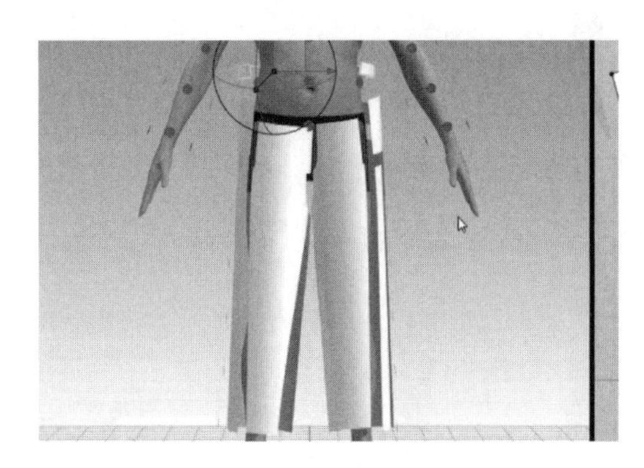

图3-175

（2）将裤襻板片“失效（板片和缝纫线）”（图3-176）。

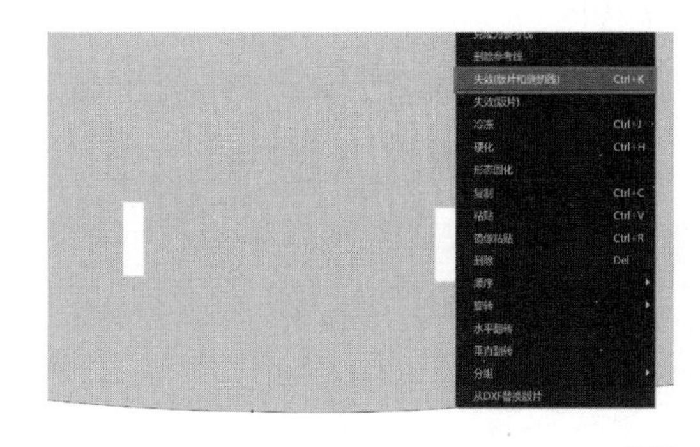

图3-176

2. 样衣缝合

（1）按牛仔裤缝纫逻辑对牛仔裤板片进行缝合（图3-177）。

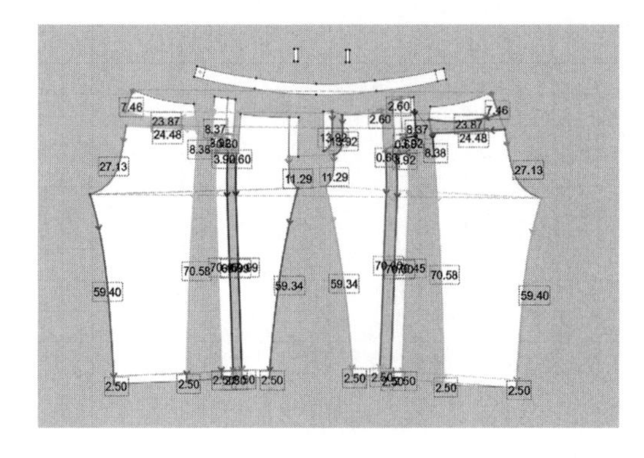

图3-177

知识链接

牛仔裤是指使用丹宁面料制作而成的裤子。丹宁是一种利用棉纱织成的斜纹布料，其品质坚固耐用。大多数丹宁面料由经过靛蓝染色的经纱与未染色的本色纬纱织造而成，因此丹宁织物的正面显示经纱的蓝色，反面保留纬纱的白色。

水洗是指为了还原牛仔裤日常穿着及清洗后的复古外观，人为制造牛仔裤上的猫须、蜂窝、水波纹及破洞等效果，故意做旧牛仔裤的工艺。

（2）用“自由缝纫”工具创建腰头缝纫线，按住“Shift”键，运用单条对多条缝纫的方式完成腰头部分的对应缝合（图3-178）。

图3-178

◎◎◎技巧提示

“自由缝纫”工具先在单条线段的起点进行单击，然后沿方向移动至单条缝纫线的终点再次单击，按住“Shift”键，依次按照单条线段缝纫的方向以自由缝纫的方式缝纫多条线段，多条线段每条线段的缝纫方向需与单条线段缝纫方向一致。完成所有线段的缝纫后再松开“Shift”键。默认先点选的线段和后续点选的所有线段依次进行缝合。

（3）右键单击腰头，选择“生成里布层（外侧）”，将生成的里布层两侧相缝合，并打开粘衬（图3-179）。

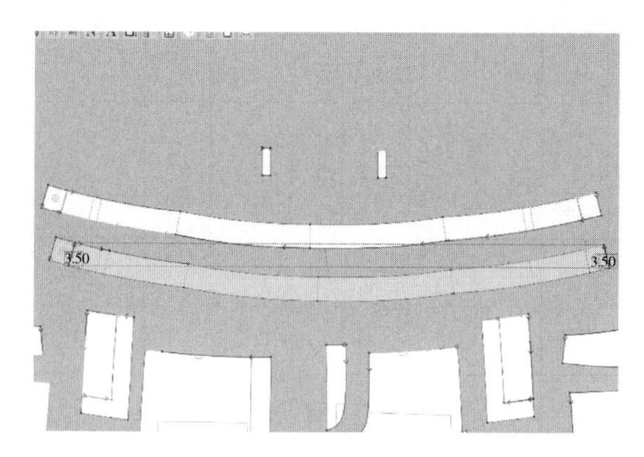

图3-179

◎◎◎技巧提示

里布层两侧缝合后在属性编辑视窗中删除缝纫线法线并关掉此条内部线的折叠渲染，保证腰头的实际效果，也可使用假缝或者固定针代替缝纫。

（4）将裤襻与腰头对应位置相缝合，另一侧裤襻也进行相同操作（图3-180）。

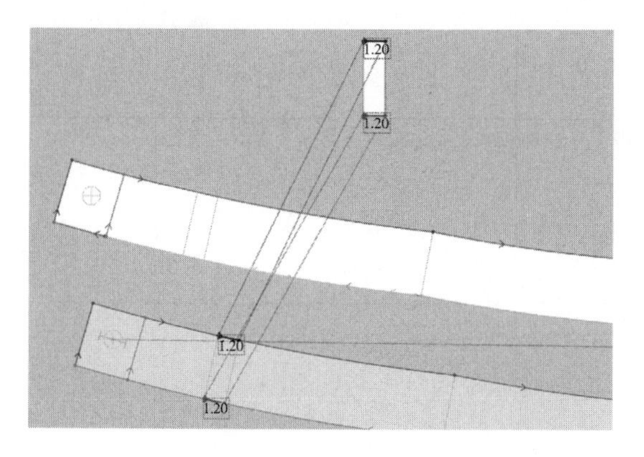

图3-180

3. 着装模拟

（1）袋布层数设为-1，在前片上右键单击“隐藏板片”，打开模拟状态将袋布调整平顺（图3-181）。

◎◎◎技巧提示

将袋布层数设为-1后，袋部自动模拟到裤片下层，将裤片隐藏后，打开模拟可对袋布进行拖拽调整，使袋布更加平顺。

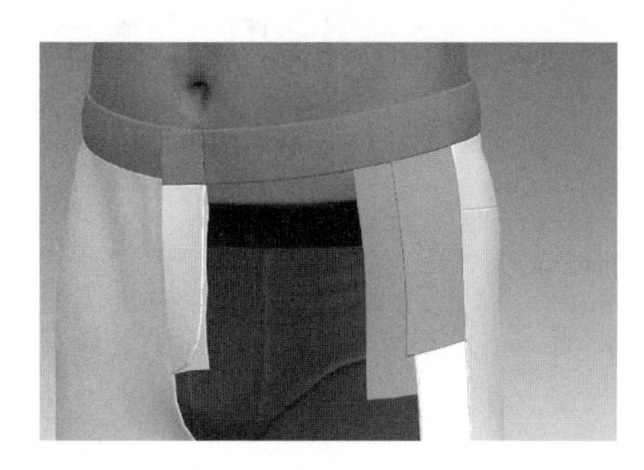

图3-181

（2）激活裤襻，模拟状态将模特姿势调整为“I”（图3-182）。

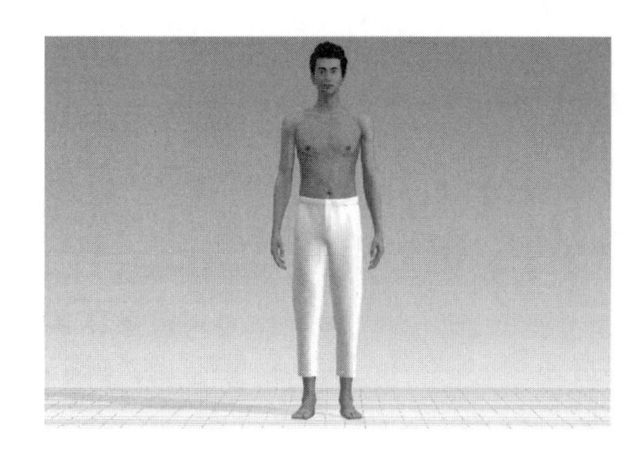

图3-182

4. 工艺细节

（1）用“编辑板片”工具在裤脚线上单击右键“板片外线扩张”，间距2.5cm，生成内部线，侧边角度为镜像（图3-183）。

▪板片外线扩张

将板片部分净边基于设置向外扩张一定距离，并保持其余净边不动。

可设置移动距离，移动过程中是否生成内部线，移动之后净边边缘切角，净边之间呈夹角形状。

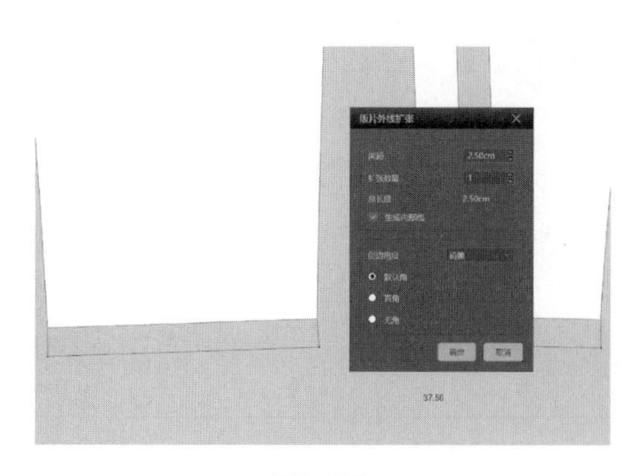

图3-183

（2）用“编辑板片”工具在裤脚线上单击右键“生成等距内部线”，间距2.5cm（图3–184）。

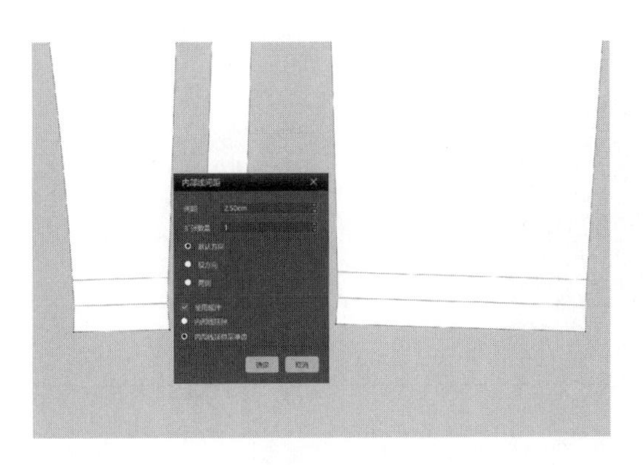

图3–184

◎◎◎**技巧提示**

裤脚处也可以使用内贴的形式进行制作。

将裤片克隆一层剪切出来，或者使用“勾勒轮廓”工具勾勒出闭合封闭结构，线上单击右键“勾勒为板片”，将非首尾相连的多条边围成的图形生成板片。

（3）用“折叠安排”工具将裤脚向内进行翻折，折叠完成后缝纫，翻折线生成两侧等距内部线，关闭渲染（图3–185）。

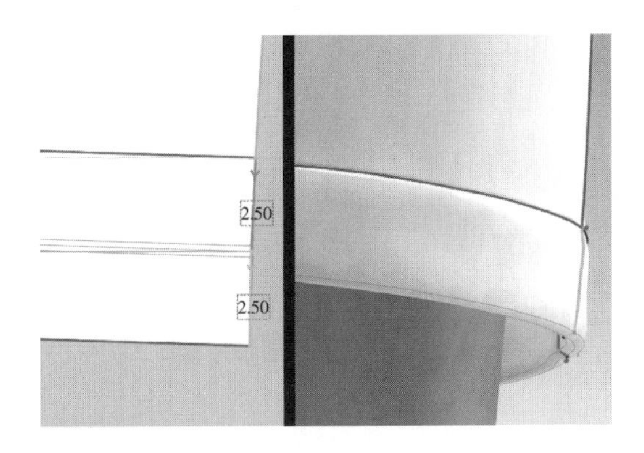

图3–185

二、数字面辅料设置

1. 面料设置

（1）在属性编辑视窗中添加纹理和法线贴图（图3–186）。

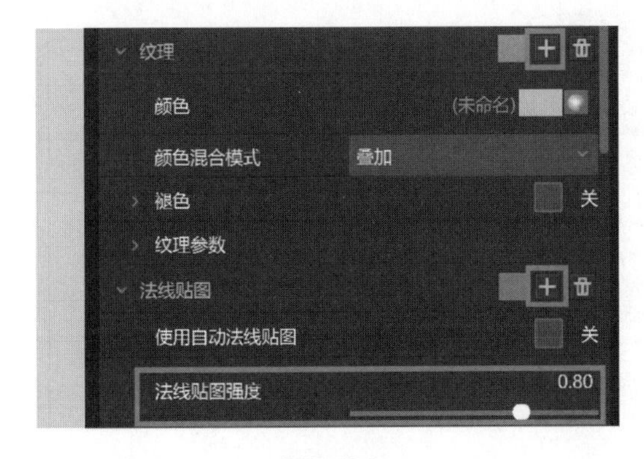

图3–186

▪法线贴图

使用法线贴图提供面料凹凸感，可根据面料效果更改法线强度。

（2）在“物理属性”预设中选择“牛仔—轻磅牛仔布”（图3-187）。

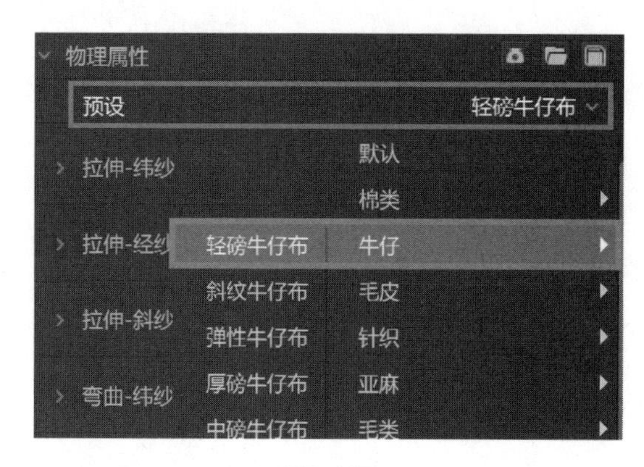

图3-187

（3）场景管理视窗—素材—当前服装—图案添加水洗效果贴图，“图案”工具放于板片上，用“调整图案”工具调整贴图角度和大小并翻转（图3-188）。

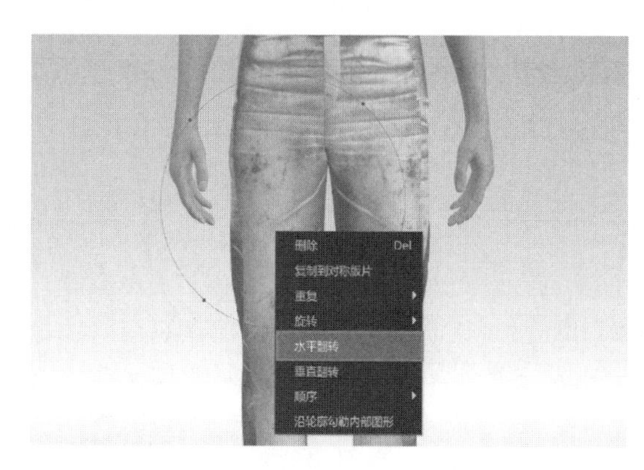

图3-188

（4）点击贴图，在属性编辑视窗中打开“编辑图案样式”，根据效果调整透明度（图3-189）。

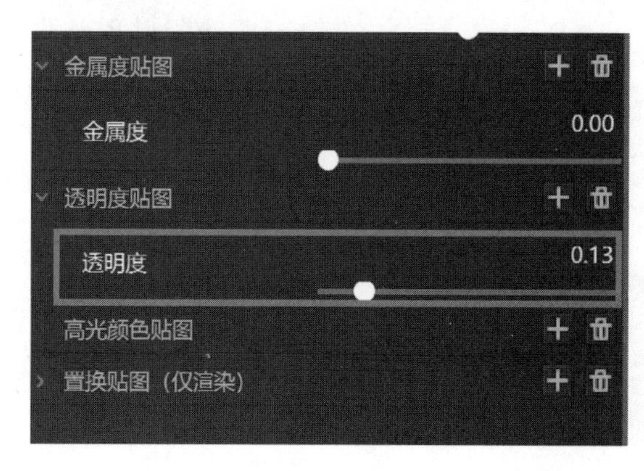

图3-189

图案

可以在板片上插入图案。

先在“当前服装”中添加图案样式，再点击板片中要插入的位置可添加图案。在2D场景中插入可以确定具体位置，插入后自动进入调整图案功能。

调整图案

对图案进行选择和编辑。

可对贴图进行平移、旋转操作，缩放时会联动其他图案。

调整图案右键菜单可对图案进行沿水平方向/沿竖直方向的重复。

贴图相关参数可在属性编辑视窗调整，包括渲染的光滑度、金属度、颜色、纹理、尺寸控制。

（5）添加破洞贴图，用“图案”工具添加牛仔裤前片，用“调整图案”工具调整贴图角度和大小（图3-190）。

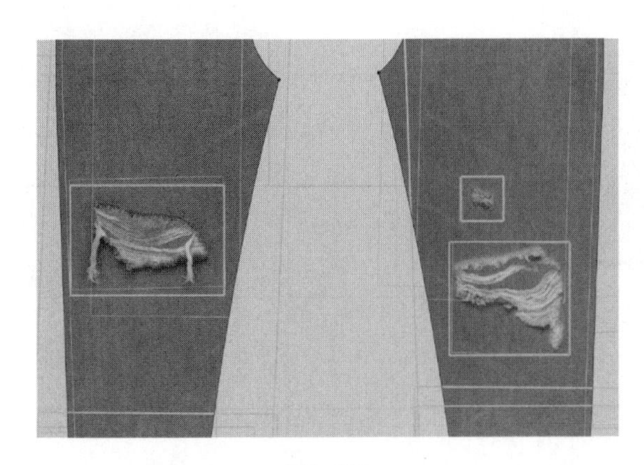

图3-190

（6）用“多边形”工具围绕破洞贴图形状绘制闭合图形（图3-191）。

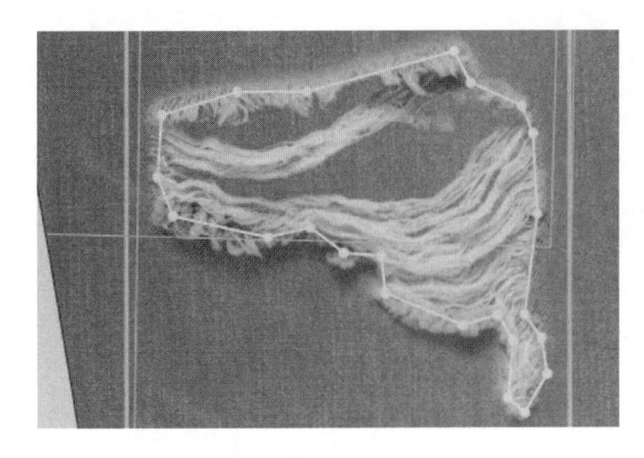

图3-191

（7）用“选择/移动”工具右键单击闭合内部图形，选择“剪切并缝纫”（图3-192）。

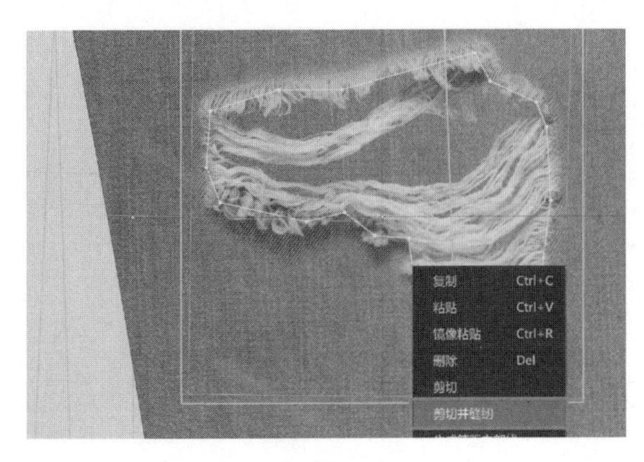

图3-192

多边形

生成多边形板片、生成内部线/内部图形。可用于生成板片或画内部线。

生成板片：在2D场景空白处连续点击多个点形成封闭图形。

生成内部线/内部图形：2D、3D场景中，在板片中连续点击多个点形成折线。多次点击后点击起点可生成内部图形，双击可生成内部线/内部折线。

（1）右键点击可沿该方向生成固定长度线段。

（2）按住“Ctrl”键单击可插入曲线点。

（3）在创建板片画点时如果按下键盘上的“Delete”键或按下“Ctrl+Z”组合键，可以从最后画的点开始按顺序删除。创建时，按下键盘上的“Esc”键会退出当次画线。

（4）在创建直线点时按住“Shift”键会出现一个指示线，可以根据指示线沿水平、垂直、45°角方向画线。

（8）添加织物，在属性编辑视窗中将透明度调为0，并应用在剪切出来的板片上（图3-193）。

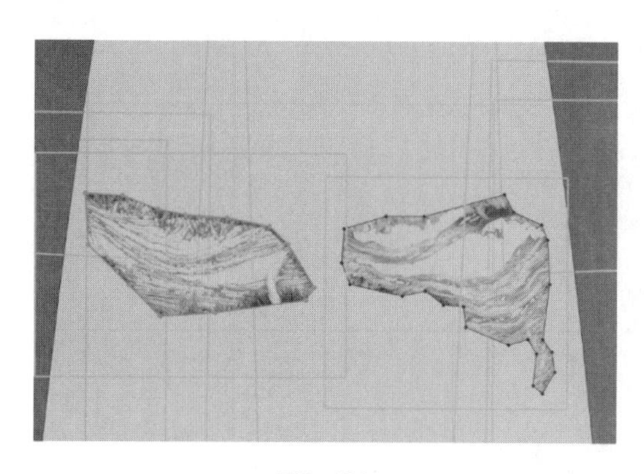

图3-193

（9）在属性编辑视窗中调整面料物理属性，打开模拟，使牛仔褶皱更加自然（图3-194）。

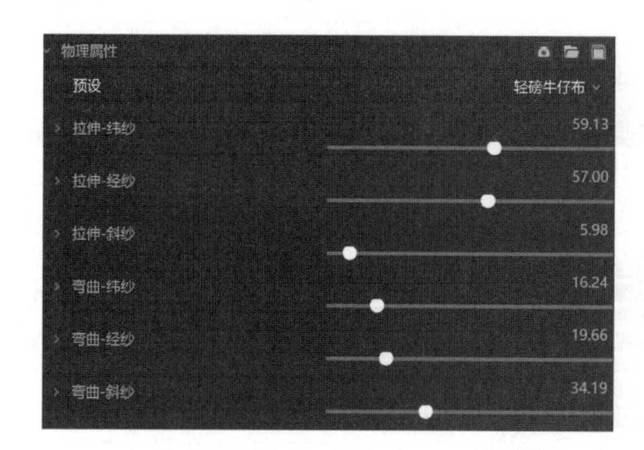

图3-194

2. **辅料设置**

（1）用“纽扣”和“扣眼”工具分别在腰头的对应位置上单击，创建纽扣和扣眼，属性编辑视窗可调整角度，用“系纽扣”工具依次单击纽扣和扣眼系纽扣（图3-195）。

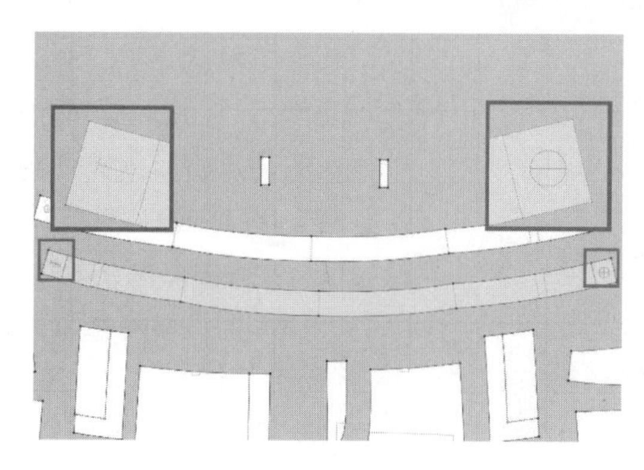

图3-195

▪物理属性

预设：选择合适的类型，系统加载预设好的反射参数。

纬纱—强度：织物沿纬纱方向的抗拉伸强度，表示沿纬纱方向产生单位拉伸长度所需要的拉力（g/s^2）。数值越大布料越不容易沿纬纱方向发生拉伸。

经纱—强度：织物沿经纱方向的抗拉伸强度，表示沿经纱方向产生单位拉伸长度所需要的拉力（g/s^2）。数值越大布料越不容易沿经纱方向发生拉伸。

对角张力系数：织物沿对角线方向的抗拉伸强度，即沿对角线方向产生单位拉伸长度所需拉力（g/s^2）。数值越大布料越不易沿对角线方向发生拉伸。

弯曲强度—纬纱：织物沿纬纱方向的抗弯曲强度，表示单位面积织物每旋转一弧度所需要的力矩（$g \cdot mm^2/s^2/rad$）。弯曲强度—纬纱数值越大，布料越不容易沿纬纱方向发生弯折起皱。

弯曲强度—经纱：织物沿经纱方向的抗弯曲强度，表示单位面积织物每旋转一弧度所需要的力矩（$g \cdot mm^2/s^2/rad$）。弯曲强度—经纱数值越大，布料越不容易沿经纱方向发生弯折起皱。

动摩擦系数：面料发生摩擦时的动摩擦系数。

静摩擦系数：面料发生摩擦时的静摩擦系数。

（2）在属性编辑视窗中编辑纽扣样式（图3–196）。

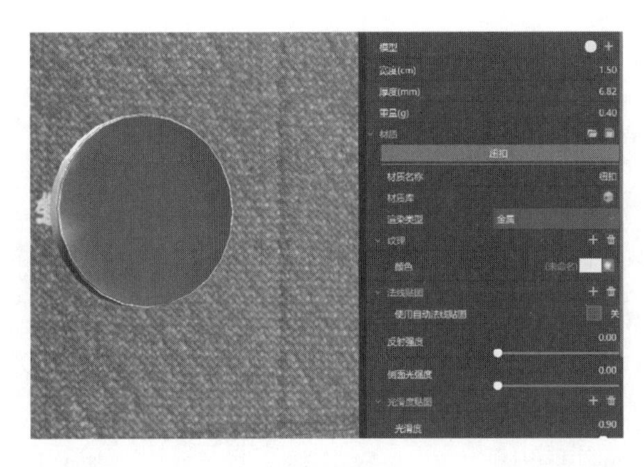

图3–196

（3）创建明线，添加纹理和法线贴图，根据款式等调整明线参数，在拼缝处添加所创建的明线（图3–197）。

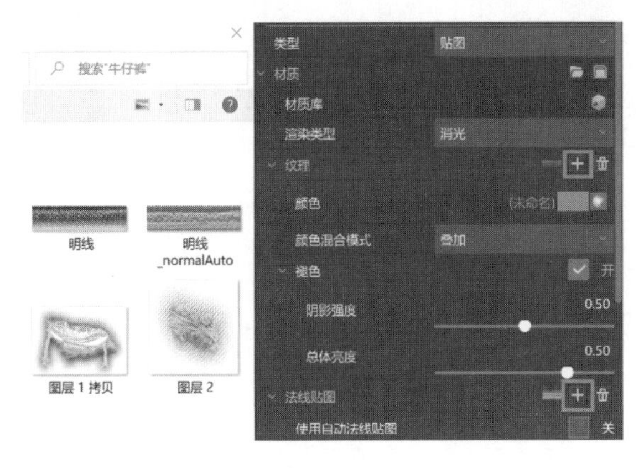

图3–197

（4）创建明线，添加边缘水洗效果贴图；创建缝纫明线，根据牛仔裤工艺设置明线参数，并在对应位置进行明线应用（图3–198）。

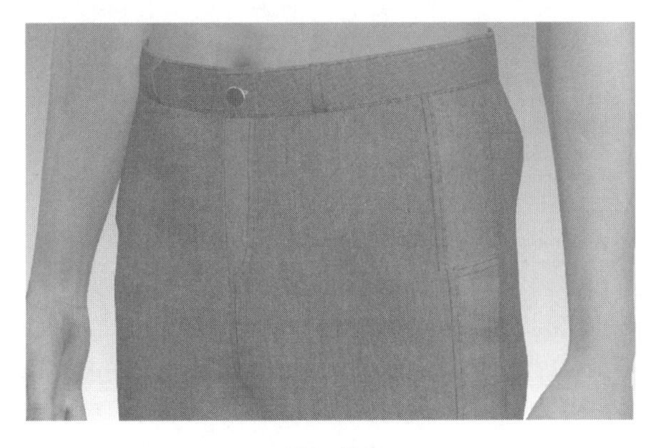

图3–198

知识链接

龙卷风：牛仔裤裤脚处的链式线迹经过长时间的摩擦和清洗后，针脚间的布料会形成一道道形似龙卷风的隆起螺旋状纹理。

火车轨：由于牛仔裤侧边布边存在厚度，在缝合前后裤管裁片时，在裤腿两侧平整布料上会形成狭长的类似火车轨般微凸的条状落色痕迹。

◎◎◎技巧提示

样衣完成后可根据需要对虚拟模特姿势进行切换。

三、效果展示

牛仔裤3D渲染效果图（图3-199）。

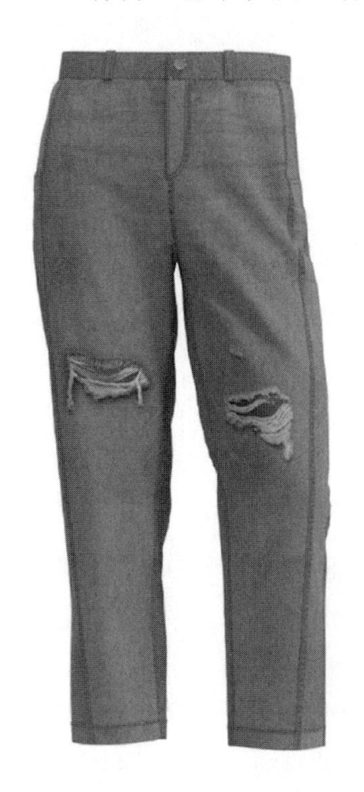
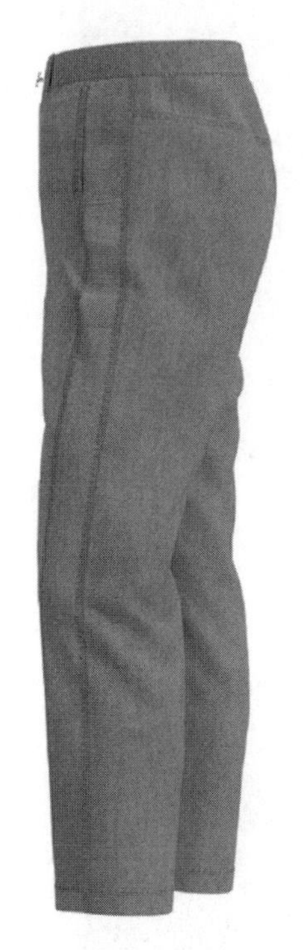

图3-199

●○考核评价

考核评价						
评价项目	3D服装制作基础（25分）		3D服装模拟（30分）		3D服装细节（45分）	
	导入安排（10分）	板片缝纫（15分）	衣身平整（15分）	褶皱自然（15分）	图案效果（30分）	面辅料设置（15分）
教师评价						
互评						
自评						

任务三　女风衣

工作目标：

1.掌握系腰带的操作方法。

2.掌握日字扣的添加方法。

3.掌握数字走秀模拟方法。

工作内容：

通过Style3D学习系腰带、走秀模拟等操作，完成女风衣的缝制着装。

工作要求：

通过本次课程学习，使学生熟悉数字女风衣的制作流程，能够独立完成一件女风衣的制作。

工作重点：

系腰带效果的制作方法。

工作难点：

日字扣位置的调整。

工作准备：

女风衣款式图和DXF格式板片文件（图3-200、图3-201）。

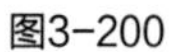

图3-200

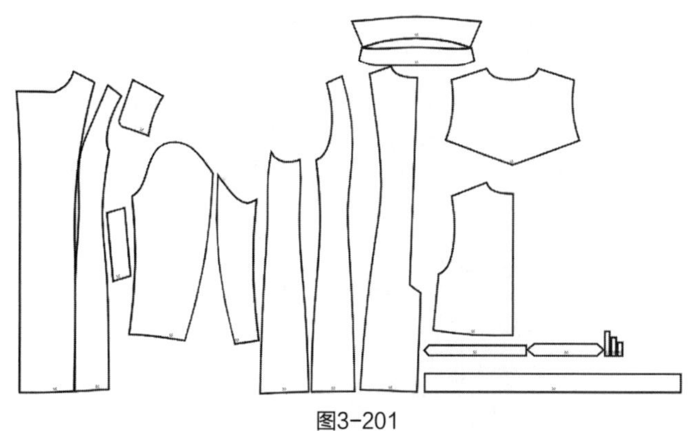

图3-201

一、数字样衣开发

1. 导入安排

（1）导入女风衣DXF板片文件，克隆对称联动板片（板片和缝纫线），整理并安排（图3-202）。

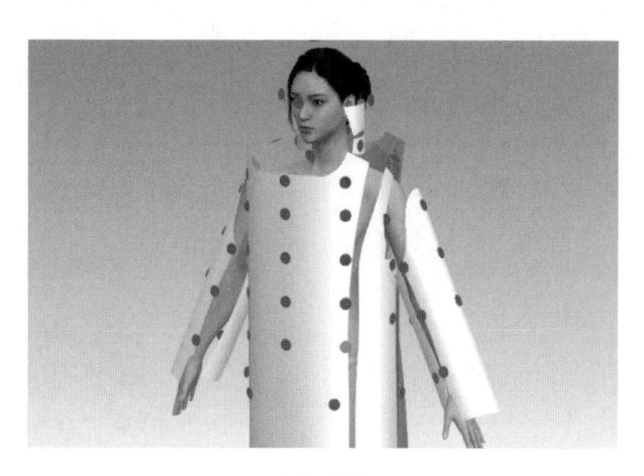

图3-202

（2）定位球调整前片位置，使扣位重合（图3-203）。

图3-203

2. 样衣缝合

（1）按结构建立缝纫关系（图3-204）。

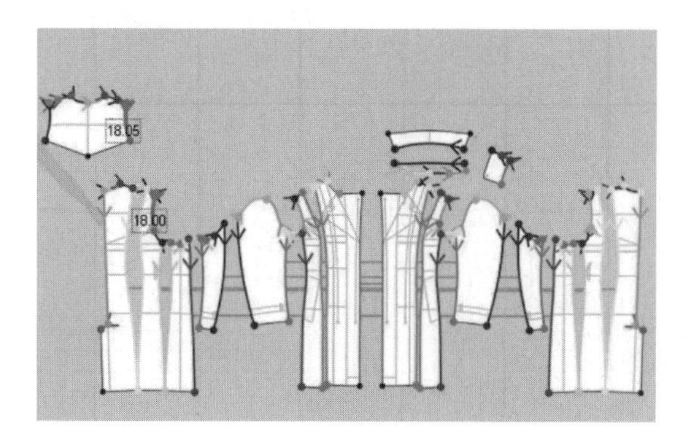

图3-204

知识链接

风衣最初是由英国奢侈品牌博柏利（Burberry）创办人托马斯·博柏利（Thomas Burberry）在第一次世界大战时为军人设计的军用外套，使用华达呢这种防撕裂、防皱、防水，同时透气舒适的羊毛布料，便于军人在恶劣的阴雨天气下穿着。

（2）用“纽扣”和“扣眼”工具在对应位置创建纽扣和扣眼，用“系纽扣”工具将纽扣与扣眼相连（图3-205）。

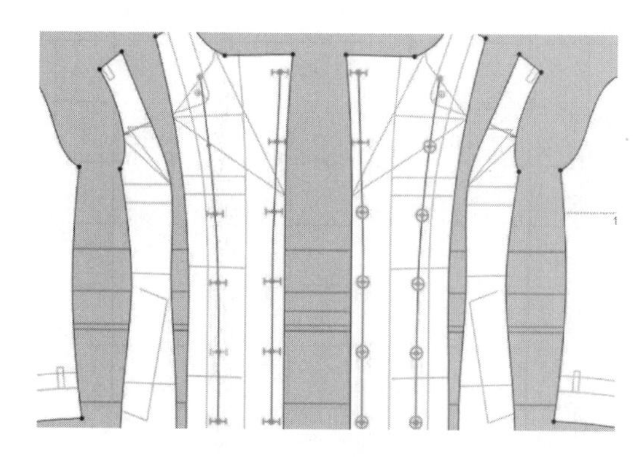

图3-205

（3）用“勾勒轮廓”工具勾勒领部翻折线，在翻折线两侧“生成等距内部线”，若翻折线端点未到板片边缘，线上单击右键“对齐到板片外线”，折叠角度设为210°~240°，关闭折叠渲染（图3-206）。

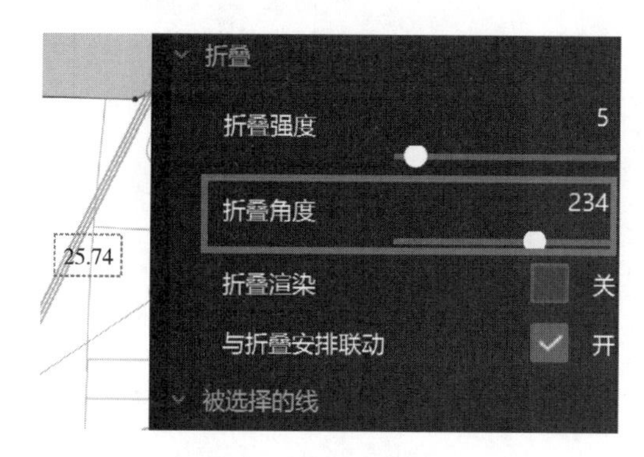

图3-206

（4）在领面翻折线处单击右键“生成等距内部线”，间距0.3cm，扩张数量3，角度设置为230°~240°，关闭折叠渲染，打开模拟，点击“折叠安排”进行折叠（图3-207）。

图3-207

▪对齐到板片外线

将内部线两端对齐到净边或将内部线顶点对齐到净边。

“对齐到板片外线并加点”会在“对齐到板片外线”的基础上在净边生成断点。

3. 工艺细节

（1）后片上单击右键“解除联动”，勾勒后衩翻折线，折叠角度为0，打开模拟，使其折叠，完成后将其缝合（图3-208）。

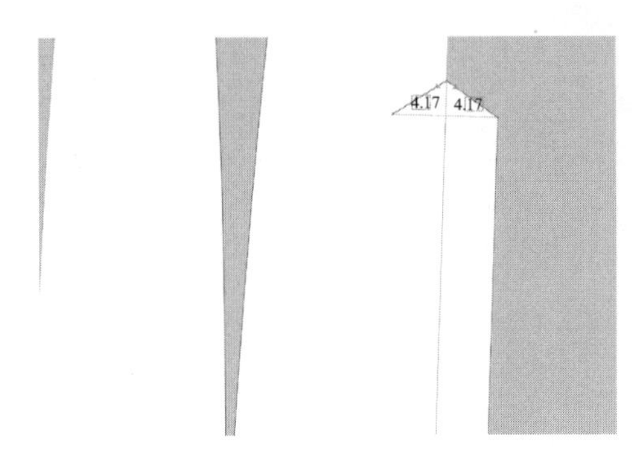

图3-208

（2）用“勾勒轮廓”工具在肩襻中间线段上单击右键“剪切”，使其分成两部分，将口袋、带襻等板片对应缝合线勾勒为内部线（图3-209）。

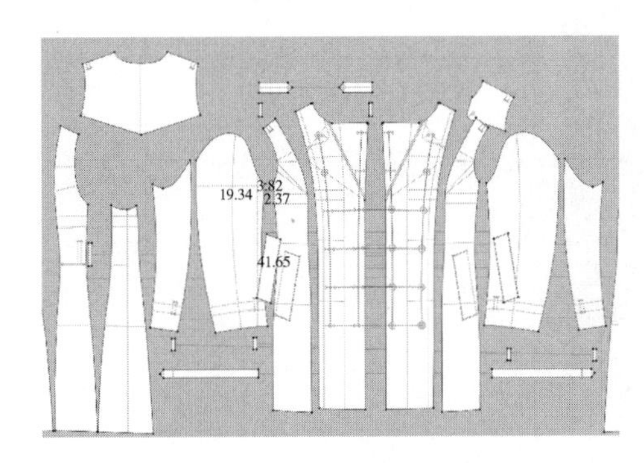

图3-209

知识链接

风衣右肩上的挡风片是为了防止军人在举枪时雨水渗入前胸，与后背处的防水斗篷布共同构成防风雨渗入系统。

（3）将肩部带襻与挡风片/前片和背部挡雨片相缝合，将肩襻与袖片对应位置进行缝合，板片上单击右键“移动到外面”（图3-210）。

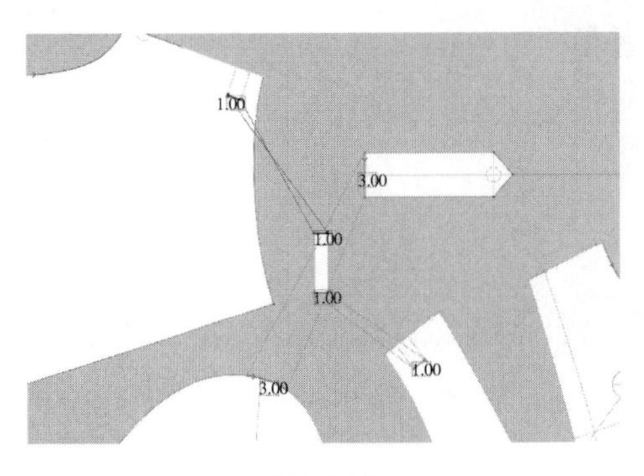

图3-210

▪移动到外面

可将板片安排在与其有缝纫关系的板片外侧，常用于安排贴布、里布等板片。

（4）将口袋、袖襻、腰襻对应进行缝合，单击右键“移动到外面”（图3-211）。

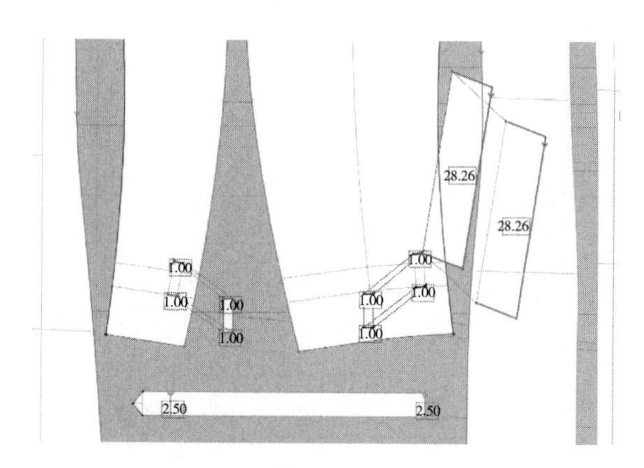

图3-211

（5）添加纽扣和扣眼，并系上纽扣，将板片按照层次分别改为1和2，模拟完成后改回0（图3-212）。

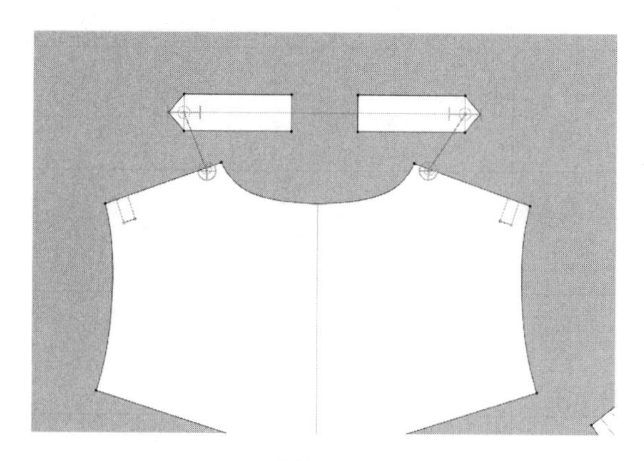

图3-212

（6）将板片冷冻，将腰带放置在对应安排点上，为了模拟系腰带的效果，以相反方向进行缝合（图3-213）。

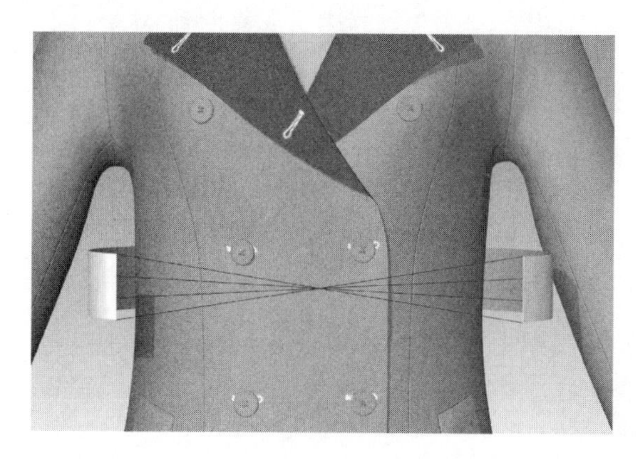

图3-213

知识链接

两肩的肩章带、袖口的防水束带，都是设计师为了便于军人行动而设计的军用细节元素。

（7）用“矩形”工具绘制三条与腰带等宽的板片，将其中两条与腰带板片相缝合（图3-214）。

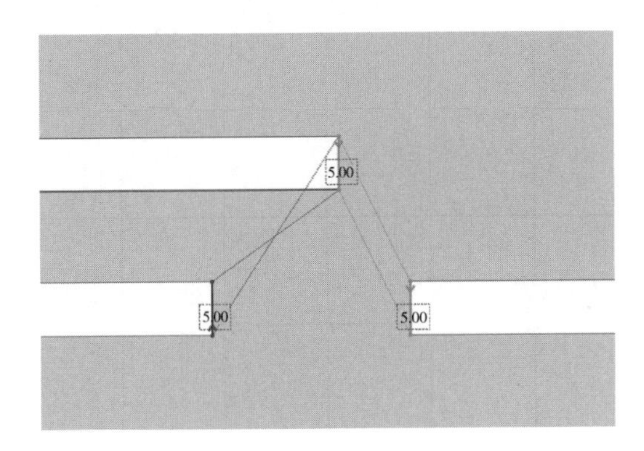

图3-214

（8）用“固定针”工具在两条已缝合的板片上生成固定针并向两侧拖拽，第三条板片在手臂安排点上安排生成曲率后，定位球拖动至腰带缝合处，包裹其他三条板片（图3-215）。

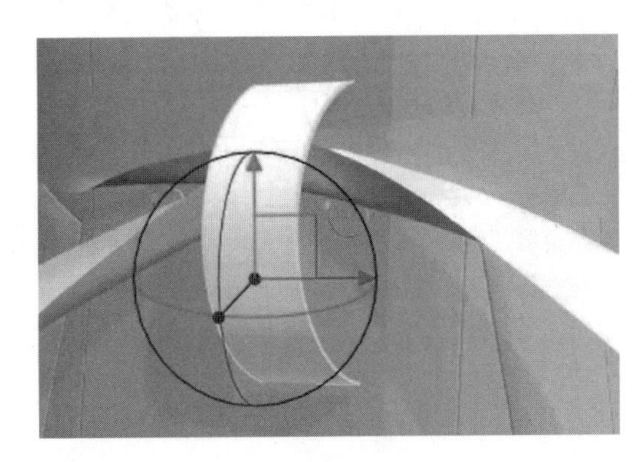

图3-215

（9）用“选择/移动”工具在前片上单击右键“失效（板片和缝纫线）”并“隐藏板片”，用“线缝纫”工具将第三条板片进行缝合（图3-216）。

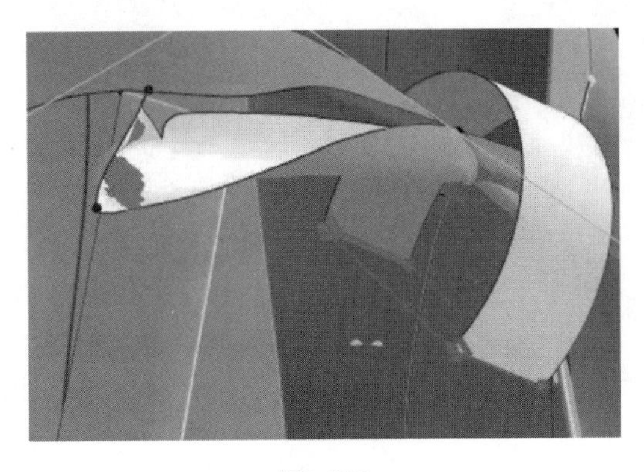

图3-216

固定针

在2D/3D视窗内对板片进行点选或框选一部分网格进行固定，模拟状态下不会发生变化，也无法对其进行拉扯，但可移动固定针位置，单击鼠标右键可以进行删除固定针。按住“Ctrl”键框选可清除框选部分固定针。

点击单个网格可对单点生成固定针，在选中“选择/移动”工具时，按住“W”键同时左键单击服装可生成一个固定针，双击某条边可对整条边快速生成固定针，双击板片中一个非边缘点可对整个板片快速生成固定针。

（10）打开模拟后，调整板片纬向缩率，使其能够模拟出系腰带的效果（图3–217）。

图3–217

（11）删除固定针，将前片取消隐藏、激活并冷冻，使腰带自然模拟，背面调整好与腰襻的层次关系（图3–218）。

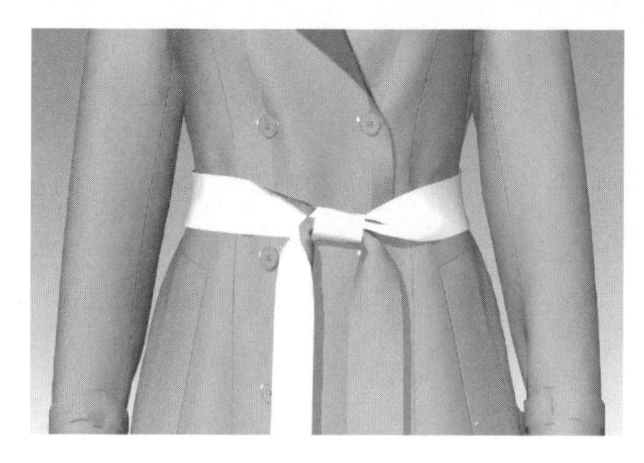

图3–218

（12）将腰带冷冻，里布后中上右键单击“边缘对称”，完成里布的缝合，在板片上单击右键选择“移动到里面”（图3–219）。

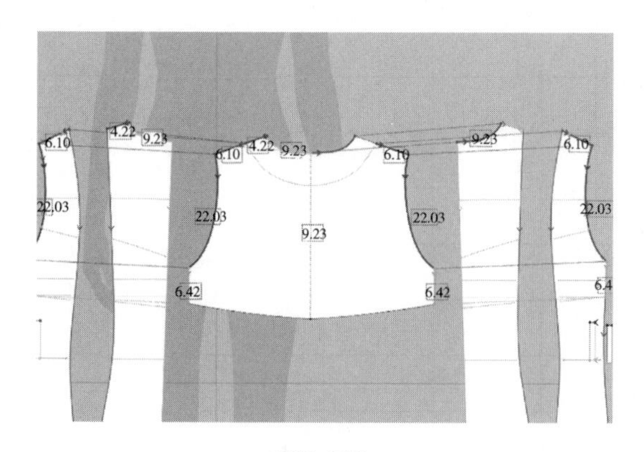

图3–219

▪边缘对称

将板片基于所选线段为中心线，展开对称板片，并可对称编辑单侧板片。

（13）单击模特，在属性编辑视窗中“参加模拟”改为“否”，模特上单击右键“隐藏模特”，打开模拟状态调整里布（图3-220）。

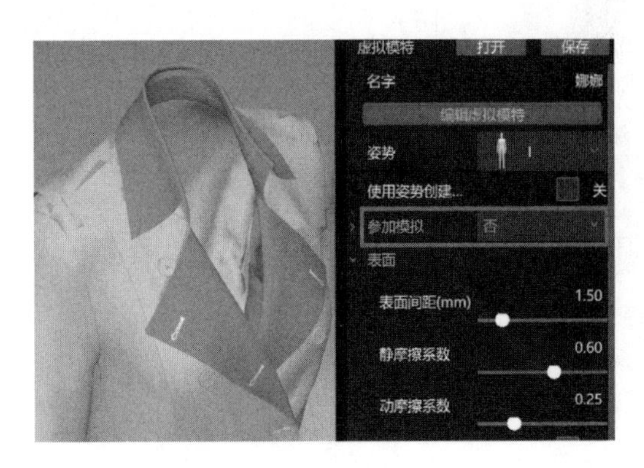

图3-220

（14）腰带下端线上单击右键“生成等距内部线”，生成间距1~1.5cm的内部线，矩形工具创建与腰带等宽，生成比内部线间距略长的矩形板片，对应缝合（图3-221）。

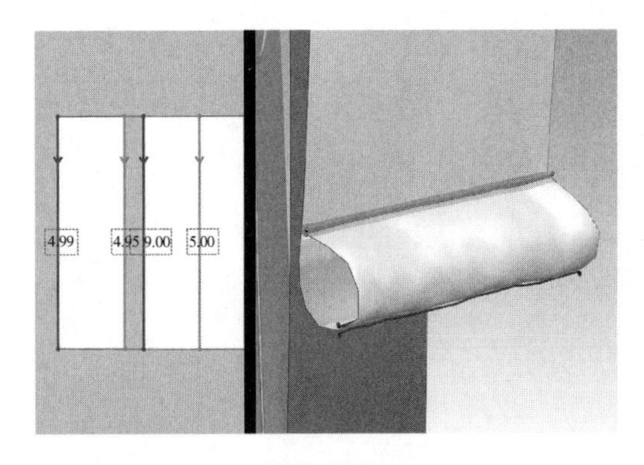

图3-221

（15）另一条腰带加等分点并拖动调整形状（图3-222）。

图3-222

◎◎◎**技巧提示**

在调整服装里布时，使虚拟模特不参加模拟并隐藏模特会更加方便操作。

二、数字面辅料设置

1. 面料设置

（1）添加织物并应用，调整纹理和色彩（图3-223）。

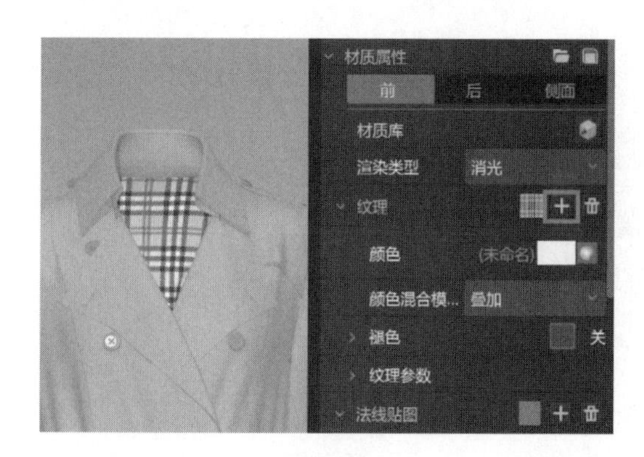

图3-223

（2）点选腰带、袖口、后育克片、领口板片边缘，在属性编辑视窗中打开“双层表现”（图3-224）。

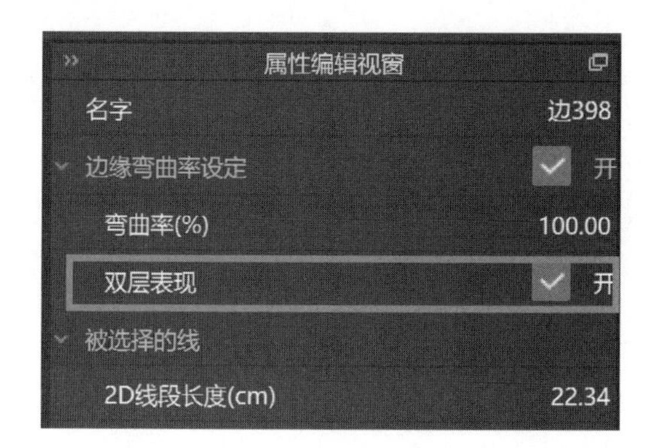

属性编辑视窗	
名字	边398
边缘弯曲率设定	开
弯曲率(%)	100.00
双层表现	开
被选择的线	
2D线段长度(cm)	22.34

图3-224

2. 辅料设置

（1）场景管理视窗—素材—素材库—辅料—日字扣（图3-225）。

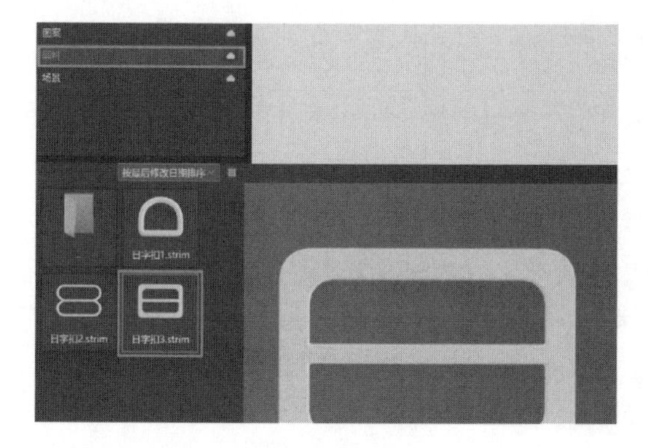

图3-225

编辑纹理

编辑纹理工具可对单个板片上的纹理进行移动、旋转及缩放。

双层表现

可使选中的板片外线表现出双层效果。

（2）日字扣右上角小方框调整大小厚度，在属性编辑视窗中更改颜色，渲染类型为“塑料”，定位球调整位置（图3-226）。

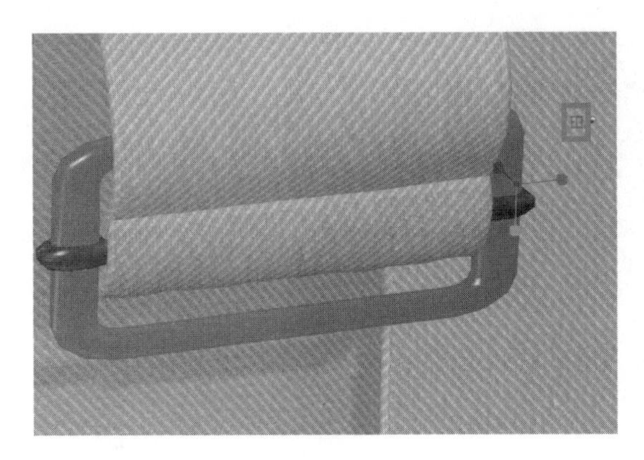

图3-226

（3）在属性编辑视窗中更改纽扣类型和颜色，渲染类型为塑料（图3-227）。

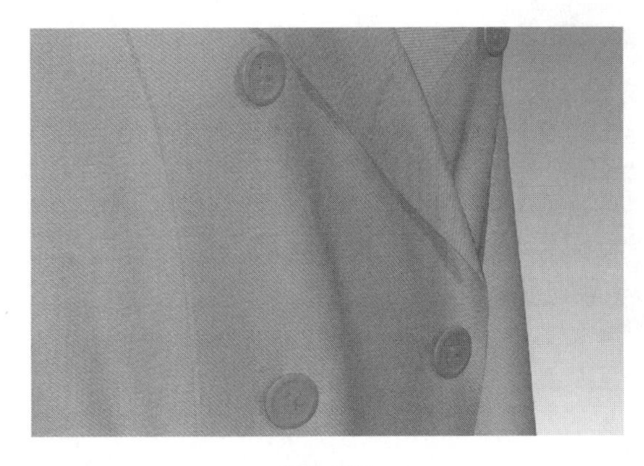

图3-227

（4）腰带上单击右键“生成等距内部线”，间距0.7cm，扩张数量为6，使用延伸（图3-228）。

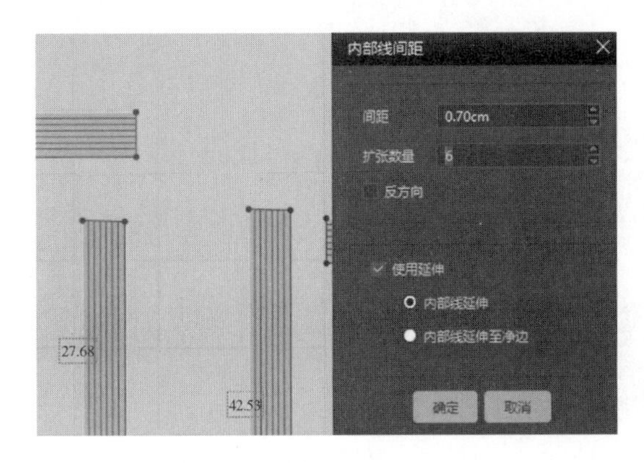

图3-228

◎◎◎**技巧提示**

压明线的地方可以直接克隆双层缝合，使压线压槽效果更真实。

（5）用“勾勒轮廓”工具将领座上的基础线勾勒为内部线（图3–229）。

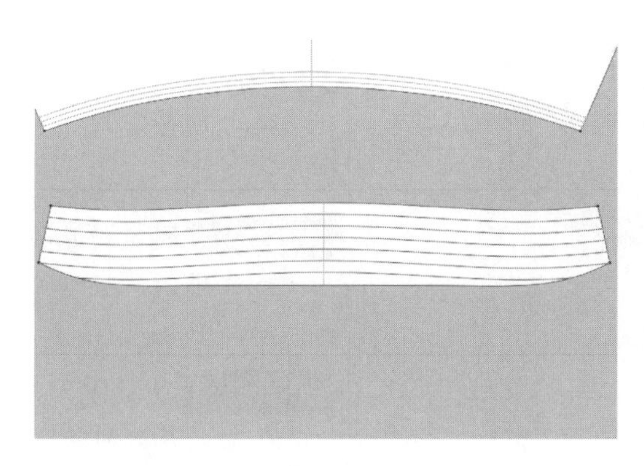

图3–229

（6）创建明线并添加（图3–230）。

图3–230

三、数字走秀模拟

1. 走秀模拟

（1）点击文件栏“动画编辑器”，左下角添加动作并点开录制，服装将呈现该动作走秀的效果，等待录制完成（图3–231）。

图3–231

动画

将生成的虚拟服装以动画的方式进行展示，可添加动作，导出动画，录制动画及调整动画相关参数。

添加动作 **添加动作**

对于系统预置的虚拟模特，导入其动画动作。

录制

点击启动录制，系统开始记录动画模拟产生的点序列。

（2）在场景管理视窗中添加场景（图3-232）。

图3-232

（3）完成后可对走秀视频进行播放和导出（图3-233）。

图3-233

2. 相机设置

可对摄像机在场景中的位置和过渡效果进行设置和调整（图3-234）。

图3-234

▪导出视频

录制好动画动作后，点击此处生成视频。

▪播放

从当前位置播放已录制好的动画序列。

▪跳转至开始帧/结束帧

播放指针跳转至已录制动画序列的开始帧/结束帧。

▪退出动画 退出动画

点击可退出动画窗口。

▪相机

在展示视频时控制摄像机在场景中的位置和过渡效果。

可通过右键相机轴的相应位置插入关键帧。插入了关键帧的地方，在动画播放、录制时会将相机切换到指定位置。

可设置关键帧之间的过渡关系，调整相机在两个关键帧之间的运动效果。

可设置跟随模特，从关键帧开始相机对模特进行“跟拍”，保持模特在画面中的相对位置和大小不变。

跳变：默认为跳变，两帧之间无过渡动画，运行到下一帧时直接跳转。

线性：两帧之间相机匀速运动。

淡入：相机运动速度先慢后快。

淡出：相机运动速度先快后慢。

淡入淡出：相机运动速度开始和约束较慢，中间较快。

四、效果展示

女风衣3D渲染效果图（图3-235）。

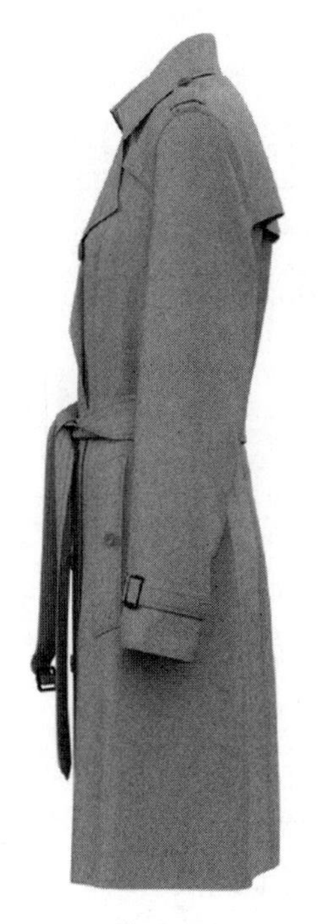

图3-235

●○考核评价

考核评价							
评价项目	3D服装制作基础（20分）		3D服装模拟（30分）		3D服装细节（50分）		
	导入安排（5分）	板片缝纫（15分）	衣身平整（15分）	褶皱自然（15分）	领子翻折（20分）	腰带制作（20分）	面辅料设置（10分）
教师评价							
互评							
自评							

3D 服装建模中阶基础知识考核

1.如果想让虚拟服装更真实需要如何操作?

2.如何能表现真实服装的肌理感?

3.如何在3D视窗中让外部的服装板片快速移动到内部?

4.在Style3D中想给服装添加一个印花图案可通过什么方式?

5.Style3D软件里如何隐藏和显示3D视窗里的虚拟模特?（多选）
A. 在场景管理视窗的场景栏里鼠标点击虚拟模特栏左边的小眼睛（小正方形）
B. 按“Shift+A”组合键显示和隐藏虚拟模特
C. 在3D视窗鼠标选中虚拟模特后按鼠标右键隐藏虚拟模特
D. 在3D视窗的空白处按鼠标右键隐藏和显示虚拟模特

6.Style3D软件里如何隐藏或显示3D视窗里衣服的板片?（多选）
A. 在场景管理视窗的场景栏里鼠标点击板片栏对应板片左边的小眼睛（小正方形）
B. 按“Shift+C”组合键（隐藏全部板片）、“Shift+Q”组合键（隐藏选中的板片）
C. 在3D视窗鼠标选中板片后按鼠标右键隐藏板片或隐藏全部板片
D. 在3D视窗的空白处按鼠标右键隐藏全部板片

7.Style3D中服装制作有哪些缝合方法?（多选）
A. 自由缝纫
B. 线段缝纫
C. 多段自由缝纫
D. 按住“Shift”键多对多缝纫

8.Style3D中如何表现服装的厚度?（多选）
A. 增加服装渲染厚度
B. 增加面料厚度
C. 开启板片厚度
D. 显示面料厚度

9.Style3D软件中3D视窗的“隐藏样式3D”图标功能的作用有哪些？（多选）

A. 隐藏3D服装的粘衬工艺样式

B. 隐藏3D服装的层次颜色样式

C. 隐藏3D服装的固定针样式

D. 隐藏3D服装的冷冻样式

10.在Style3D软件中做倒褶或翻折领子等折线需要进行角度设置，下列对内部线折叠角度描述正确的有哪些？（多选）

A. 板片通过内部线向板片反面翻折时内部线的折叠角度应该为0~179°，内部线颜色为红色

B. 板片通过内部线向板片反面翻折时内部线的折叠角度应该为181°~360°，内部线颜色为绿色

C. 板片通过内部线向板片正面翻折时内部线的折叠角度应该为0~179°，内部线颜色为红色

D. 板片通过内部线向板片正面翻折时内部线的折叠角度应该为181°~360°，内部线颜色为绿色

3D 服装建模中阶基础知识考核答案

1.如果想让虚拟服装更真实需要如何操作？

添加清晰的服装纹理，降低服装的粒子间距，增加服装渲染厚度。

2.如何能表现真实服装的肌理感？

添加对应的法线贴图。

3.如何在3D视窗中让外部的服装板片快速移动到内部？

在属性编辑视窗中将板片的层次设置为-1。

4.在Style3D中想给服装添加一个印花图案可通过什么方式？

选择图案工具，点击图案添加位置即可。

5.Style3D软件里如何隐藏和显示3D视窗里的虚拟模特？（ABCD）

A. 在场景管理视窗的场景栏里鼠标点击虚拟模特栏左边的小眼睛（小正方形）

B. 按“Shift+A”组合键显示和隐藏虚拟模特

C. 在3D视窗鼠标选中虚拟模特后按鼠标右键隐藏虚拟模特

D. 在3D视窗的空白处按鼠标右键隐藏和显示虚拟模特

6.Style3D软件里如何隐藏或显示3D视窗里衣服的板片?(ABCD)

A. 在场景管理视窗的场景栏里鼠标点击板片栏对应板片左边的小眼睛(小正方形)

B. 按“Shift+C”组合键(隐藏全部板片)、“Shift+Q”组合键(隐藏选中的板片)

C. 在3D视窗鼠标选中板片后按鼠标右键隐藏板片或隐藏全部板片

D. 在3D视窗的空白处按鼠标右键隐藏全部板片

7.Style3D中服装制作有哪些缝合方法?(ABCD)

A. 自由缝纫

B. 线段缝纫

C. 多段线/自由缝纫

D. 按住“Shift”键多对多缝纫

8.Style3D中如何表现服装的厚度?(ABCD)

A. 增加服装渲染厚度

B. 增加面料厚度

C. 开启板片厚度

D. 显示面料厚度

9.Style3D软件中3D视窗的“隐藏样式3D”图标功能的作用有哪些?(ABD)

A . 隐藏3D服装的粘衬工艺样式

B . 隐藏3D服装的层次颜色样式

C . 隐藏3D服装的固定针样式

D . 隐藏3D服装的冷冻样式

10.在Style3D软件中做倒褶或翻折领子等折线需要进行角度设置，下列对内部线折叠角度描述正确的有哪些?(AD)

A. 板片通过内部线向板片反面翻折时内部线的折叠角度应该为0~179°，内部线颜色为红色

B. 板片通过内部线向板片反面翻折时内部线的折叠角度应该为181°~360°，内部线颜色为绿色

C. 板片通过内部线向板片正面翻折时内部线的折叠角度应该为0~179°，内部线颜色为红色

D. 板片通过内部线向板片正面翻折时内部线的折叠角度应该为181°~360°，内部线颜色为绿色

项目三 3D服装建模高阶

工作任务：

任务一 男西装

任务二 冲锋衣

任务三 羽绒夹克

授课学时：

18课时

项目目标：

1. 了解复杂数字样衣的缝制流程。
2. 熟悉复杂数字服装的工艺细节处理。
3. 掌握数字服装效果提高和渲染方法。

教学方法：

任务驱动教学法、理实一体化教学法。

教学要求：

根据本项目所学内容，学生可独立完成男西装、冲锋衣、羽绒夹克等复杂服装的建模。

任务一 男西装

工作目标：

1. 掌握数字人台的导入方法。
2. 掌握面布和里布缝合模拟的方法。
3. 掌握假缝和归拔工具的使用。

工作内容：

通过Style3D学习西装领、袖和口袋的制作，完成男西装的缝制着装。

工作要求：

通过本次课程学习，使学生能够独立完成3D西装的建模，西装衣身要自然平顺不外翻，两侧形状对称，袖山圆顺无凹凸、皱起现象，袖外缝圆顺饱满，袖形整体稍直。

工作重点：

男西装里布面布的缝制和模拟。

工作难点：

男西装袖的效果处理。

工作准备：

男西装款式图和DXF格式板片文件（图3-236、图3-237）。

图3-236

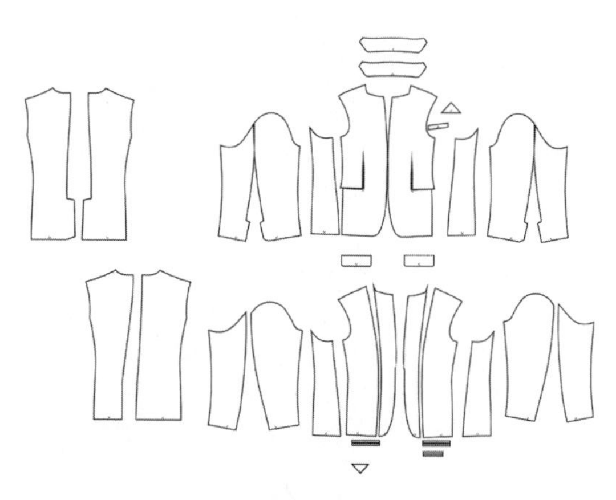

图3-237

一、数字样衣开发

1. 导入安排

（1）导入OBJ格式西装款人台（图3-238）。

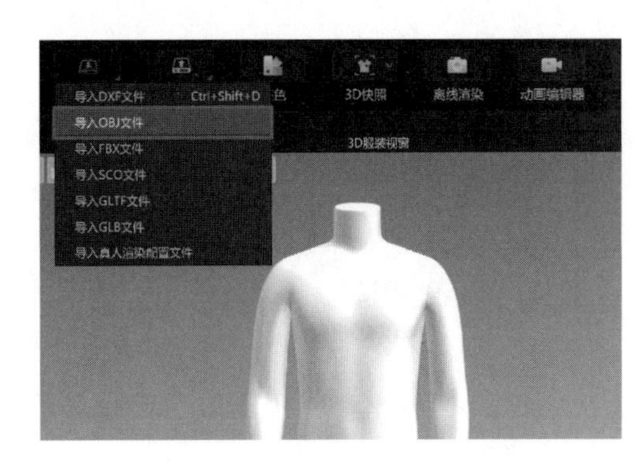

图3-238

（2）导入DXF西装板片文件，按板片关系归类整理，单击右键袖片“克隆对称板片（板片和缝纫线）”，点击“重置2D”（图3-239）。

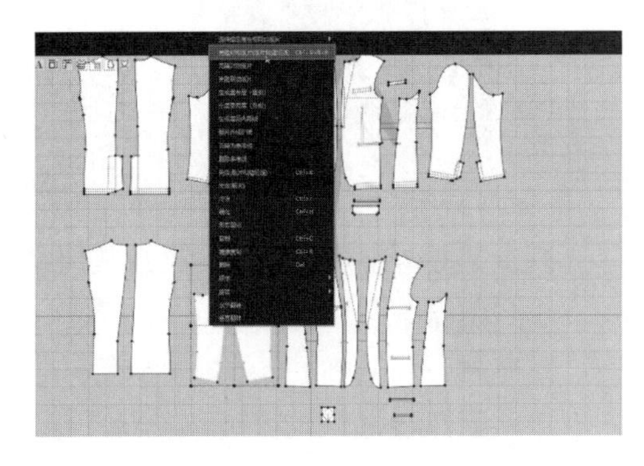

图3-239

（3）安排面布和过面板片，定位球将过面放置在前片内侧，将里布、袋盖、袋唇板片失效（板片和缝纫线）（图3-240）。

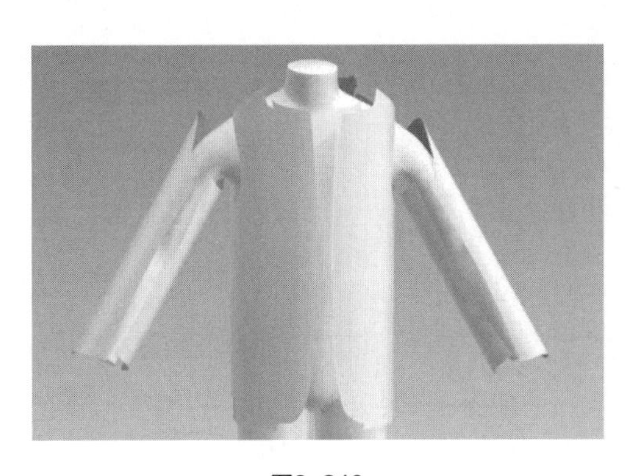

图3-240

▪OBJ文件

OBJ文件是Alias | Wavefront公司为它的一套基于工作站的3D建模和动画软件Advanced Visualizer开发的一种标准3D模型文件格式，适用于3D软件模型之间的互导，也可以通过Maya读写。

◎◎◎技巧提示

对于对称相同的板片，如左右袖，可删除右袖，再对左袖进行“克隆对称板片（板片和缝纫线）”克隆出联动的右袖板片，方便后续操作提高效率。

重新排列的板片按里布、面布区分摆放，方便快速识别和缝合。

◎◎◎技巧提示

摆放好2D板片位置之后，将所有板片都挪到人台剪影的上方，点击重置所有3D板片位置，确保所有板片都在人台上方。

开启人台安排点，将面布的板片安排在人台表面相应位置。过面安排在前片内侧，便于门襟接下来的模拟。

此时暂不参与模拟的里布以及袋盖、袋唇等板片，将其失效（板片和缝纫线）。

2. 样衣缝合

(1) 用"勾勒轮廓"工具在前片省位进行勾勒，在线单击右键"剪切"，删除剪切的板片(图3-241)。

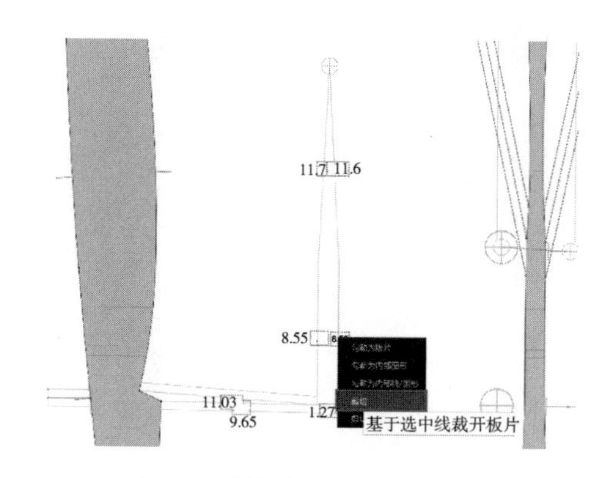

图3-241

(2) 用"勾勒轮廓"工具和"编辑板片"工具对面布下摆折边进行勾勒和剪切(图3-242)。

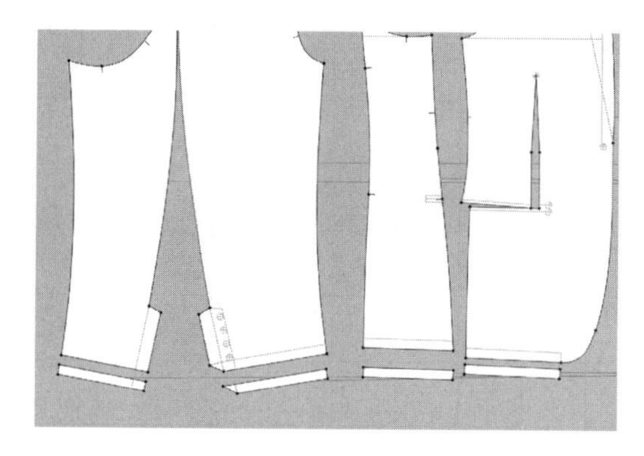

图3-242

(3) 用"勾勒轮廓"工具选中面布及里布领子、驳头、开衩等部位翻折线及口袋的缝合线，按回车键进行勾勒(图3-243)。

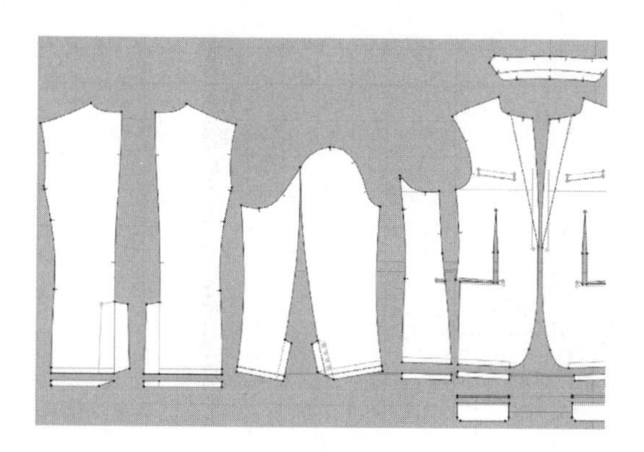

图3-243

◎◎◎技巧提示

将面布板片正确缝合，将里布板片正确缝合，面里缝合部分(除过面)暂时不做缝合。

（4）用“自由缝纫”和“线缝纫”工具完成面布基础部位的缝合，注意对应剪口缝纫（图3-244）。

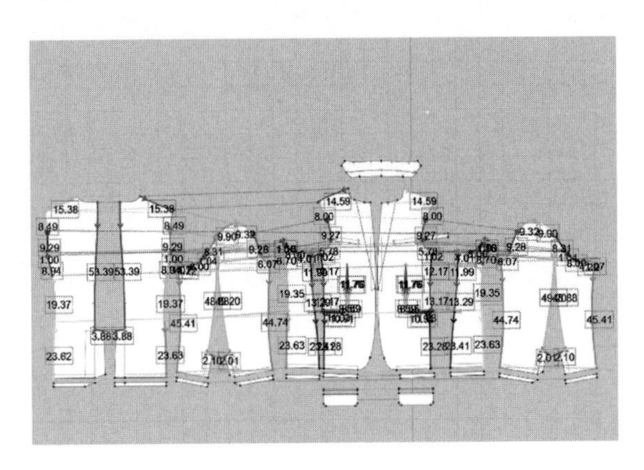

图3-244

（5）将过面与前片驳头进行缝合，缝合类型改为“合缝”（图3-245）。

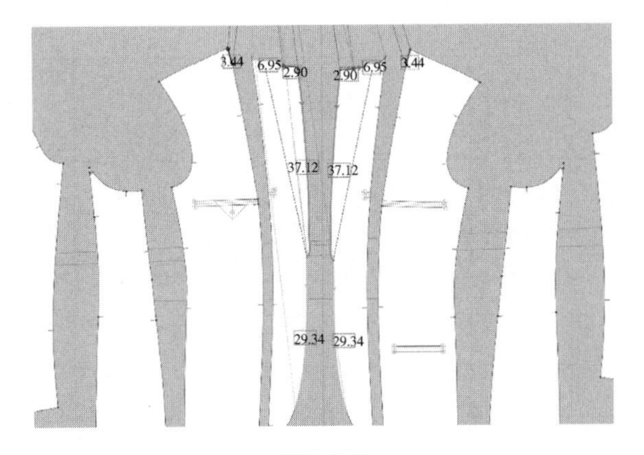

图3-245

◎◎◎**技巧提示**

注意对齐剪口缝纫，缝合完成后检查吃势是否均匀。

（6）用“自由缝纫”和“线缝纫”工具完成里布板片的缝合（图3-246）。

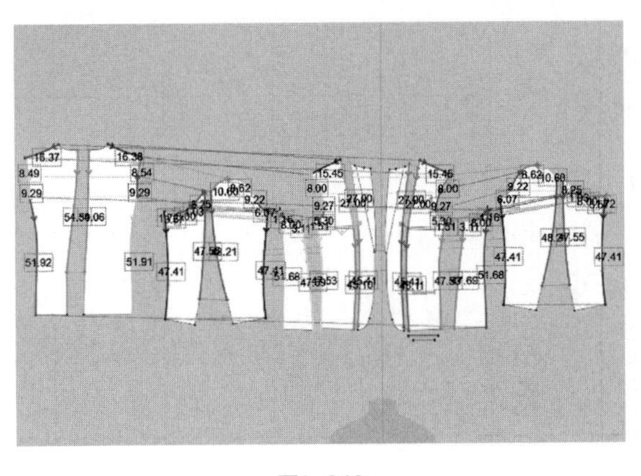

图3-246

◎◎◎**技巧提示**

由于里布已经失效，所以缝纫线不影响面布的模拟。过面与前片可以暂且只缝合驳头以上的部位，驳头以下的部位由于长度不一样，缝合之后可能会发生外翻。边缘部分注意将平缝角度改为360°（如果效果不好，可以尝试切换为合缝）。

（7）将领片与面布前后领窝线缝合，只有翻折线的对位对上，领子在翻折时才能准确对上（图3–247）。

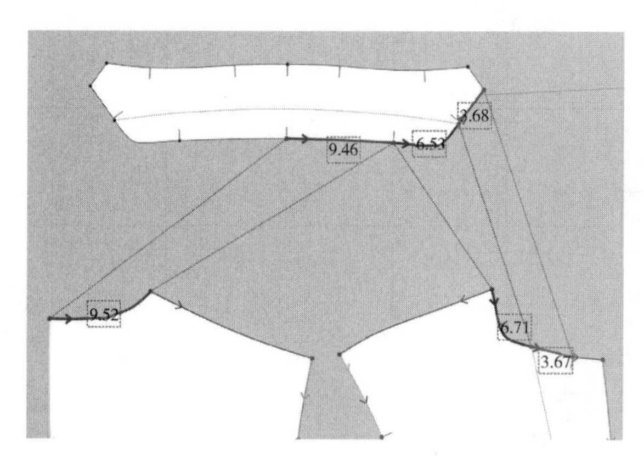

图3–247

（8）领片上单击右键“生成里布层（里侧）”，将生成的领片放置于原领片下方（图3–248）。

◎◎◎**技巧提示**

单片领子可以通过“生成里布层”生成新的领片。外层领片与面布的领围线缝合，内层领片与里布的领围线缝合。

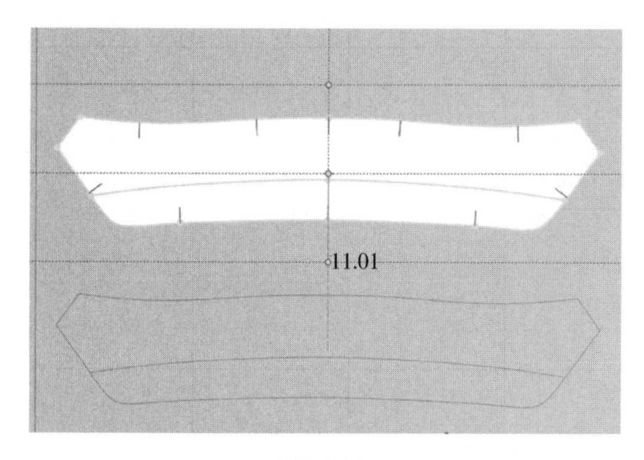

图3–248

（9）将里外两层领片之间的缝纫线类型改为“合缝”，删除翻折线间缝纫线，并与里布领围线缝合（图3–249）。

◎◎◎**技巧提示**

板片生成里布层的时候对应内部线会产生缝纫关系。

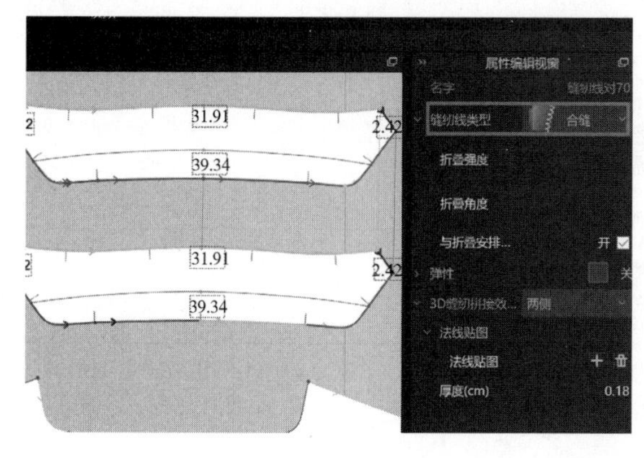

图3–249

3. 着装模拟

（1）打开模拟，降低粒子间距，将大身板片硬化并调整至平整，在场景管理视窗中选择对应模特，模拟状态下改变姿势（图3-250）。

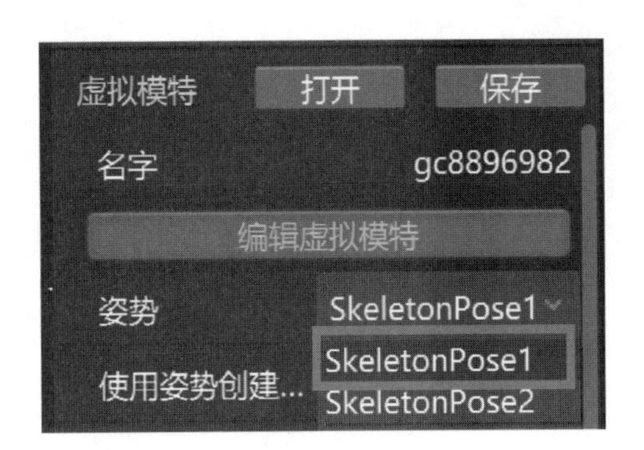

图3-250

◎◎◎技巧提示

可以将人台表面间距调大一点，方便之后增加里布。

（2）用“折叠安排”工具对领部和驳头进行翻折（图3-251）。

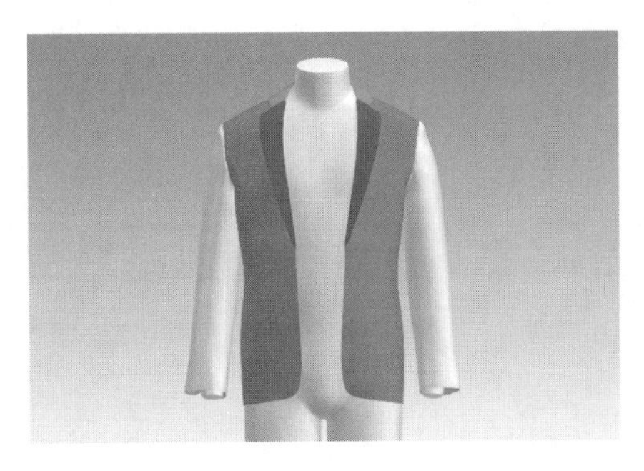

图3-251

◎◎◎技巧提示

注意从顶视、侧视查看前后片衣摆是否水平，前中是否出现起吊等，肩缝是否左右对齐，领围与人台脖颈之间的空隙是否分布均匀，领子翻折线处是否平服顺直，与翻折线是否重合、翻折到位。

（3）在领片上单击右键“隐藏板片”，顶视查看肩缝是否左右对齐，领围与人台脖颈之间的空隙是否分布均匀（图3-252）。

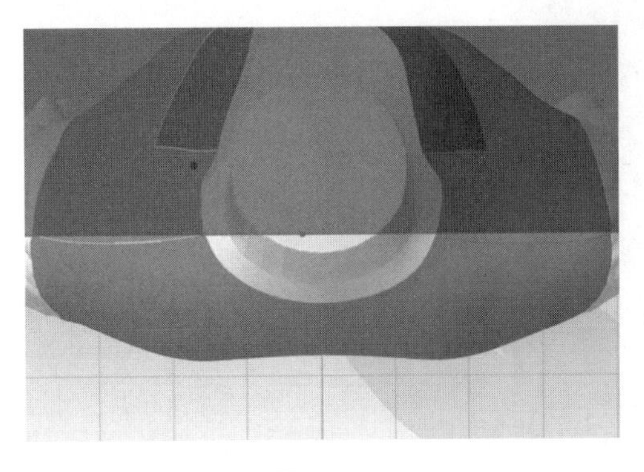

图3-252

4. 细节调整

（1）在前襟扣位处创建固定针并拖动，使纽扣部分更加贴合（图3–253）。

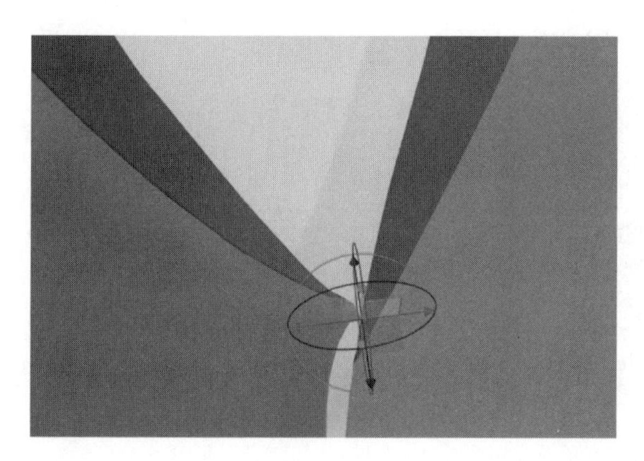

图3–253

（2）用“添加假缝”工具使前襟扣位处完成交叠（图3–254）。

假缝

使板片上两点在模拟时连在一起。

添加假缝功能依次选择两点，在模拟时两点会连接在一起，类似缝纫线。

编辑假缝功能可以对假缝进行选择，或者拖动假缝端点，改变其位置。

图3–254

（3）检查领口和驳头位置，调整连贯自然（图3–255）。

◎◎◎技巧提示

前襟下半部分应朝两侧岔开，若看起来不够倾斜，可以检查一下肩缝是否太靠后，或者将侧片朝后轻轻拉扯。

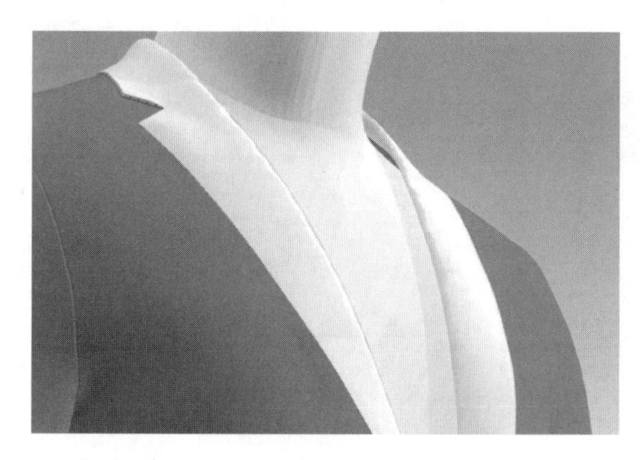

图3–255

（4）在领子和驳头翻折线上两侧生成等距内部线，将折叠线折叠角度设为240°，关闭折叠渲染，使翻折弧度更加圆顺自然（图3-256）。

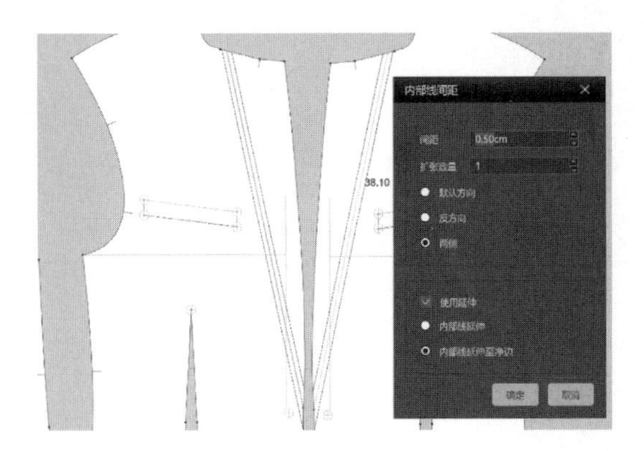

图3-256

（5）用“归拔”工具在前片胸省破开的位置进行点击，使其平整，调整好后将前片和领片冷冻（图3-257）。

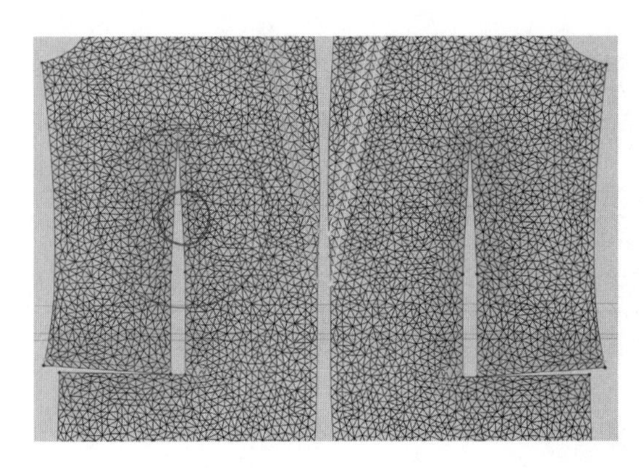

图3-257

（6）用“折叠安排”工具对袖衩进行折叠，折叠后将折叠角度值改为0，后片衩位同理（图3-258）。

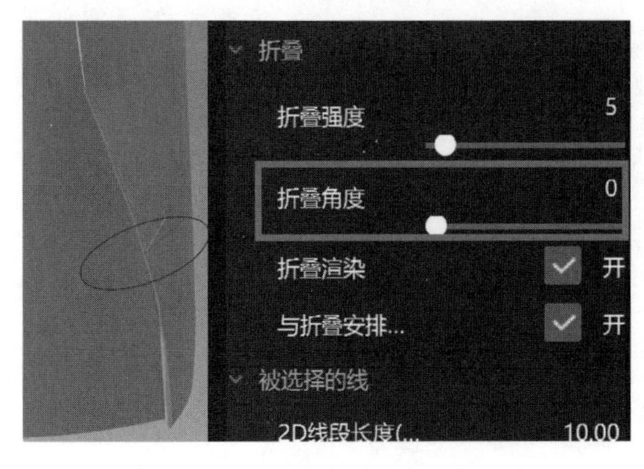

图3-258

归拔

像熨斗一样对板片网格进行拉伸或收缩。

点击2D板片，可在板片上生成归拔。归拔显示的颜色越蓝，网格收缩程度越高，模拟面积越小；归拔颜色越红，网格拉伸程度越高，模拟面积越大。

右键板片可删除选中板片上所有归拔/删除所有归拔。按住“Ctrl”键使用归拔可以除去当前选用尺寸内的归拔，按住“Shift”键进行点击归拔会生成负当前收缩率的归拔。

3D场景也可以对服装进行归拔。

◎◎◎技巧提示

平视旋转一周观察整体大身，面布是否平整贴合人台，尽量不要有过多赘余，尤其腋下部位。若整体平顺，将已经调整好的前片和领子冷冻。

（7）左侧后片袖窿弧线上单击右键“生成等距内部线”，间距为0.5cm，关闭折叠渲染（图3-259）。

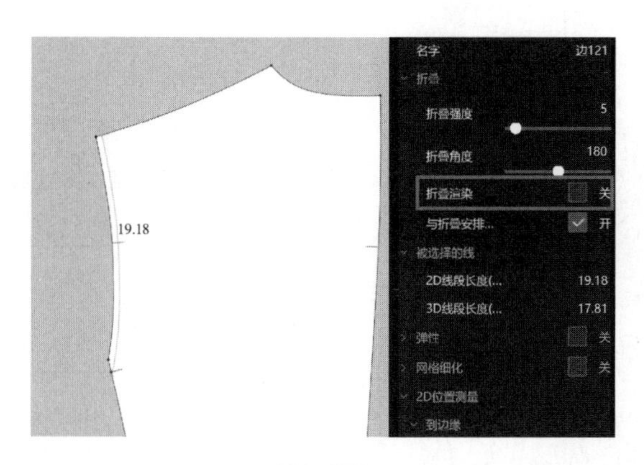

图3-259

（8）“编辑板片”工具按住“Shift”键点选所有袖窿线，在属性编辑器中查看2D线段长度，用“长方形”工具绘制长度稍短于袖窿弧线、宽0.8cm的嵌条（图3-260）。

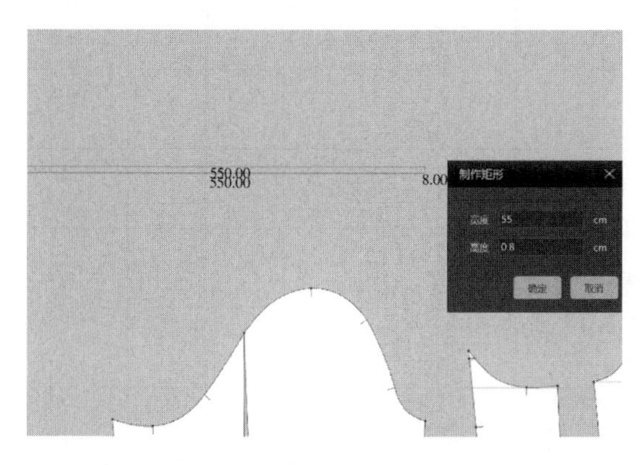

图3-260

（9）用“自由缝纫”工具将嵌条板片与大身袖窿相缝合（图3-261）。

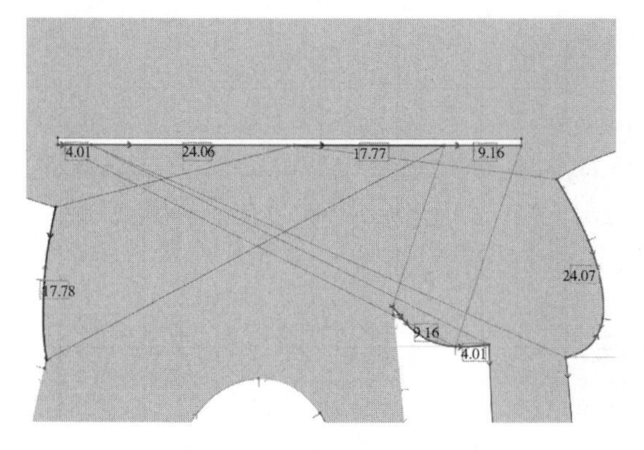

图3-261

◎◎◎技巧提示

为防止袖窿被拉伸变形，可使用“编辑板片”工具按住“Shift”键选择前后袖窿线，在属性编辑器中打开弹性，力度调整至50~60，比例调整至100。

（10）嵌条板片上单击右键“移动到里面”，在属性编辑视窗中层次调为-1，适当降低粒子间距，打开模拟，调整好后将大身冷冻（图3-262）。

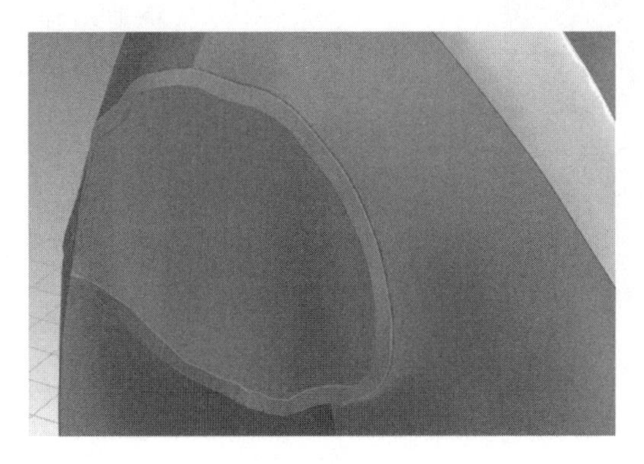

图3-262

◎◎◎**技巧提示**

调整时可隐藏袖片对嵌条进行查看，完成后在2D板片视窗中右键单击隐藏的板片“显示3D板片”。显示袖片后可根据袖片肩部效果调整嵌条模拟厚度。

（11）袖山处单击右键“生成等距内部线”，间距为1cm，用“加点”工具在线上加点，单击右键“分割内部线”（图3-263）。

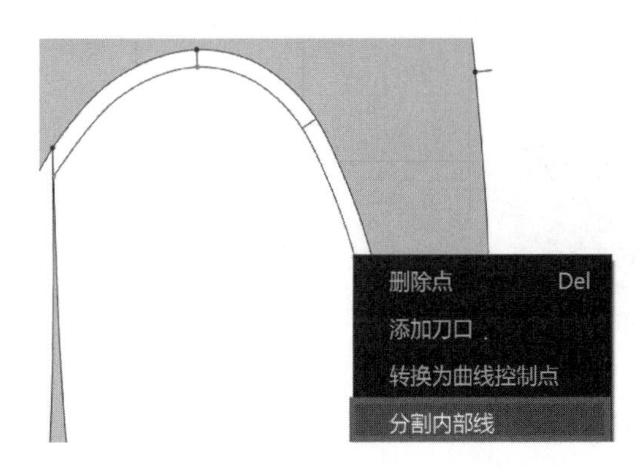

图3-263

◎◎◎**技巧提示**

缝合完成后可将袖片的袖山部位微微往上推挤，令其产生一点饱满的吃势。

若后袖窿与袖片的余量褶皱太多，可以在袖窿和袖山弧线处稍微加一点归拔。

（12）删除多余内部线，剩余内部线折叠角度改为360°，关闭折叠渲染，将面袖与嵌条冷冻（图3-264）。

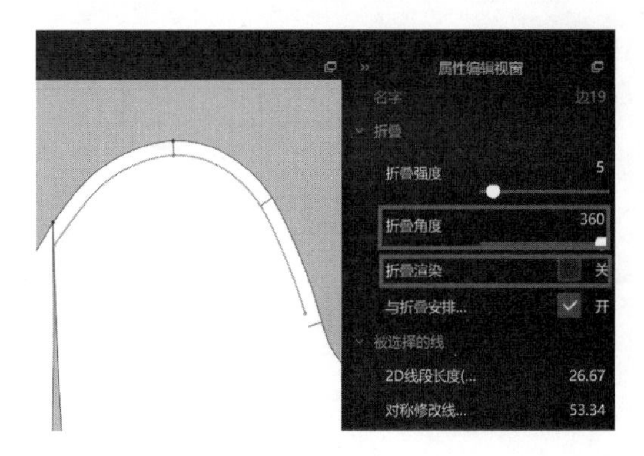

图3-264

（13）人台表面间距修改为0，将失效的里布激活，通过安排点和定位球放置，层次设为-2，打开模拟（图3-265）。

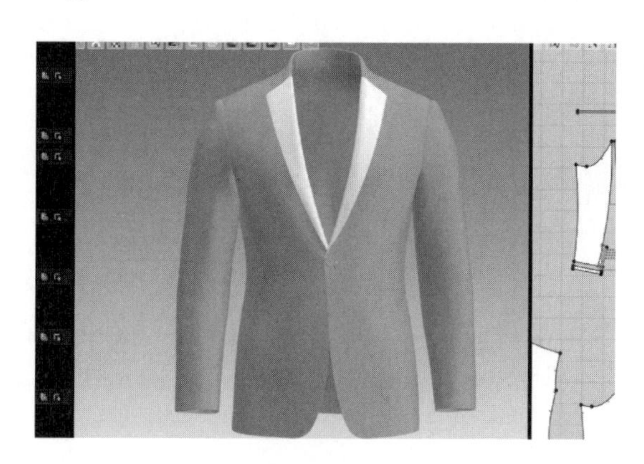

图3-265

（14）将剪切的下摆折边缝合至面布，缝纫线类型选择合缝，另一边与里布下摆缝合（图3-266）。

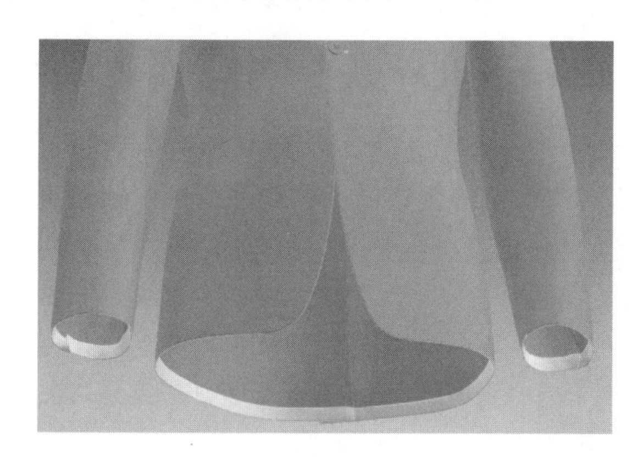

图3-266

（15）将板片冷冻后添加袋唇、袋盖及三角巾等细节，袋唇、袋盖需要调整贴服，不穿模（图3-267）。

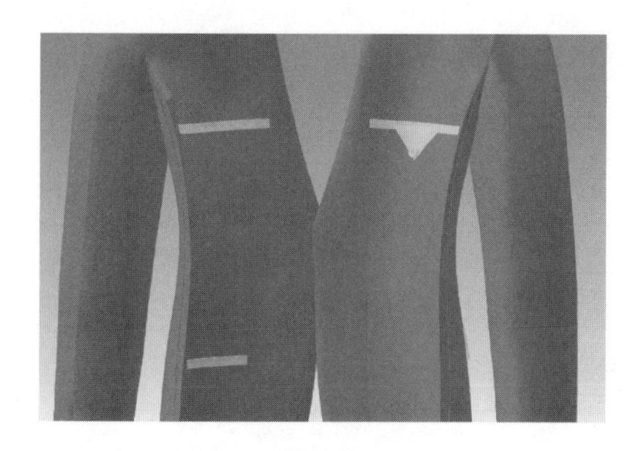

图3-267

◎◎◎技巧提示

由于里布一般会比面布大，因此可将经纬向缩率调为95%，防止里布穿插。模拟完成后注意检查里布是否光滑平顺。

●○思考题

如果先完成里布的着装模拟，再缝制模拟面布，应该如何操作？“失效”和“冷冻”工具应该如何运用？里布和面布的层次应该如何设置？

◎◎◎技巧提示

可使用“编辑缝纫”工具选中下摆缝合位置缝纫线，在属性编辑器中将其法线贴图删除，模拟翻折效果。

（16）完成剩余细节的缝合，将所有板片层次改回0，并完成模拟和调整（图3-268）。

图3-268

二、数字面辅料设置

1. 面料设置

（1）添加面布里布面料纹理，用“编辑纹理”工具框选摆放对称的板片，单击右键“根据位置对齐”对好纹理（图3-269）。

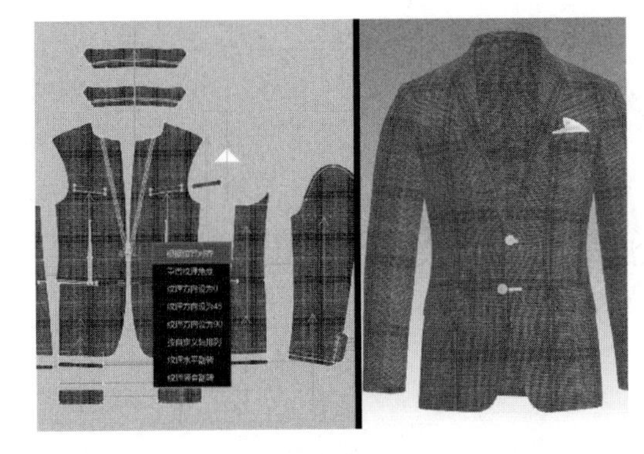

图3-269

（2）规范命名材质（图3-270）。

类型	分类	名称	材质名称
面料	前片	前片1	QP001
		前片2	QP002
		……	……
	后片	后片1	HP001
		后片2	HP002
		……	……
	袖子	短袖	DX001
		长袖	CX002
		花边袖	HBX001
			HBX002
		……	……
	领子	……	……
	大身	……	……
	口袋	……	……

图3-270

◎◎◎**技巧提示**

侧片与前片的纹理需要保持下半部分对齐。

袖肘线以上与前身横向对齐，袖肘线以下与前后袖缝边横向对齐。

后片与侧片横向条纹需要完全对齐。

手巾袋与大身对条，无条格的纱向也要对上。

2. 辅料设置

（1）用“扣眼”工具在袖衩翻折线上单击右键，根据定位信息和复制信息添加扣眼，调整扣眼角度与边缘垂直（图3-271）。

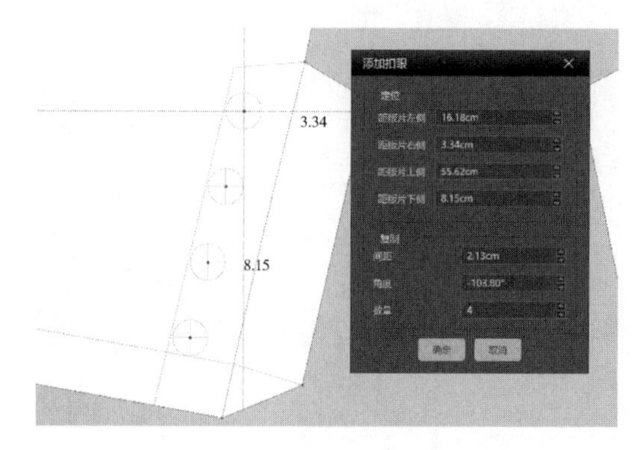

图3-271

（2）用“纽扣”工具在另一边添加纽扣，根据位置信息和复制数量等分添加扣眼，“系纽扣”将纽扣系上，删除前襟扣位处固定针及假缝（图3-272）。

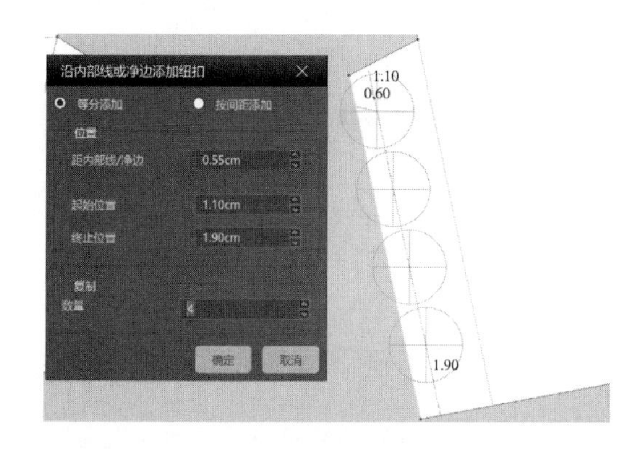

图3-272

（3）添加其他纽扣扣眼，编辑样式及大小（图3-273）。

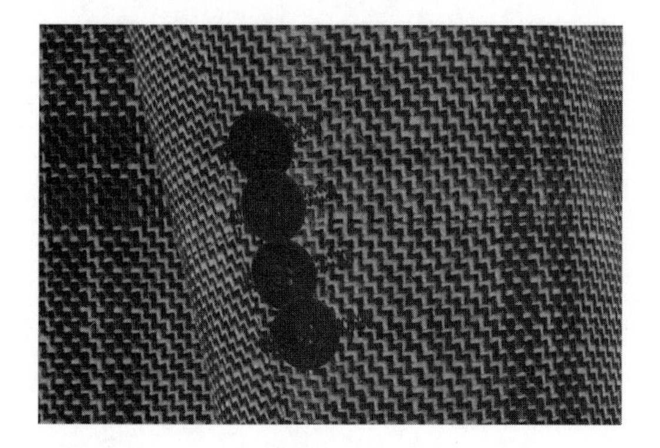

图3-273

●○思考题

如何添加并调整素材库—辅料中的垫肩？是否可以参考嵌条的制作方式运用板片创建垫肩？如何设置垫肩不同位置的不同厚度？在缝制过程中应该如何设置垫肩的层次？如何运用“假缝”工具固定垫肩？

三、效果展示

男西装3D渲染效果图（图3–274）。

图3–274

●○思考题

如何清除归拔?

答案：删除归拔有两种方式：一种是右键板片可以清除板片上的归拔和所有板片上的归拔；另一种是按住“Ctrl”键同时进行归拔，可以按笔刷路径清除归拔。

●○考核评价

<table>
<tr><th colspan="8">考核评价</th></tr>
<tr><td rowspan="2">评价项目</td><td colspan="2">3D服装制作基础（20分）</td><td colspan="2">3D服装模拟（45分）</td><td colspan="3">3D服装细节（35分）</td></tr>
<tr><td>导入安排（5分）</td><td>板片缝纫（15分）</td><td>衣身平整（30分）</td><td>褶皱自然（15分）</td><td>领子翻折（10分）</td><td>口袋制作（15分）</td><td>面辅料设置（10分）</td></tr>
<tr><td>教师评价</td><td></td><td></td><td></td><td></td><td></td><td></td><td></td></tr>
<tr><td>互评</td><td></td><td></td><td></td><td></td><td></td><td></td><td></td></tr>
<tr><td>自评</td><td></td><td></td><td></td><td></td><td></td><td></td><td></td></tr>
</table>

任务二 冲锋衣

工作目标：

1. 掌握拉链工具的添加和调整方法。
2. 掌握双层板片压线效果的处理方法。
3. 掌握褶皱工具的使用方法。

工作内容：

通过Style3D学习拉链、魔术贴等辅料的制作，完成冲锋衣的缝制着装。

工作要求：

通过本次课程学习，使学生能够独立完成3D冲锋衣的建模，将冲锋衣双层和褶皱效果处理得真实细腻。

工作重点：

双层板片压线效果的表达。

工作难点：

板片褶皱效果的处理。

工作准备：

冲锋衣款式图和DXF格式板片文件（图3-275、图3-276）。

图3-275

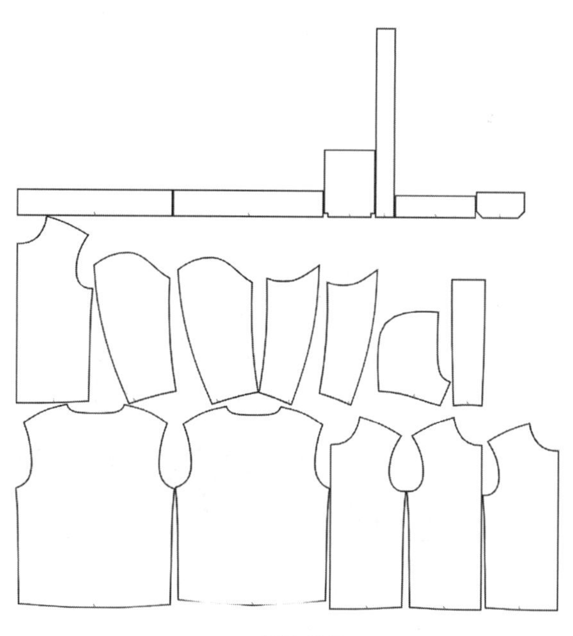

图3-276

一、数字样衣开发

1. 导入安排

导入冲锋衣DXF文件，整理并安排（图3-277）。

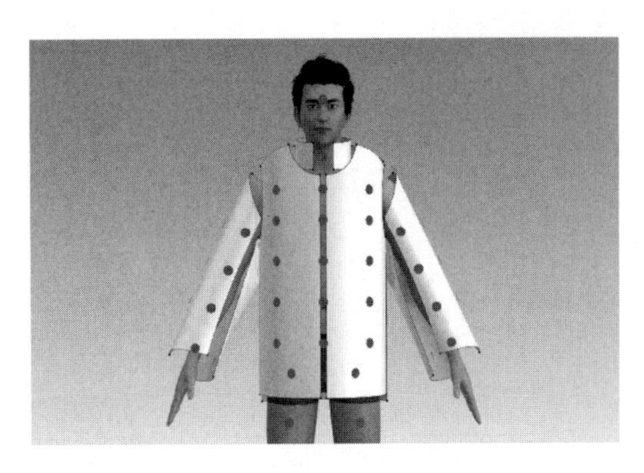

图3-277

2. 样衣缝合

（1）内层板片缝合，其他板片失效，模拟（图3-278）。

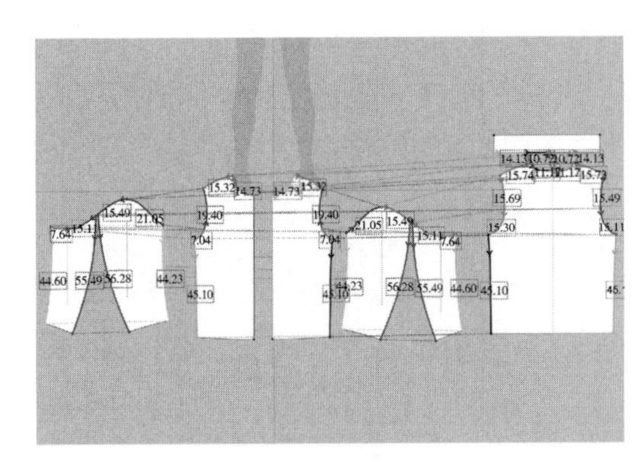

图3-278

（2）用“拉链”工具在内层创建拉链，依次在两侧领片上端单击开始，前片下端双击结束，点开模拟拉上拉链（图3-279）。

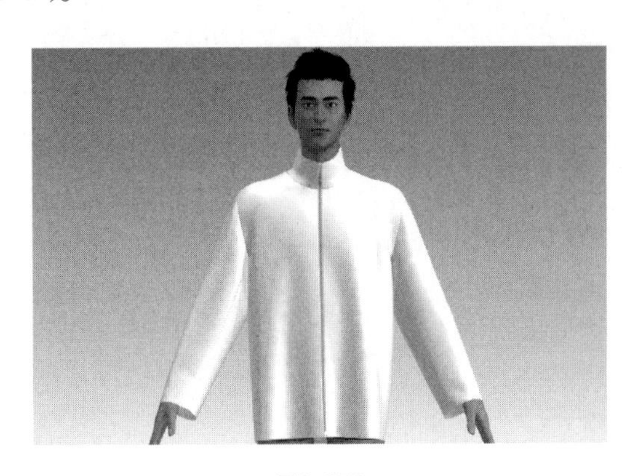

图3-279

拉链

在3D场景中依次点击生成拉链两端的链条起终点，生成拉链。

素材中的拉链样式可对拉链的数值进行调整。

非模拟状态下，可使用选择/移动模式对拉链头的位置进行平移/旋转，或调整拉链头在拉链中的位置。

（3）内层板片模拟完成后冷冻，层次调为-1，激活已缝纫完成的外层板片，硬化并模拟（图3-280）。

图3-280

（4）完成剩余部位的缝制模拟，解除硬化，关闭模拟状态下拖动拉链头，拉开部分拉链（图3-281）。

◎◎◎技巧提示

模拟时，运用固定针对板片进行拖拽、冷冻和硬化，以调整冲锋衣的形态。

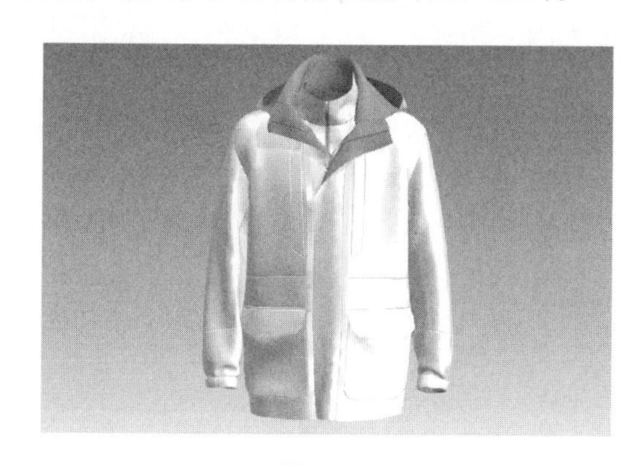

图3-281

3. 细节调整

（1）领片上单击右键“生成等距内部线”，间距0.3cm，克隆一层模拟双层效果，里层稍微调长或增加内层经纬向缩率，模拟褶皱效果，降低领粒子间距（图3-282）。

◎◎◎技巧提示

降低领片粒子间距，增加内层领片经纬向缩率，并根据效果适当调整面料物理属性参数，目的是使褶皱效果更加明显自然。

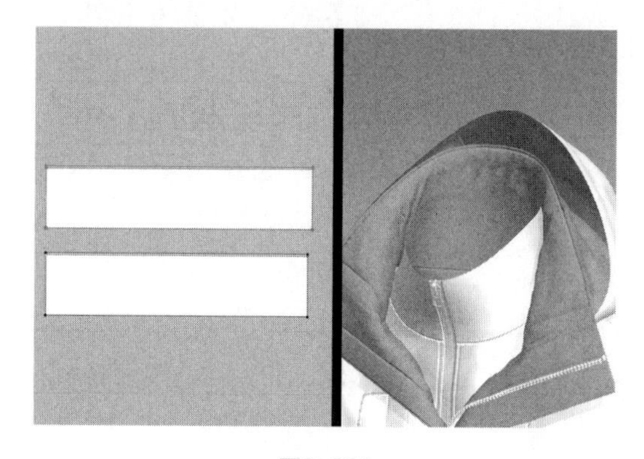

图3-282

（2）降低粒子间距，用“编辑板片”工具在胸前板片边缘线上单击，属性编辑视窗中添加宽3cm的粘衬条（图3-283）。

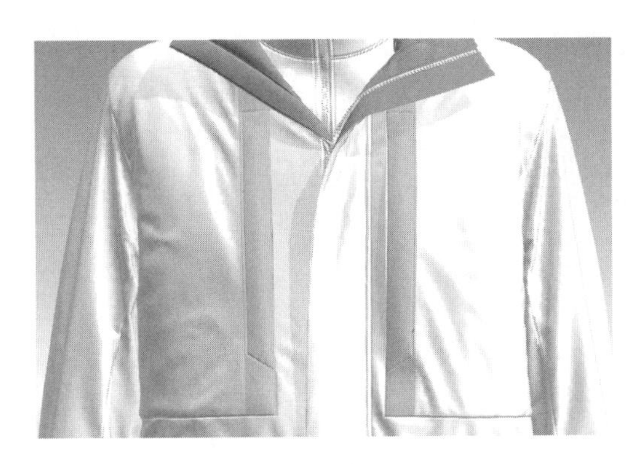

图3-283

（3）在前片和门襟对应缝合的线上分别生成间距0.5cm的等距内部线，对应缝合模拟出双缝线的效果（图3-284）。

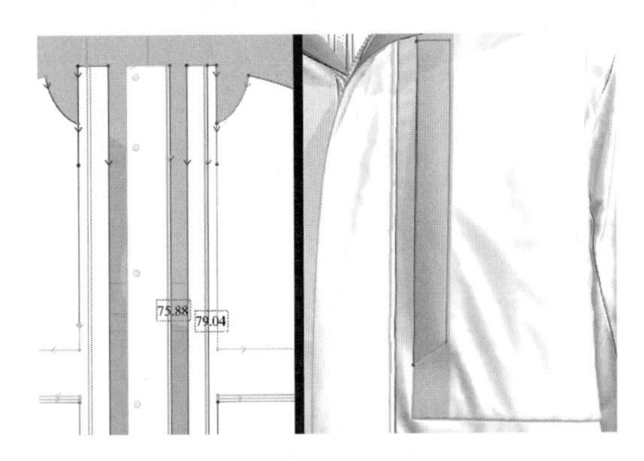

图3-284

（4）在前后片下摆处添加间距2cm的等距内部线，用“勾勒轮廓”工具勾勒闭合图形上单击右键“勾勒为板片”（图3-285）。

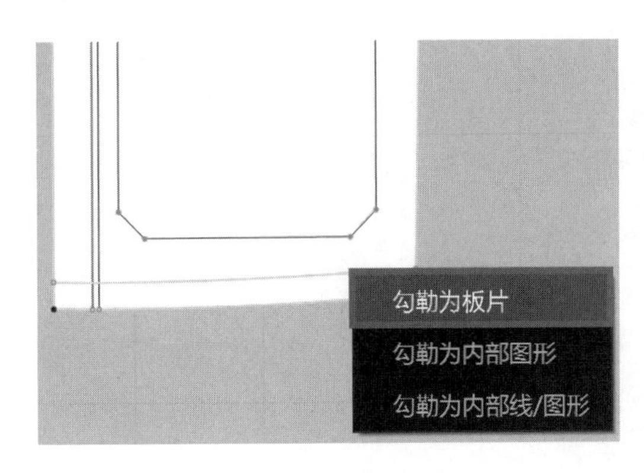

图3-285

◎◎◎**技巧提示**

使用“勾勒轮廓”工具勾勒出闭合封闭结构，线上单击右键“勾勒为板片”，将非首尾相连的多条边围成的图形生成板片，或克隆一层并剪切出贴边板片，便于制作弧形板片的贴边。

（5）将贴边与下摆相缝合，缝合类型为“合缝”，3D服装视窗板片上单击右键“移动到里面”，将贴边板片层次调为-1（图3-286）。

◎◎◎**技巧提示**

贴边可以适当根据效果更改模拟厚度。

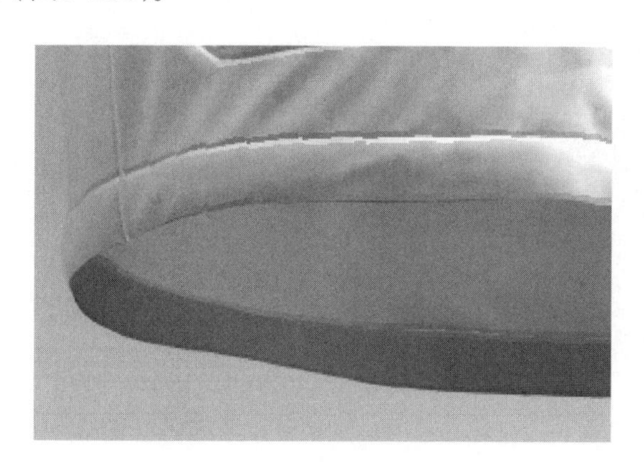

图3-286

（6）袋盖板片单击右键“生成里布层”，在内层上添加粘衬（图3-287）。

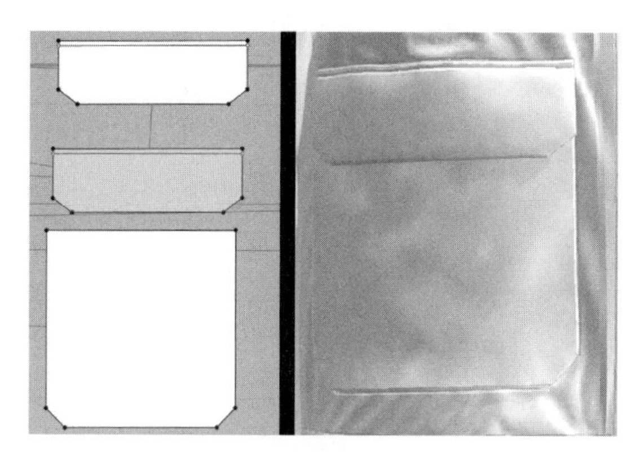

图3-287

（7）里层前中线添加间距0.5cm的内部线，适当增加折叠角度和折叠强度，模拟拉链缝合凹槽效果（图3-288）。

◎◎◎**技巧提示**

做鼓起凹陷的效果时，边线和向内凹的内部线中间还可以增加一个折叠角度小于180°的内部线，取消勾选折叠渲染，效果会更加自然。

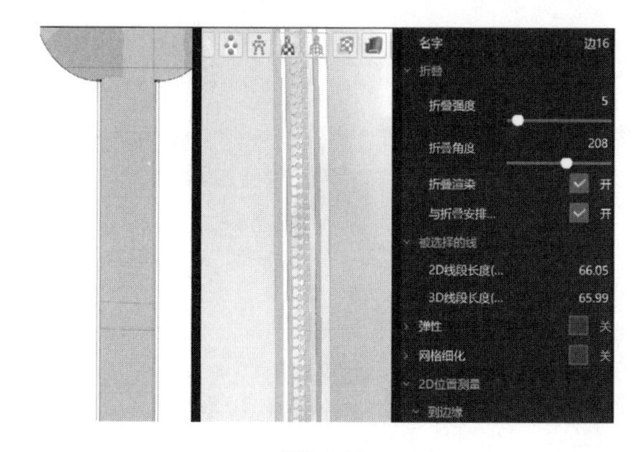

图3-288

（8）内层领片增加渲染厚度为2，增加模拟厚度为1，添加间距0.3cm的内部线，生成里布层（图3–289）。

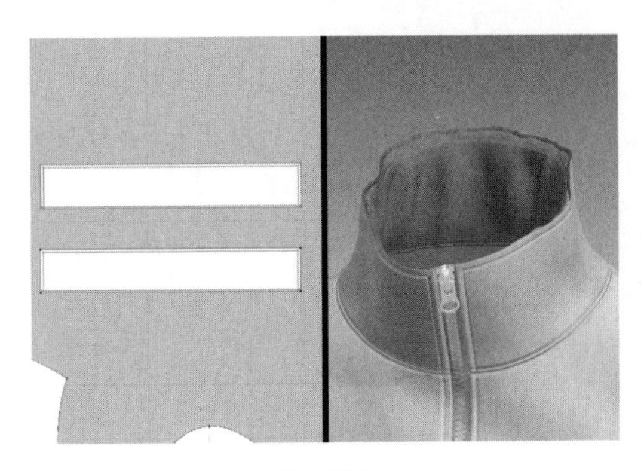

图3–289

◎◎◎**技巧提示**

压线效果也可以通过增加内部线折叠角度和折叠强度进行表达。折叠角度可设置为220°左右。

（9）外套门襟生成里布层，通过双层效果模拟服装厚度，适当增加门襟外层经向缩率，以模拟褶皱效果（图3–290）。

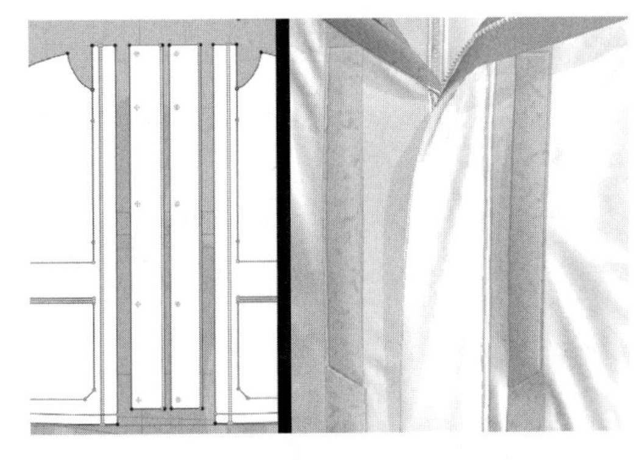

图3–290

（10）帽檐处增加2cm等距内部线，并在边缘添加粘衬条，生成里布层以模拟双层效果，打开模拟调整帽子形态（图3–291）。

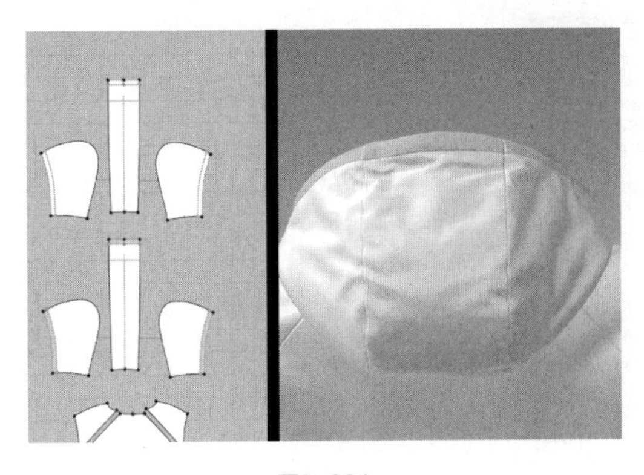

图3–291

（11）在里襟上创建间距0.1cm的等距内部线，生成里布层，模拟双层效果（图3-292）。

图3-292

▪克隆为内部图形

将选中板片的外线形状克隆为内部图形，并将该内部图形创建在其他板片上。

（12）绘制魔术贴板片，单击右键“克隆为内部图形”，在袖口上生成同样形状的内部线，相互缝合（图3-293）。

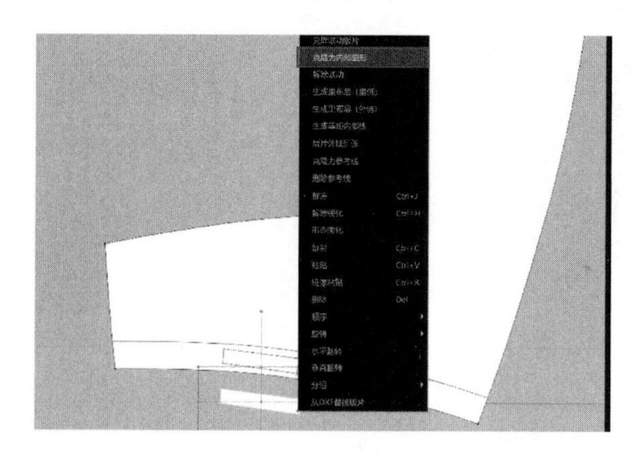

图3-293

（13）袖口处魔术贴板片的边线上增加0.2cm的等距内部线，生成里布层模拟双层效果（图3-294）。

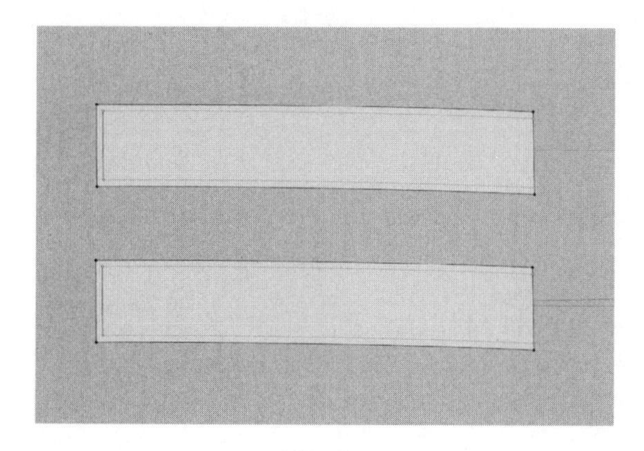

图3-294

二、数字面辅料设置

1. 面料设置

添加面料并调整颜色（图3-295）。

图3-295

2. 辅料设置

（1）添加并应用魔术贴织物（图3-296）。

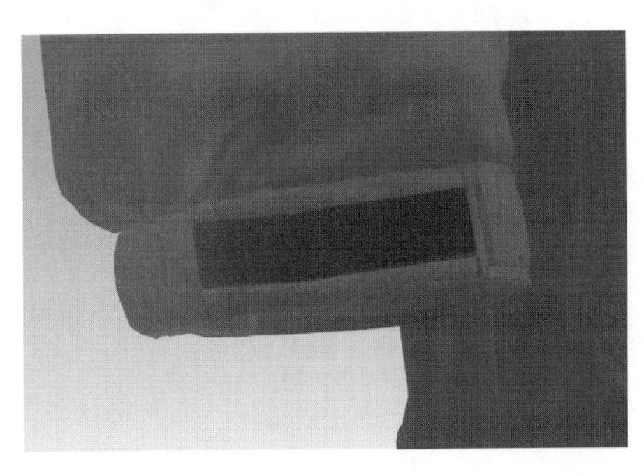

图3-296

（2）按照工艺添加并设置纽扣、明线和褶皱（图3-297）。

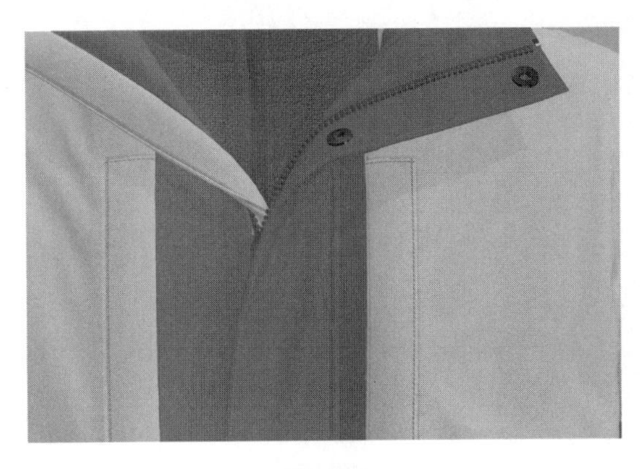

图3-297

线褶皱

点击净边、内部线插入褶皱效果，框选整个板片可对整个板片快速添加褶皱效果。

自由褶皱

依次点击起点、终点生成褶皱效果。

编辑褶皱

编辑褶皱功能可拖拽褶皱端点，改变褶皱长度，双击场景管理视窗中的褶皱可编辑选中褶皱样式，包括褶皱的法线贴图、密度、长度、宽度。宽度、长度分别指法线贴图自身的宽度、长度。

三、数字样衣展示

冲锋衣3D渲染效果图（图3-298）。

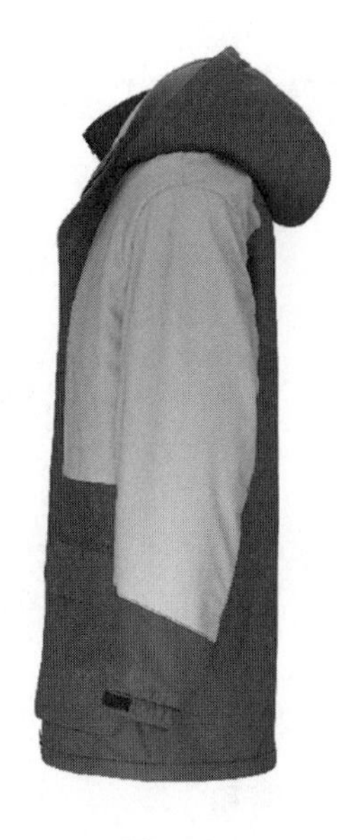
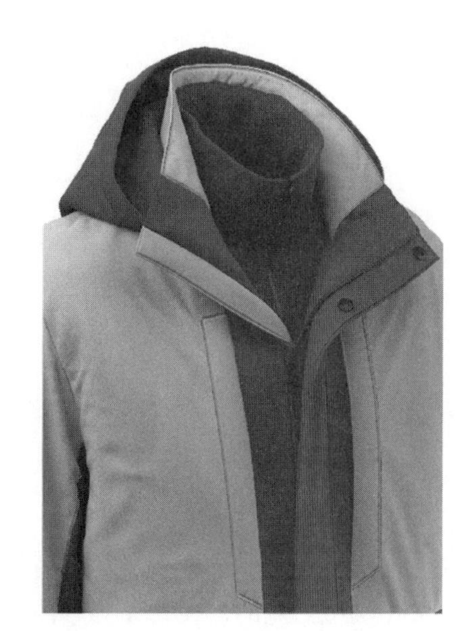

图3-298

●○考核评价

考核评价							
评价项目	3D服装制作基础（20分）		3D服装模拟（40分）		3D服装细节（40分）		
	导入安排（5分）	板片缝纫（15分）	衣身平整（15分）	褶皱自然（25分）	双层效果（15分）	口袋制作（15分）	面辅料设置（10分）
教师评价							
互评							
自评							

任务三　羽绒夹克

工作目标：

1. 掌握羽绒服充绒制作方法。
2. 掌握袖口褶皱的表达方法。
3. 掌握插扣织带的制作方法。

工作内容：

通过Style3D学习充绒的制作，完成羽绒夹克的缝制着装。

工作要求：

通过本次课程学习，使学生能够独立完成3D羽绒夹克的建模，完成其内胆的充绒和其他细节的制作。

工作重点：

羽绒充绒效果的制作。

工作难点：

插扣织带部分的制作。

工作准备：

羽绒夹克款式图和DXF格式板片文件（图3-299、图3-300）。

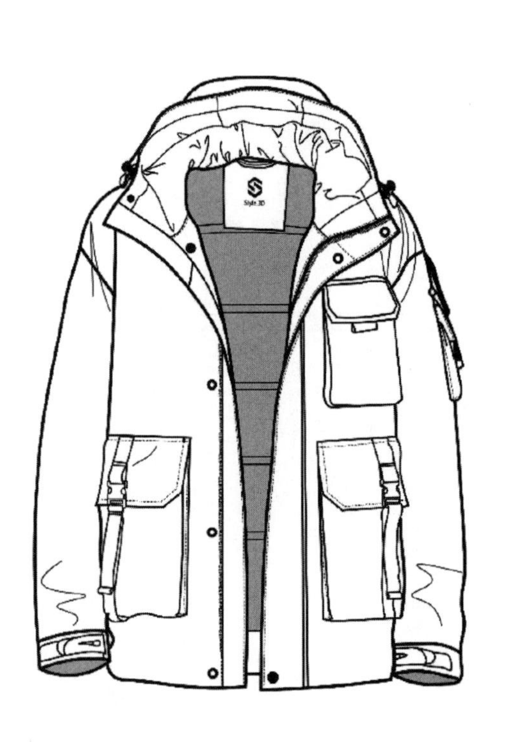

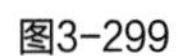

图3-299

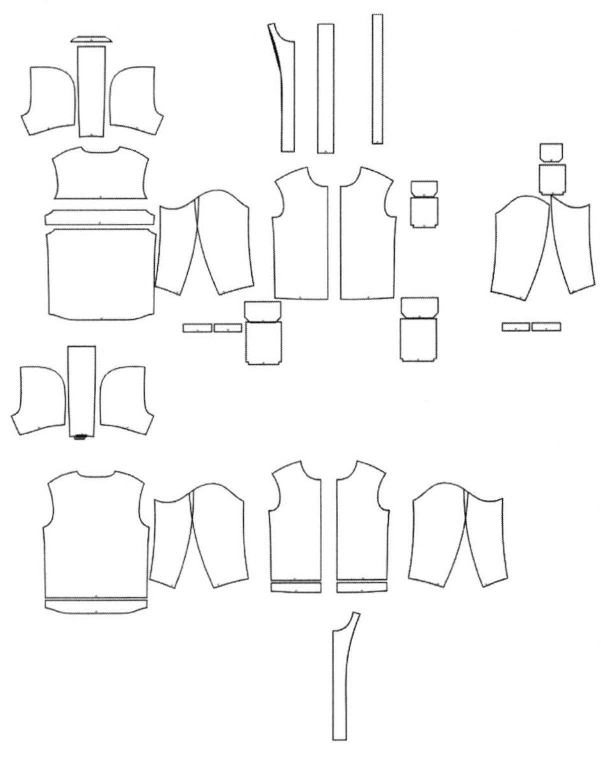

图3-300

一、数字样衣开发

1. 导入安排

（1）导入羽绒夹克DXF板片文件并整理（图3-301）。

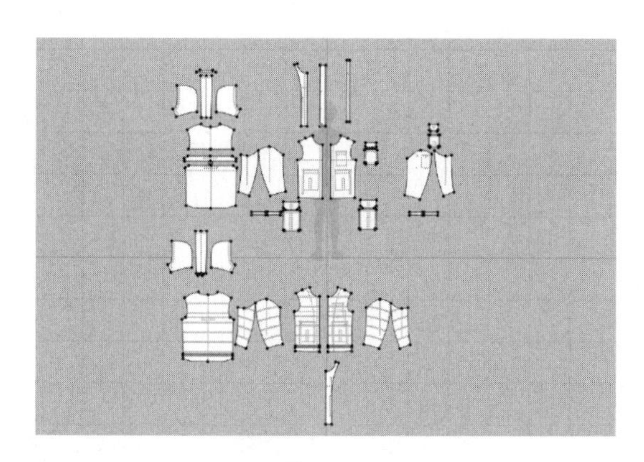

图3-301

（2）“重置2D”后，用“定位球”工具将里布、面布按照层次进行叠放（图3-302）。

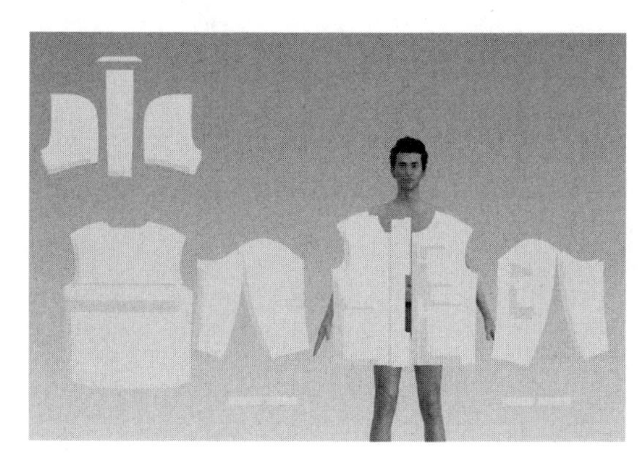

图3-302

（3）选中叠放在一起的板片，放在虚拟模特对应安排点上，可设置层次使模拟更稳定（图3-303）。

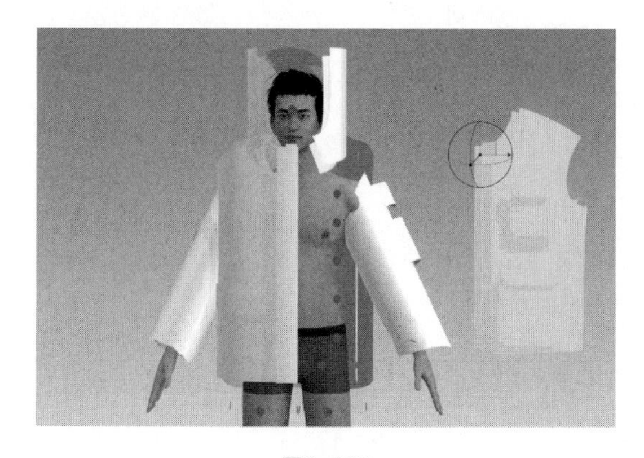

图3-303

知识链接

在羽绒服制作中，由于胆布和里布在充绒后会上缩2~3cm，通常羽绒服胆布和里布板片会略大，取决于其充绒量及充绒方式。

2. 样衣缝合

（1）用“勾勒轮廓”工具将里布基础线勾勒为内部线（图3-304）。

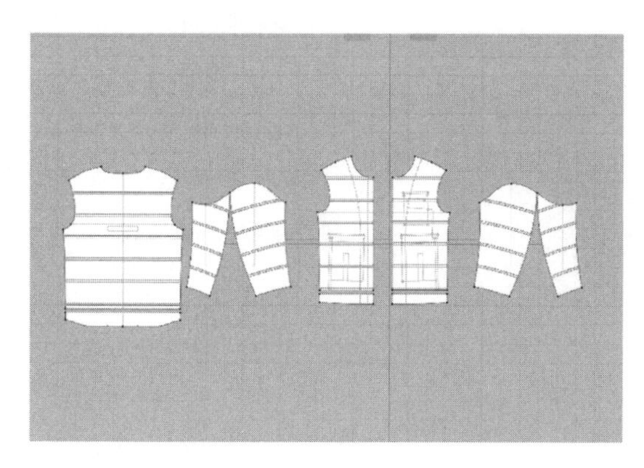

图3-304

▪绗缝线

绗缝是在两层织物中间加入适当的填充物后再缉明线，用以固定和装饰。

（2）在里布上单击右键“生成里布层（外侧）”，创建胆布（图3-305）。

图3-305

▪里布层

生成的板片与原始板片保持联动关系，外轮廓线和内部线会对应地自动缝合，用来制作羽绒服等双层结构。

（3）将样衣缝制完成，打开模拟，调整模特姿势，降低粒子间距（图3-306）。

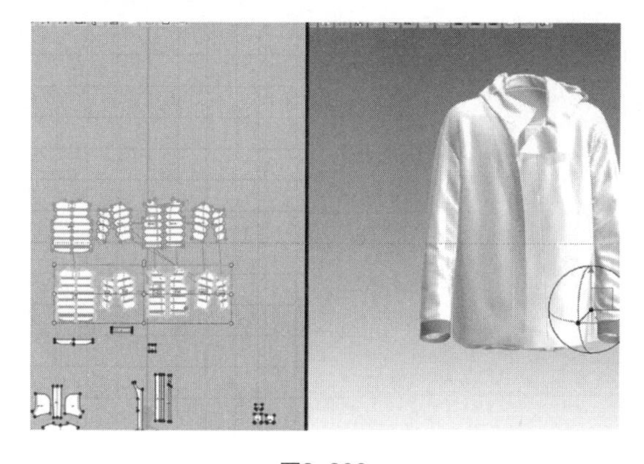

图3-306

（4）在属性编辑器视窗中适当增加胆布和里布板片的压力，压力值分别为正值和负值，打开模拟后充绒，适当调整下摆面料缩率（图3-307）。

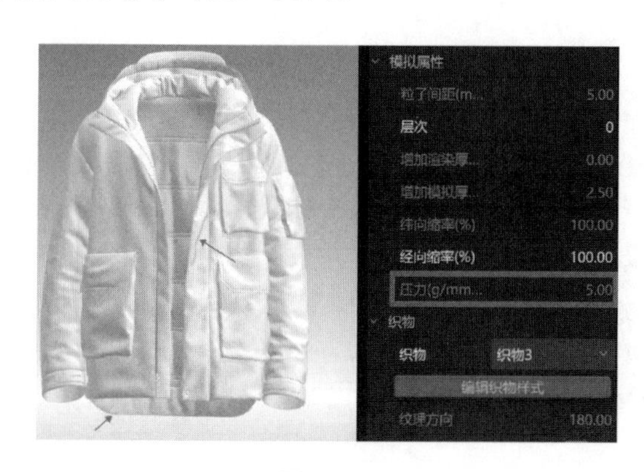

图3-307

▪板片压力

对板片施加压力，正值使板片获得面料方向向外的力，负值使板片获得面料方向向内的力，若板片表面翻转，则压力方向跟随面料的方向。

压力取值范围为 −100 ~ 100，数值越大，板片受到的力越大。

3. 细节制作

（1）袋盖增加内部线并克隆为双层，袋身翻折线两侧生成内部线，使翻折更加自然（图3-308）。

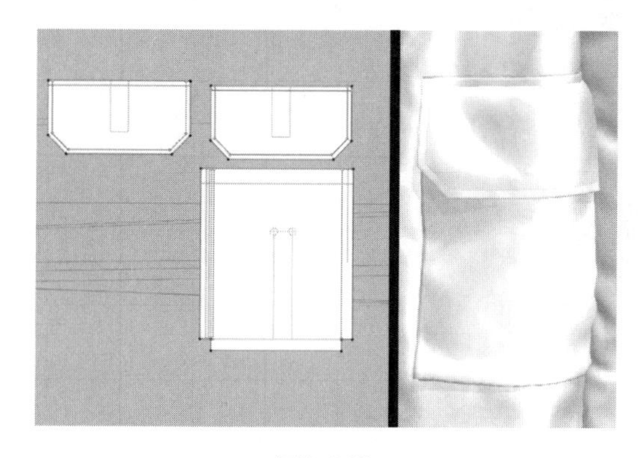

图3-308

（2）克隆门襟和里襟等板片，模拟制作双侧效果（图3-309）。

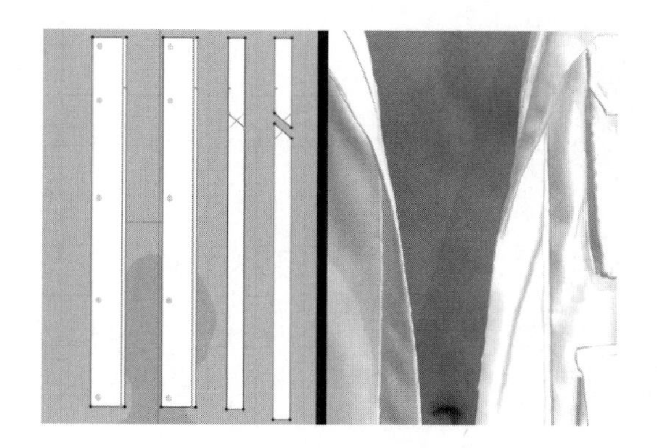

图3-309

◎◎◎技巧提示

可使用“编辑缝纫”工具框选所有外层缝纫线，将其缝纫线类型改为平缝，使侧缝等边缘更加平整。

可将里布和胆布解除联动，“编辑板片”工具打开里布绗缝线弹性，力度调至50左右，比例调至95左右，模拟羽绒服充绒后绗缝线处的自然褶皱。

（3）克隆袖口板片，绘制魔术贴板片，将其与袖口板片对应缝制并模拟（图3-310）。

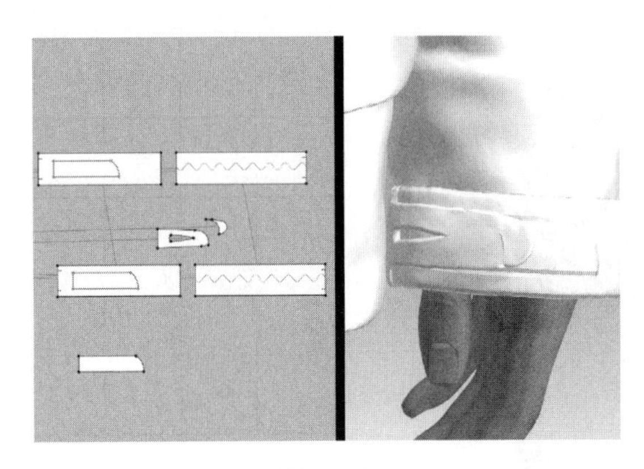

图3-310

（4）调整袖口板片纬向缩率，降低粒子间距，适当调整物理属性，模拟抽皱效果（图3-311）。

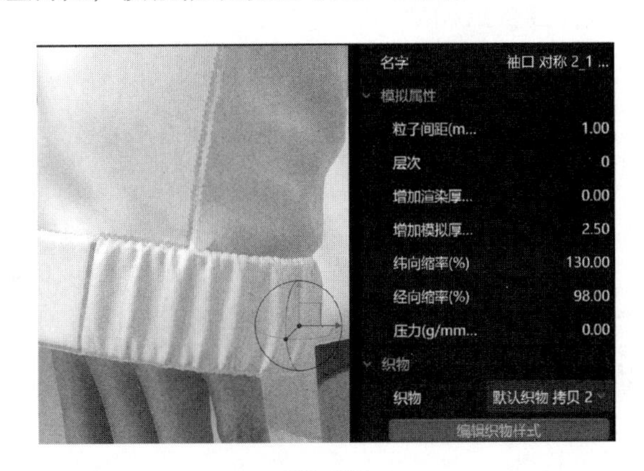

图3-311

◎◎◎**技巧提示**

可通过调整板片纬向缩率或经向缩率快速在经向或纬向上缩放3D板片，来表现服装的效果处理。

（5）用“线褶皱”和“自由褶皱”工具添加褶皱工艺效果，在属性编辑视窗中对褶皱具体参数进行编辑（图3-312）。

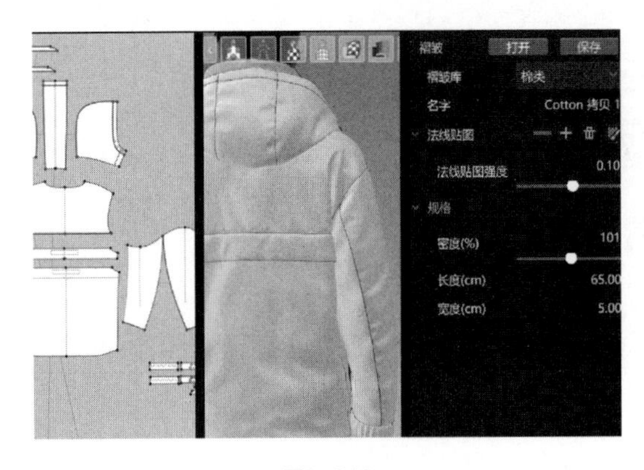

图3-312

（6）绘制矩形板片制作插扣织带，袋盖和袋身上绘制等宽矩形内部线对应缝合（图3–313）。

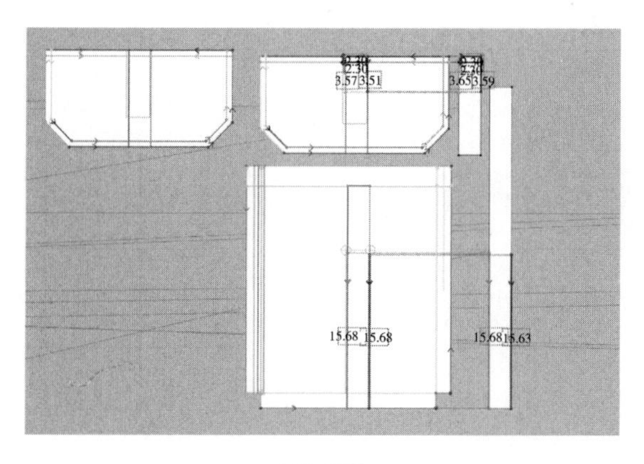

图3–313

（7）织带板片上绘制折叠内部线，用“折叠安排”工具将其翻折，便于缝制模拟（图3–314）。

图3–314

（8）将织带对应位置进行缝合，降低粒子间距并关闭翻折线折叠渲染，打开模拟（图3–315）。

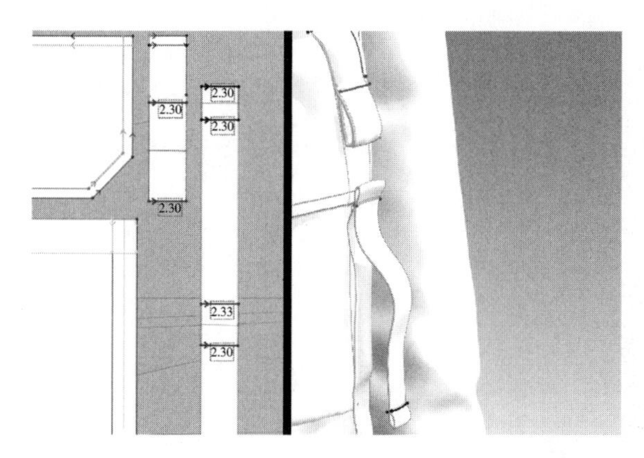

图3–315

●○思考题

织带板片上的内部线应该如何设置？折叠处内部线和缝合处内部线间距离应该设为多少较合适？

二、数字面辅料设置

1. 面料设置

（1）添加并应用面料织物和图案，打开模拟（图3–316）。

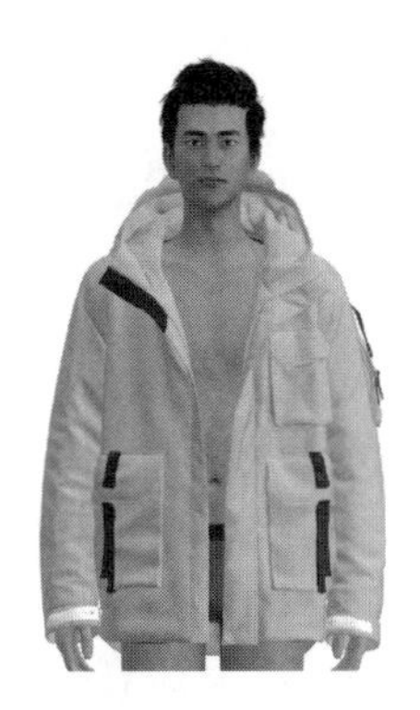

图3–316

（2）根据面料效果调整部分板片压力和缩率，做出鼓起厚度的充气感觉（图3–317）。

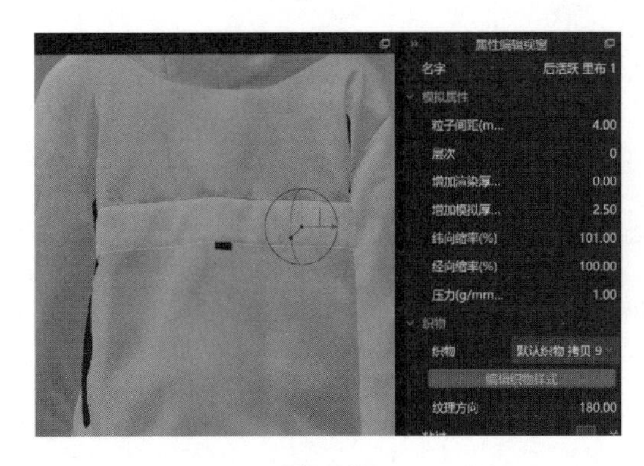

图3–317

2. 辅料设置

（1）添加插扣，调整大小并放置于对应位置（图3–318）。

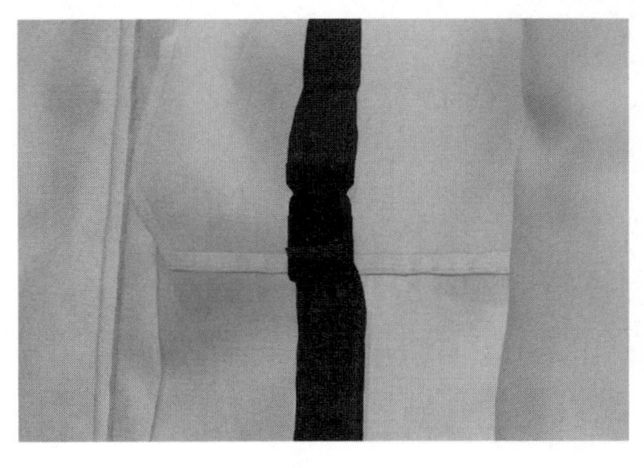

图3–318

知识链接

羽绒服的面料通常采用有涂层、防止漏绒、防水防风的面料。

里布通常采用透气、结实耐磨的混纺面料。

缝纫线通常经过硅油浸泡以减少线与面料摩擦，防止针眼拉大造成漏绒。

拉链和扣件通常要耐低温、顺滑。

◎◎◎技巧提示

辅料可以在素材库—辅料或在线素材库中添加并吸附。

（2）添加并应用魔术贴织物，调整板片渲染厚度和模拟厚度（图3-319）。

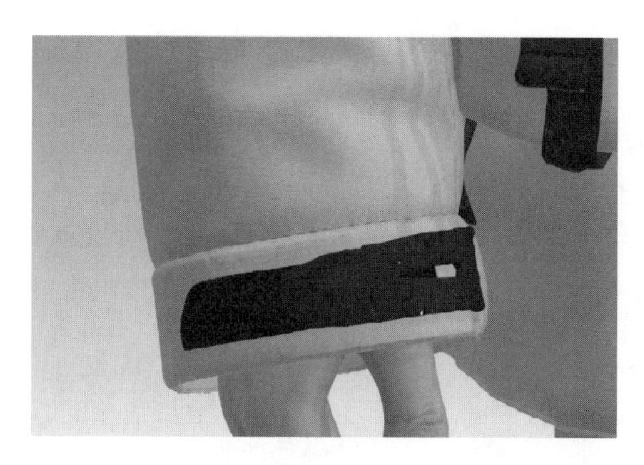

图3-319

（3）添加拉链、纽扣、抽绳、商标、明线等（图3-320）。

图3-320

三、渲染设置

可增加灯光对服装进行补光，在灯光属性中可对灯光属性进行设置和调整（图3-321）。

图3-321

●○思考题

帽子处的气眼可否通过创建板片进行制作？可否直接使用“圆形”工具绘制并增大其厚度？若是调整其边缘弯曲率会出现怎样不同的效果？可否通过面料渲染类型来表达其材质？

▪灯光属性

顶灯/矩形灯光：Vray提供的默认光源。系统默认提供顶灯，其他矩形灯光需手动打开。一般来讲，灯光越多，渲染速度越慢。

顶灯—环境图：改变顶灯使用的环境图文件。

强度：灯光的强度。

顶灯角度：顶灯的灯光角度。

矩形灯光颜色：矩形灯光提供的灯光颜色。

矩形灯光宽度、高度：矩形灯光本身的宽度、高度。

四、数字样衣展示

羽绒夹克3D渲染效果图（图3-322）。

图3-322

●○考核评价

考核评价							
评价项目	3D服装制作基础（20分）		3D服装模拟（30分）		3D服装细节（50分）		
	导入安排（5分）	板片缝纫（15分）	衣身平整（15分）	褶皱自然（15分）	充绒效果（20分）	双层效果（20分）	面辅料设置（10分）
教师评价							
互评							
自评							

3D 服装建模高阶基础知识考核

1. Style3D虚拟成衣最终效果展示要开启3D视窗什么功能图标？（多选）

A . 面料厚度

B . 隐藏样式3D

C . 面料纹理表面

D .显示缝纫线

2. Style3D软件里想要服装褶皱更加真实细腻要如何操作？（多选）

A. 调整板片的粒子间距大小

B. 织物面料的物理属性

C. 制作清晰的织物纹理

D. 添加服装的厚度

3.Style3D软件里怎么调整编辑织物面料的纹理大小和方向？（多选）

A. 在2D视窗里鼠标点选“显示2D网格”图标进行调整编辑织物面料纹理

B. 在3D视窗里鼠标点选“面料网格”图标进行调整编辑织物面料纹理

C. 在场景管理视窗的当前服装中用鼠标点选“织物图标”，再在属性编辑视窗的纹理栏通过纹理参数调整编辑织物面料纹理

D. 在菜单素材栏的鼠标点选“编辑纹理”工具功能，再在3D视窗或2D视窗调整编辑织物面料纹理

4. Style3D软件里做的服装在开启模拟时，发现鼠标拉不动服装，有可能是？（多选）

A. 服装是冷冻状态

B. 服装是失效状态

C. 服装加了固定针

D. 服装开启了形态固化

5. Style3D软件里法线贴图的作用是什么？

A. 法线贴图的作用是使织物面料、图案、明线、拉链、附件等纹理更加光滑明亮从而产生反光效果

B. 法线贴图的作用是使织物面料、图案、明线、拉链、附件等纹理产生透明效果

C. 法线贴图的作用是使织物面料、图案、明线、拉链、附件等纹理产生凹凸感、立体感

D. 法线贴图的作用是使织物面料、图案、明线、拉链、附件等纹理生成金属材质

6. Style3D软件里“选择/移动”工具选中板片后按鼠标右键弹出功能对话框中2D视窗和3D视窗没有同步的功能是？

A. 失效（板片和缝纫线）

B. 冷冻

C. 表面翻转

D. 水平翻转

7. Style3D软件里“勾勒轮廓”工具无法完成的操作有？

A. 把板片基础线勾勒为内部线/图形

B. 选择板片基础线并进行板片切割

C. 通过板片边线做板片外线扩张

D. 通过板片边线内部基础线形成闭合图形并勾勒为板片

8. 针对Style3D软件下列描述正确的是？（多选）

A：服装板片是由三角网格组成

B. 服装面料是由面料纹理和面料物理属性构成

C. Style3D中可以通过编辑板片工具来修改板片

D. Style3D中可以通过编辑缝纫工具来修改板片

9. 在Style3D软件中如何进行面料切换和应用?(多选)

A. 用“选择/移动”工具选中板片后，在场景管理视窗将鼠标放置在相应的织物图标上，按鼠标右键并应用到选中的板片

B. 在场景管理视窗中将鼠标放置在织物图标上，按住鼠标左键拖动鼠标至相应更换织物面料纹理的板片进行面料间切换

C. 通过菜单栏“素材”的“编辑纹理”工具，在2D视窗或3D视窗鼠标点选板片，按鼠标右键弹出对话框选择需要的织物面料纹理进行更换

D. 用“选择/移动”在2D/3D视窗鼠标选中板片，再在属性编辑视窗的“织物”栏，鼠标点击右边箭头进行织物面料纹理更换

3D服装建模高阶基础知识考核答案

1. Style3D虚拟成衣最终效果展示要开启3D视窗什么功能图标?(多选)(ABC)

A. 面料厚度

B. 隐藏样式3D

C. 面料纹理表面

D. 显示缝纫线

2. Style3D软件里想要服装褶皱更加真实细腻要如何操作?(多选)(ABCD)

A. 调整板片的粒子间距大小

B. 织物面料的物理属性

C. 制作清晰的织物纹理

D. 添加服装的厚度

3. Style3D软件里怎么调整编辑织物面料的纹理大小和方向?(多选)(CD)

A. 在2D视窗里鼠标点选“显示2D网格”图标进行调整编辑织物面料纹理

B. 在3D视窗里鼠标点选“面料网格”图标进行调整编辑织物面料纹理

C. 在场景管理视窗的当前服装中用鼠标点选“织物图标”，再在属性编辑视窗的纹理栏通过纹理参数调整编辑织物面料纹理

D. 在菜单素材栏的鼠标点选“编辑纹理”工具功能，再在3D视窗或2D视窗调整编辑织物面料纹理

4. Style3D软件里做的服装在开启模拟时，发现鼠标拉不动服装，有可能是?(多选)(ABC)

A. 服装是冷冻状态

B. 服装是失效状态

C. 服装加了固定针

D. 服装开启了形态固化

5. Style3D软件里法线贴图的作用是什么？（C）

A. 法线贴图的作用是使织物面料、图案、明线、拉链、附件等纹理更加光滑明亮从而产生反光效果

B. 法线贴图的作用是使织物面料、图案、明线、拉链、附件等纹理产生透明效果

C. 法线贴图的作用是使织物面料、图案、明线、拉链、附件等纹理产生凹凸感、立体感

D. 法线贴图的作用是使织物面料、图案、明线、拉链、附件等纹理生成金属材质

6. Style3D软件里“选择/移动”工具选中板片后按鼠标右键弹出功能对话框中2D视窗和3D视窗没有同步的功能是？（C）

A. 失效（板片和缝纫线）

B. 冷冻

C. 表面翻转

D. 水平翻转

7. Style3D软件里“勾勒轮廓”工具无法完成的操作有？（C）

A. 把板片基础线勾勒为内部线/图形

B. 选择板片基础线并进行板片切割

C. 通过板片边线做板片外线扩张

D. 通过板片边线内部线基础线形成闭合图形并勾勒为板片

8. 针对Style3D软件下列描述正确的是？（多选）（ABC）

A. 服装板片是由三角网格组成

B. 服装面料是由面料纹理和面料物理属性构成

C. Style3D中可以通过编辑板片工具来修改板片

D. Style3D中可以通过编辑缝纫工具来修改板片

9. 在Style3D软件中如何进行面料切换和应用？（多选）（ABD）

A. 用“选择/移动”工具选中板片后，在场景管理视窗将鼠标放置在相应的织物图标上，按鼠标右键并应用到选中的板片

B. 在场景管理视窗中将鼠标放置在织物图标上，按住鼠标左键拖动鼠标至相应更换织物面料纹理的板片进行面料间切换

C. 通过菜单栏“素材”的“编辑纹理”工具，在2D视窗或3D视窗鼠标点选板片，按鼠标右键弹出对话框选择需要织物面料纹理进行更换

D. 用“选择/移动”在2D/3D视窗鼠标选中板片，再在属性编辑视窗的“织物”栏，鼠标点击右边箭头进行织物面料纹理更换

项目四　3D服装建模拓展

工作任务：

任务一　文胸

任务二　泳装

任务三　手提包

授课学时：

18课时

项目目标：

1. 了解数字文胸、泳装、手提包的缝制流程。

2. 熟悉数字文胸、泳装、手提包的工艺细节处理。

3. 掌握数字文胸、泳装、手提包效果提高方法。

教学方法：

任务驱动教学法、理实一体化教学法。

教学要求：

根据本项目所学内容，学生可独立完成文胸、泳装、手提包等建模。

任务一　文胸

工作目标：

1. 掌握数字文胸的制作方法。

2. 掌握文胸杯垫的制作方法。

3. 掌握肩带及圈扣、调节扣的制作方法。

工作内容：

通过Style3D学习文胸杯垫、肩带及圈扣、调节扣的缝制，完成文胸的缝制着装。

工作要求：

通过本次课程学习，使学生能够独立完成一件数字文胸的制作，将文胸的钢圈、罩杯、杯垫、蕾丝花边及圈扣、调节扣进行真实完整的表达。

工作重点：

文胸杯垫的缝制。

文胸肩带的缝制。

工作难点：

肩带上圈扣及调节扣位置的处理。

工作准备：

文胸款式图和DXF格式板片文件（图3-323、图3-324）。

图3-323

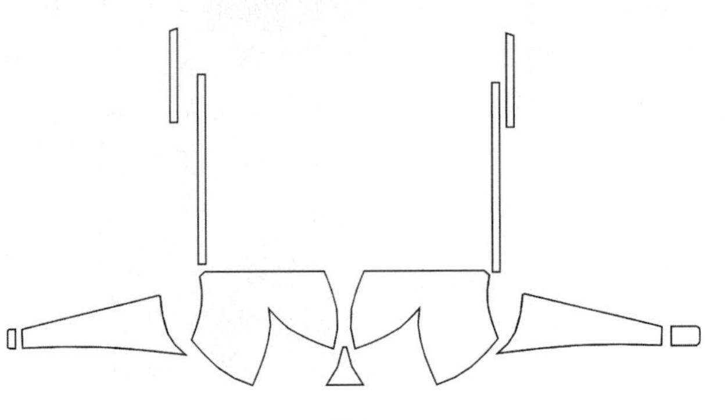

图3-324

一、数字样衣开发

1. 导入安排

导入文胸DXF板片文件，整理并安排（图3-325）。

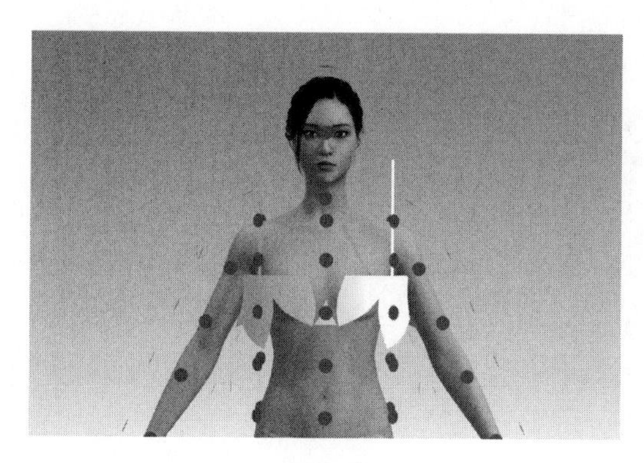

图3-325

2. 样衣缝合

将板片进行对应缝合（图3-326）。

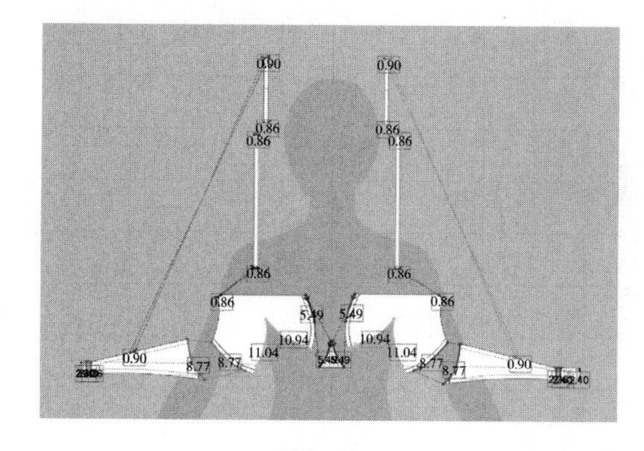

图3-326

3. 样衣模拟

打开模拟，在属性编辑视窗中给侧比、肩带和钩扣板片添加粘衬（图3-327）。

图3-327

知识链接

文胸是支托、固定、覆盖和保护女性胸部的功能性衣服，一般由罩杯、侧比、鸡心和肩带四个部分构成。

罩杯直接覆盖于女性胸部，将罩杯板片安排在虚拟模特胸部前方。侧比用于固定文胸，可将侧比板片安排于虚拟模特胸部侧方。鸡心位于文胸前中，连接并固定左右两侧罩杯，鸡心板片安排在两侧罩杯中间即可。肩带处在肩胛骨附近，肩带板片安排于虚拟模特肩部上方。

4. 钢圈制作

（1）用“选择/移动”工具在罩杯板片上单击右键，选择“生成里布层（里侧）”（图3-328）。

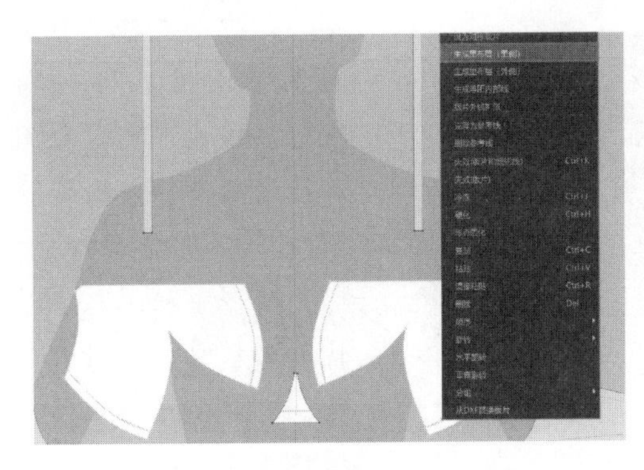

图3-328

（2）用“选择/移动”工具在罩杯板片上单击右键“解除联动”，用“编辑板片”工具在里侧钢圈板片内部线上单击右键“剪切”（图3-329）。

◎◎◎技巧提示

生成里布层会和原板片生成联动状态，若只剪切里层或外层，需解除联动再剪切。

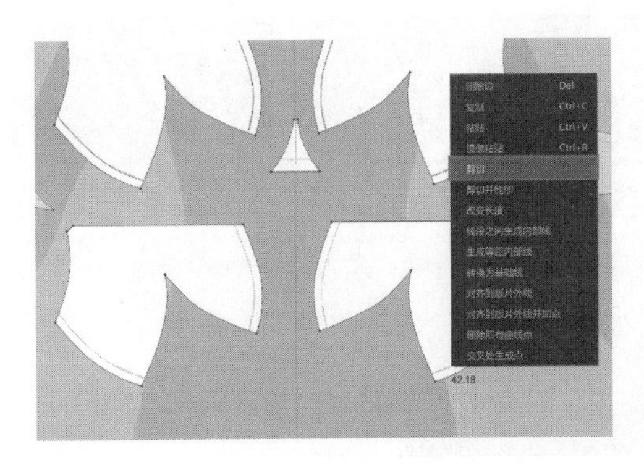

图3-329

（3）用“选择/移动”工具将钢圈板片重新摆放至原罩杯板片两侧，将钢圈板片与罩杯板片上对应内部线进行缝合，删除剩余部分板片（图3-330）。

◎◎◎技巧提示

该步骤也可以通过使用“勾勒轮廓”工具勾勒出钢圈部分，闭合封闭结构，单击右键“勾勒为板片”，将多条边围成的钢圈部分生成板片。

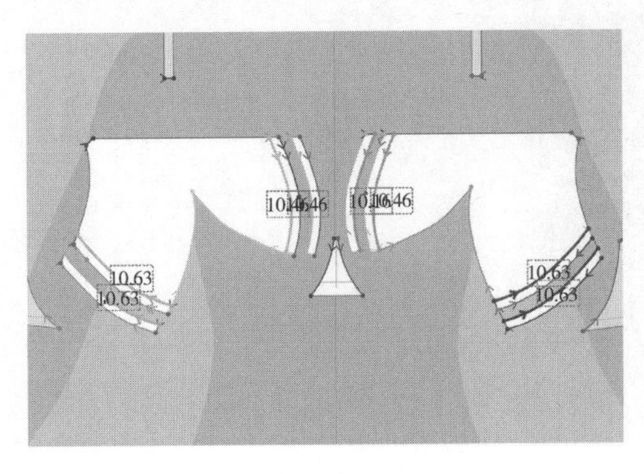

图3-330

（4）用“编辑板片”工具选择两片钢圈板片对应边线，线上单击右键“合并”（图3-331）。

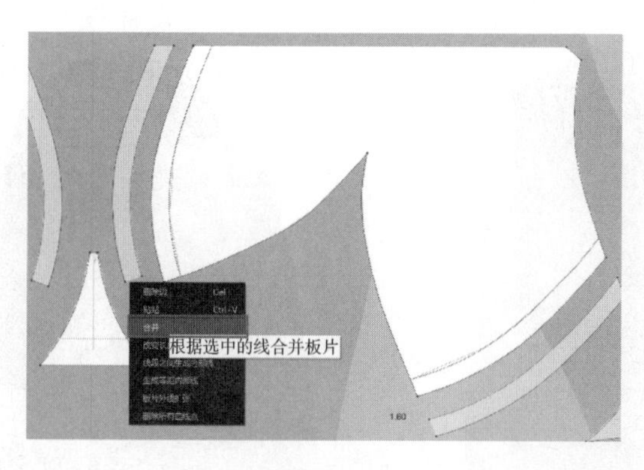

图3-331

（5）用“编辑板片”工具在合并处两点上单击右键“转换为曲线控制点”，使边线更圆顺（图3-332）。

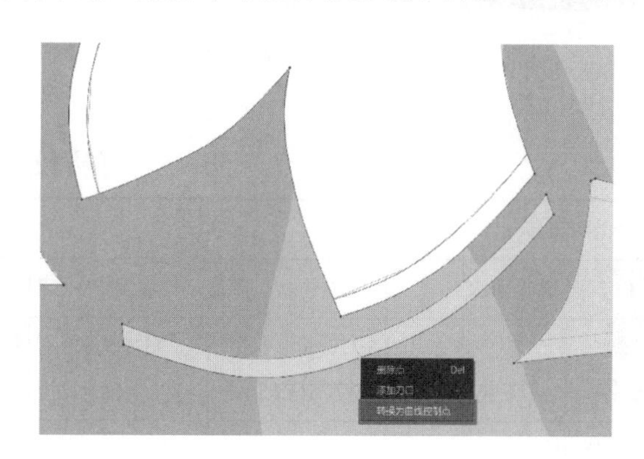

图3-332

（6）隐藏罩杯板片，在钢圈板片上添加粘衬，降低粒子间距，用“固定针”工具调整钢圈形态，调整好后将钢圈板片冷冻（图3-333）。

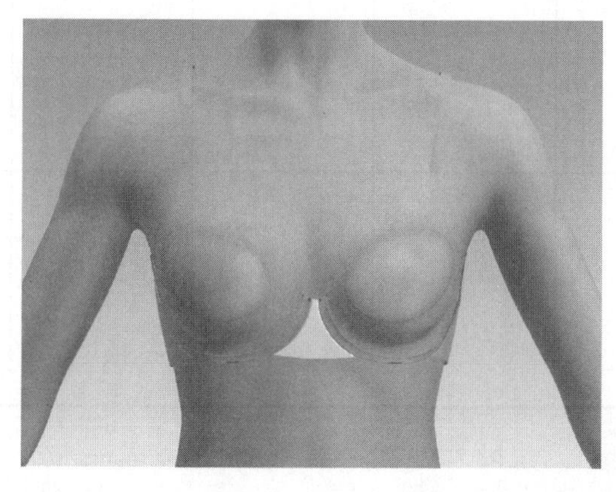

图3-333

◎◎◎**技巧提示**

用“固定针”工具调整钢圈形态时，钢圈和后片衔接处应该过渡自然。杯底弧线应圆顺、线条美观。

5. 罩杯调整

（1）显示全部板片，降低罩杯板片粒子间距，用“归拔”工具调整其形态，使罩杯杯型更加合体（图3–334）。

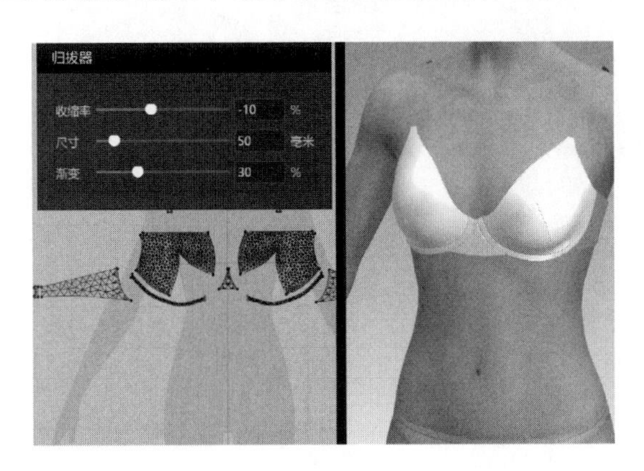

图3–334

（2）用“选择/移动”工具框选罩杯板片，单击右键“生成里布层（外侧）”（图3–335）。

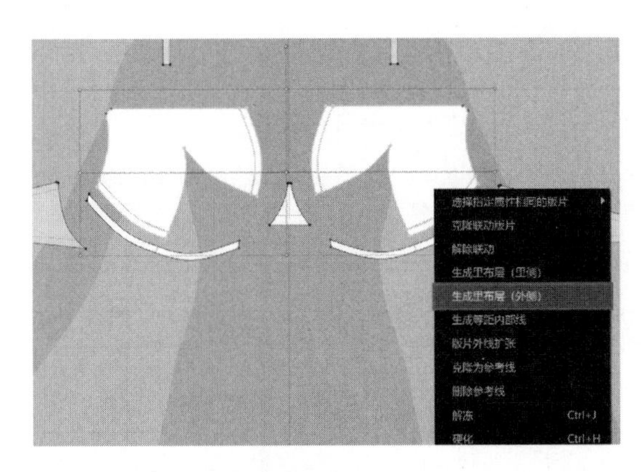

图3–335

（3）删除外层罩杯与原罩杯板片间由于克隆里布层生成的省道部位缝纫线，并缝合线，将其进行内部缝合（图3–336）。

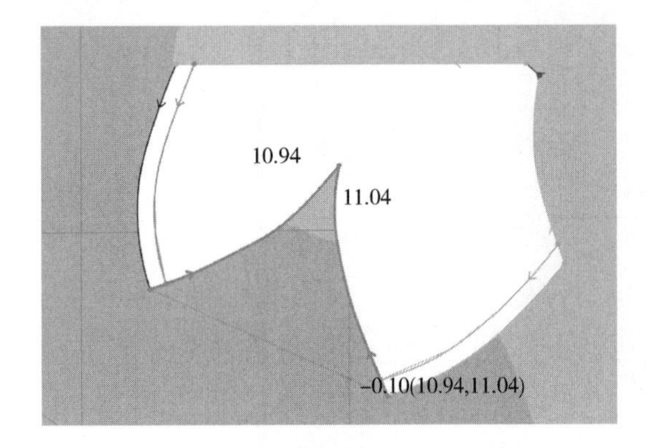

图3–336

●○思考题

观察对罩杯板片不同部位进行归拔对罩杯形态的影响，思考如何使罩杯杯型更加迎合人体曲面，更加稳定和舒适。

（4）用“固定针”工具调整罩杯耳仔位，使其更加贴合模特，完成模拟后冷冻罩杯板片和肩带板片（图3-337）。

知识链接

耳仔位是罩杯的提升位，连接肩带和罩杯，增强提拉力，可以侧提抬胸。

图3-337

（5）以制作钢圈同样的方式为鸡心板片和侧比添加内贴边（图3-338）。

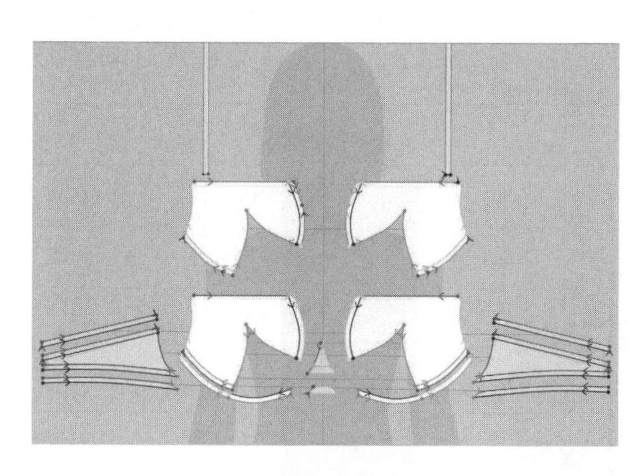

图3-338

6. 蕾丝花边制作

（1）用“编辑板片”工具选择罩杯边缘，在属性编辑视窗中查看长度（图3-339）。

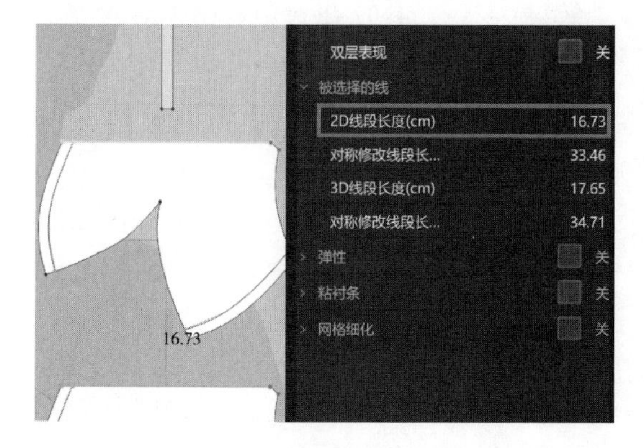

图3-339

（2）用“长方形”工具创建与罩杯边缘等长的矩形板片（图3–340）。

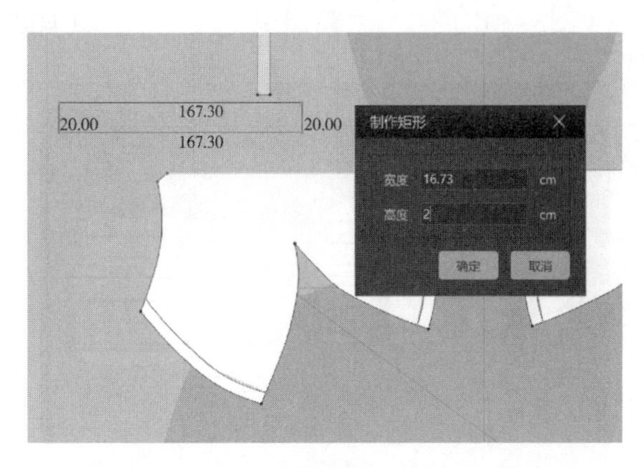

图3–340

（3）用“编辑板片”工具调整板片形状，将其与罩杯和肩带板片相缝合，模拟完成后冷冻（图3–341）。

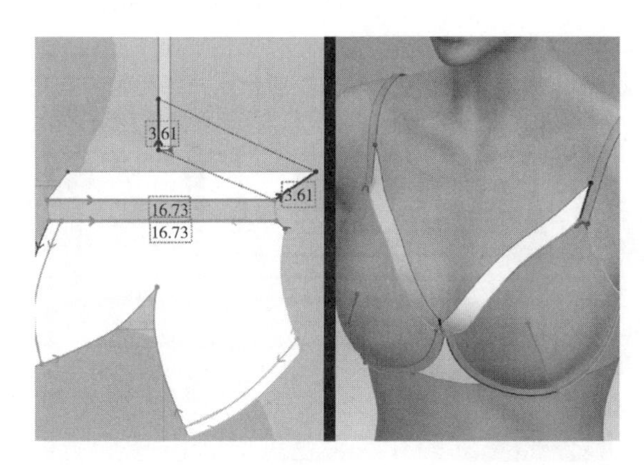

图3–341

7. 杯垫制作

（1）模特不参加模拟并隐藏（图3–342）。

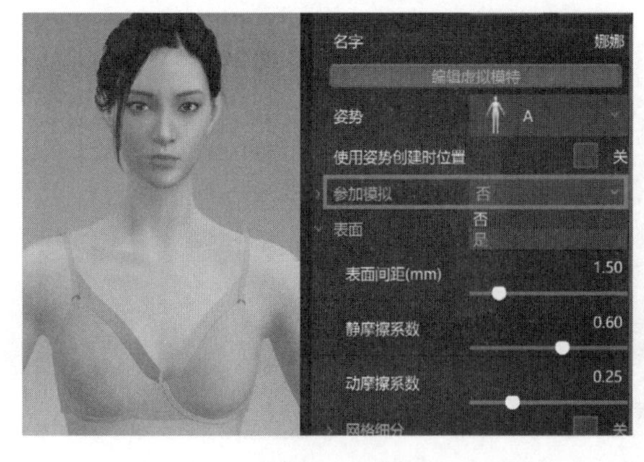

图3–342

◎◎◎**技巧提示**

在调整服装内侧结构时，使虚拟模特不参加模拟并隐藏模特会更加方便操作。

（2）用“选择/移动”工具单击右键罩杯板片“生成里布层（内侧）”，解除联动后，剪切外圈并删除（图3-343）。

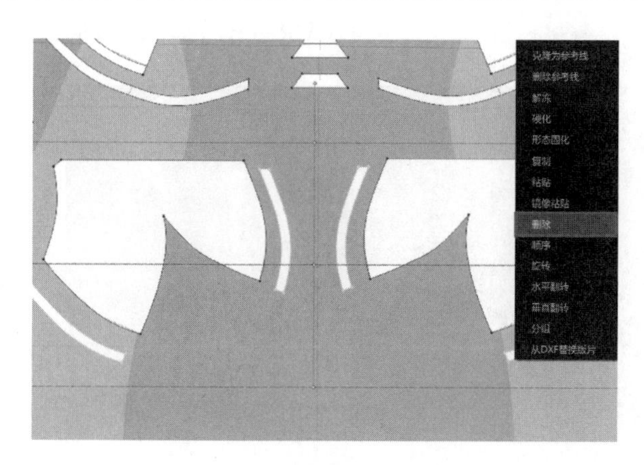

图3-343

（3）重新调整缝纫关系（图3-344）。

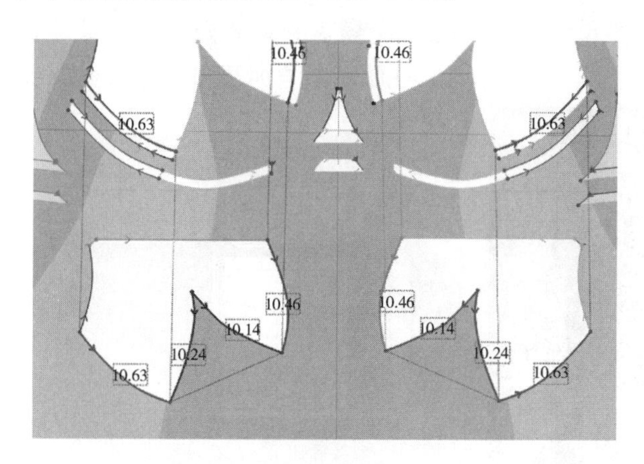

图3-344

（4）用“编辑圆弧”工具、“编辑板片”工具和“多边形”工具修改里层板片形状（图3-345）。

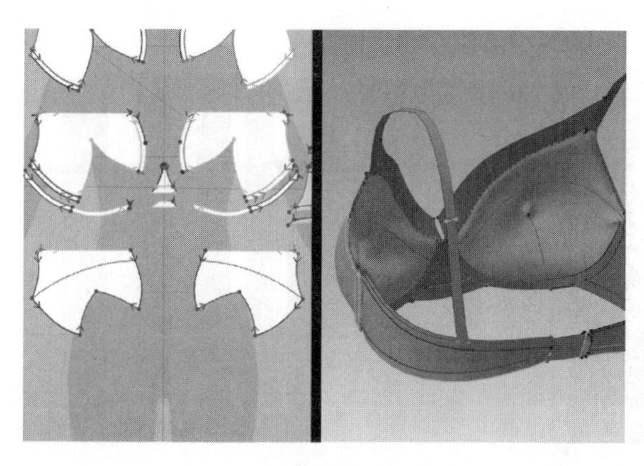

图3-345

◎◎◎**技巧提示**

根据罩杯板片生成并调整板片，制作杯垫板片。

（5）再克隆一层内层，用“编辑圆弧”工具、“编辑板片”工具和“多边形”工具再次对板片形状进行修改（图3-346）。

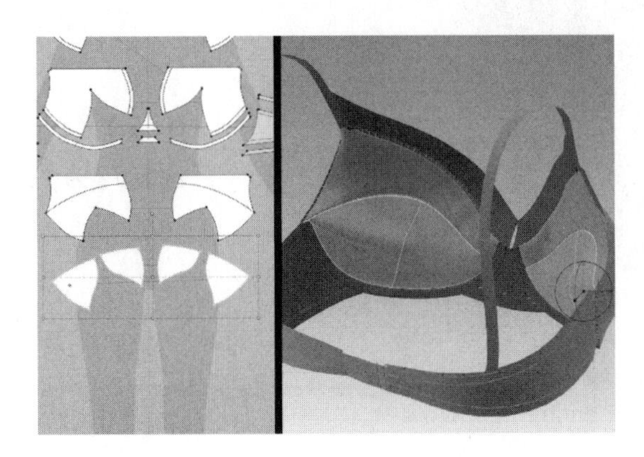

图3-346

（6）分别添加20和-20的压力，使杯垫鼓起，用“归拔”工具归掉多余褶皱（图3-347）。

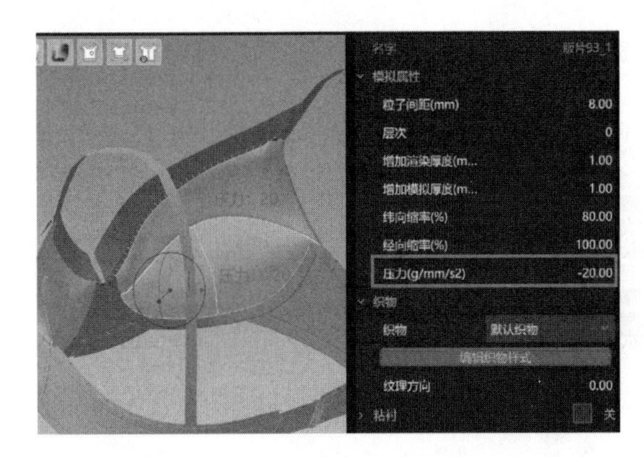

图3-347

（7）用“编辑板片”工具在杯垫上单击右键“板片外线扩张”，间距0.5cm，生成内部线（图3-348）。

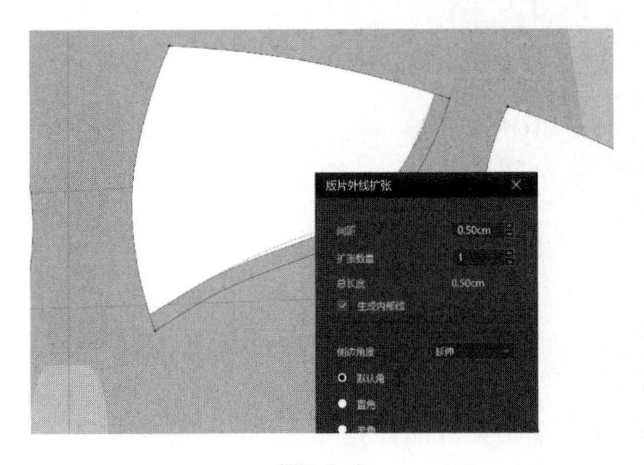

图3-348

（8）重新调整缝纫线，两侧缝纫线类型为“合缝”，模拟内袋袋口（图3-349）。

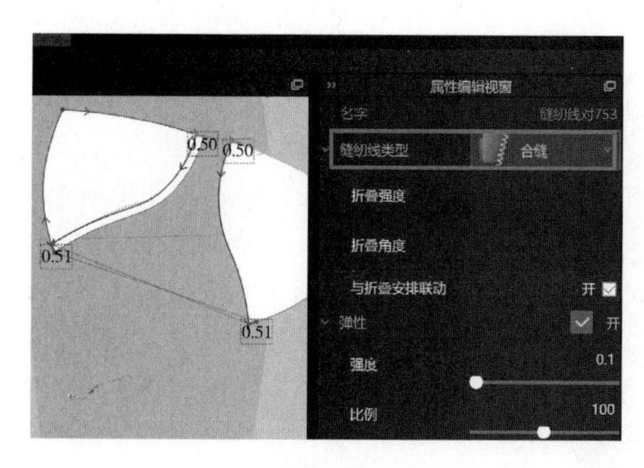

图3-349

8. 肩带制作

（1）模特参加模拟，肩带与侧比连接处生成等距内部线，将其剪切缝纫，作为放置圈扣的位置（图3-350）。

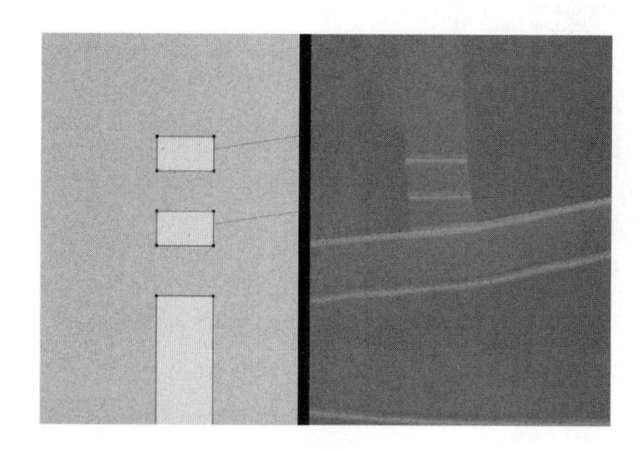

图3-350

（2）线上单击右键“板片外线扩张”，间距等长（图3-351）。

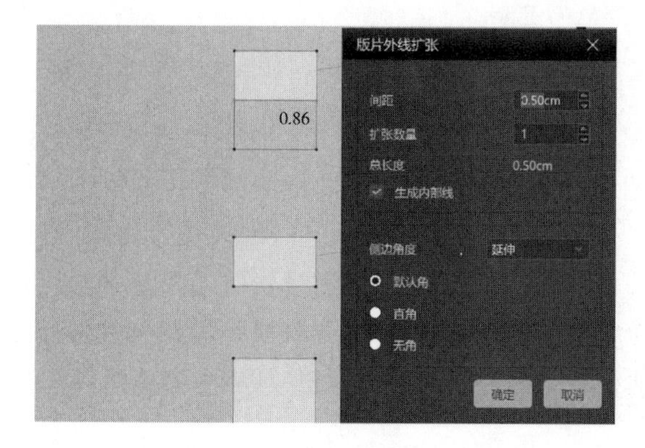

图3-351

●○**思考题**

肩带与侧比连接处生成的等距内部线间距应该如何设置？板片外线扩张的间距应该如何设置？

（3）隐藏虚拟模特，用“折叠安排”工具将内部线向内折叠（图3-352）。

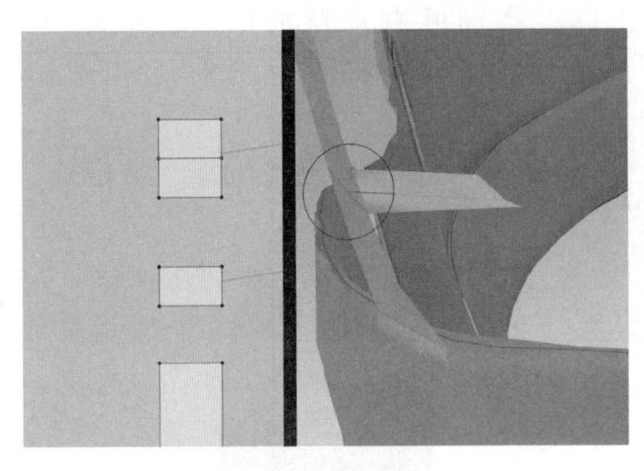

图3-352

（4）重新设置缝纫线，降低板片粒子间距，关闭内部线折叠渲染（图3-353）。

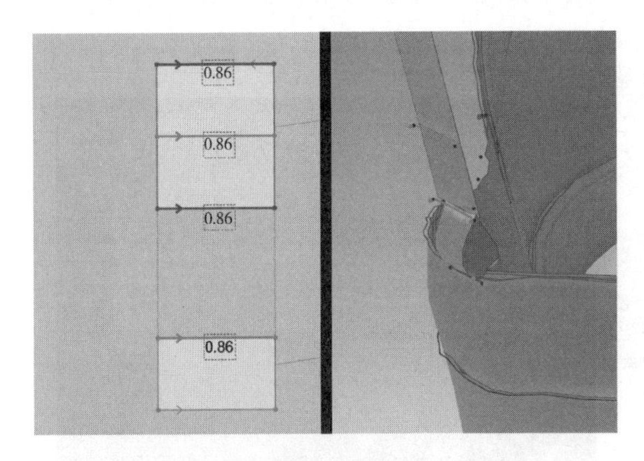

图3-353

（5）用同样方式扩张板片外线，重新设置缝纫线，在3D视窗中进行折叠安排（图3-354）。

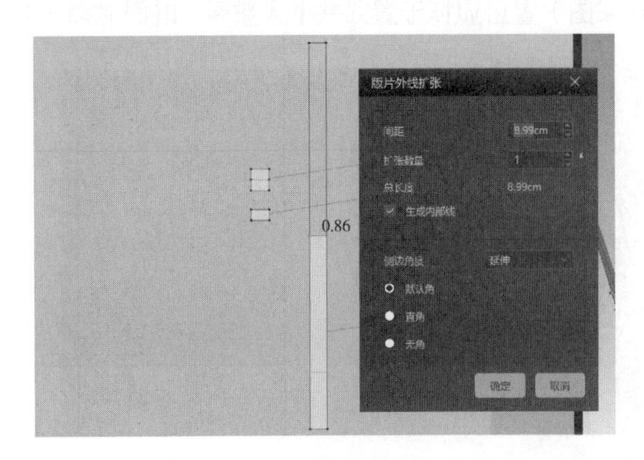

图3-354

◎◎◎技巧提示

此处操作与项目三任务三羽绒夹克口袋处织带操作方式相似，可以对照参考。

（6）降低板片粒子间距，关闭内部线折叠渲染，隐藏中间部位板片（图3-355）。

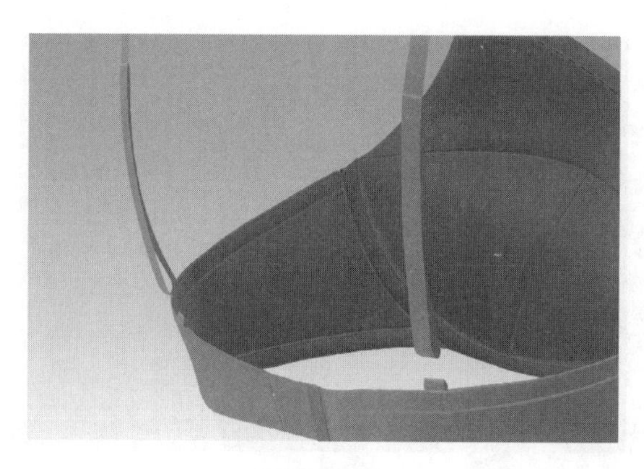

图3-355

◎◎◎**技巧提示**

隐藏后板片仍然存在，可与其他板片进行缝合连接，但是无论在2D视窗、3D视窗或渲染视窗都无法看到板片。

（7）在放置调节扣位置两侧增加等距内部线并缝合，固定针调整出调节扣放置的位置（图3-356）。

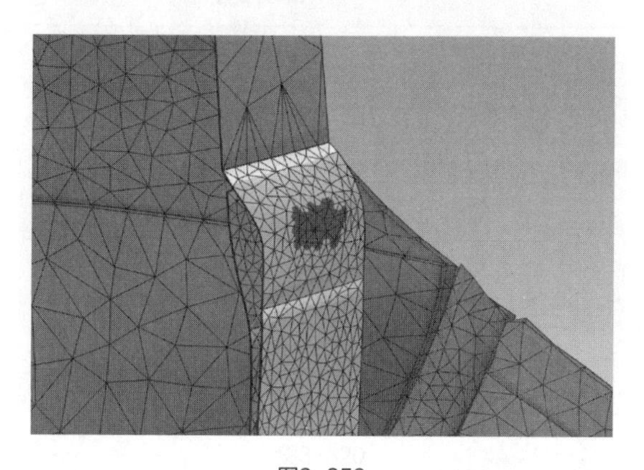

图3-356

二、数字面辅料设置

1. 面料设置

添加并应用面料（图3-357）。

图3-357

2. 辅料设置

（1）添加圈扣（图3-358）。

图3-358

（2）添加调节扣（图3-359）。

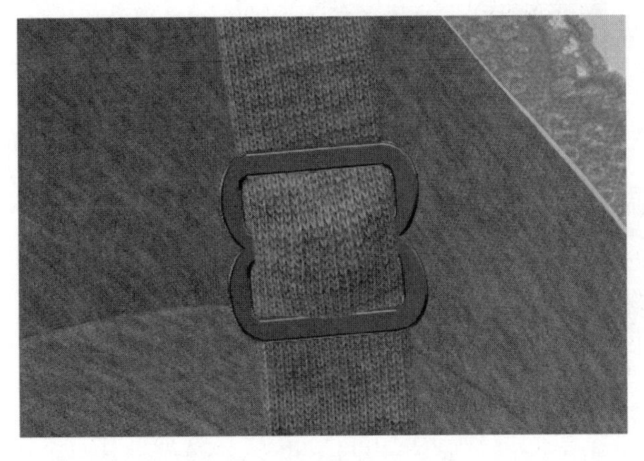

图3-359

（3）添加钩扣（图3-360）。

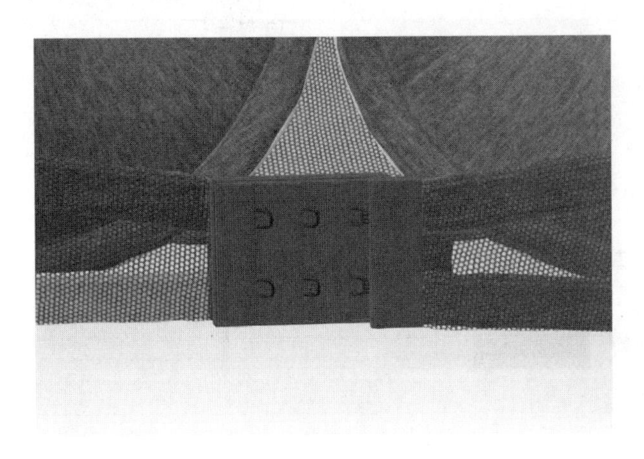

图3-360

知识链接

肩带扣是肩带和内衣连接的部件，可调节肩带的长短。常用可拆卸肩带的“9”扣和不可拆卸肩带的“8”扣等。

知识链接

文胸的钩扣通常用在后中位置，有单扣、双扣及多扣之分，通常有三排，用于调节文胸的松紧。

◎◎◎技巧提示

素材库—辅料—打开在线素材库，搜索内衣扣，可进行下载和使用。

三、数字样衣展示

文胸3D渲染效果图（图3-361）。

图3-361

●○考核评价

考核评价						
评价项目	3D服装制作基础（25分）		3D服装模拟（15分）	3D服装细节（60分）		
	导入安排（10分）	板片缝纫（15分）	衣身平整（15分）	杯垫制作（20分）	肩带制作（25分）	面辅料设置（15分）
教师评价						
互评						
自评						

任务二　泳装

工作目标：

1. 掌握泳装的缝制方法。

2. 掌握虚拟模特姿势调整的方法。

工作内容：

通过Style3D学习虚拟模特姿势的调整，完成泳装的缝制着装。

工作要求：

通过本次课程学习，使学生熟悉数字泳装的制作流程，掌握虚拟模特姿势的调整方法。

工作重点：

虚拟模特姿势的调整。

工作难点：

虚拟模特姿势的调整。

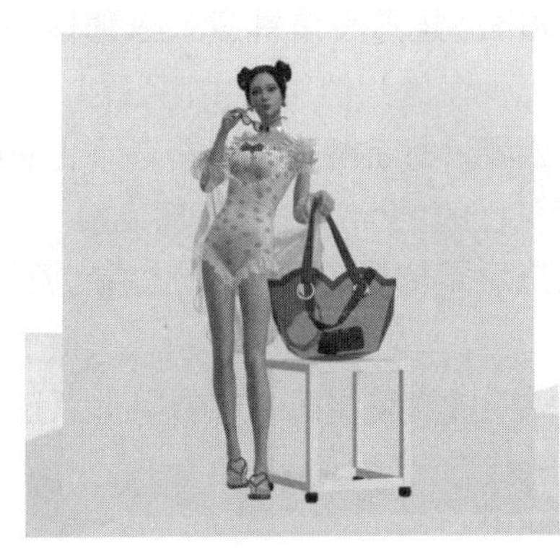

工作准备：

泳装款式图和DXF格式板片文件（图3-362、图3-363）。

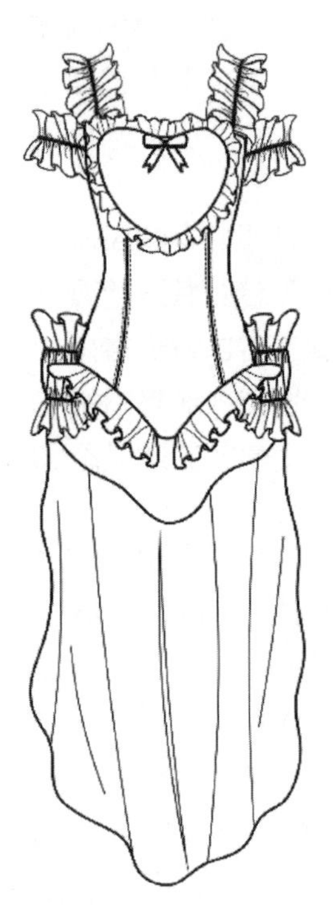

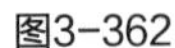

图3-362

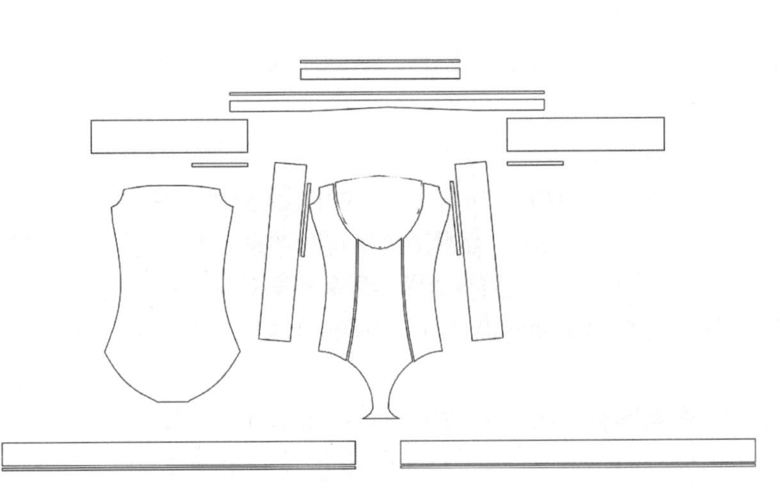

图3-363

一、数字样衣开发

1. 导入安排

（1）导入泳装DXF板片文件并整理（图3-364）。

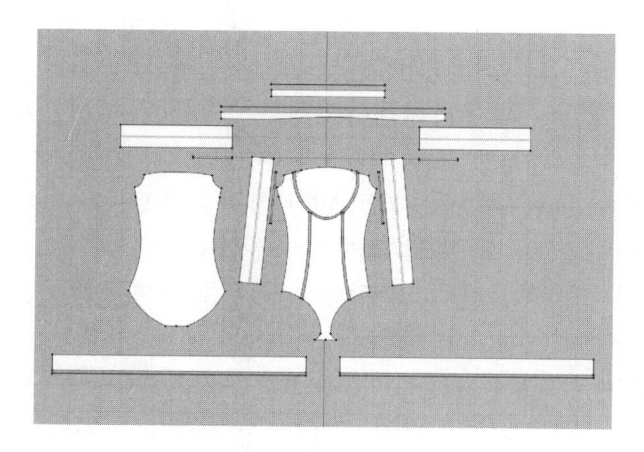

图3-364

（2）将前后片和肩带放置在对应安排点上（图3-365）。

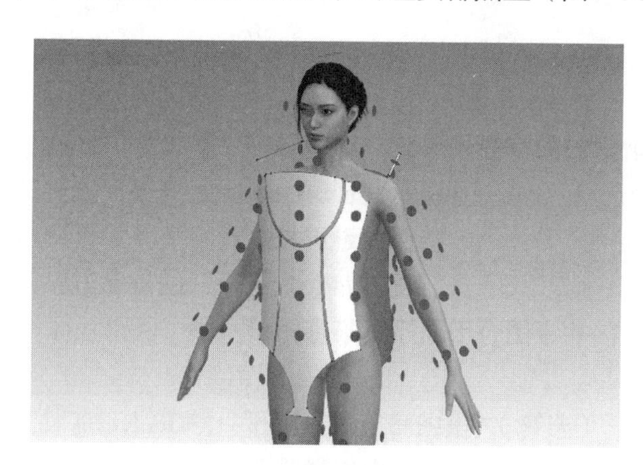

图3-365

（3）将其他板片“失效（板片和缝纫线）”（图3-366）。

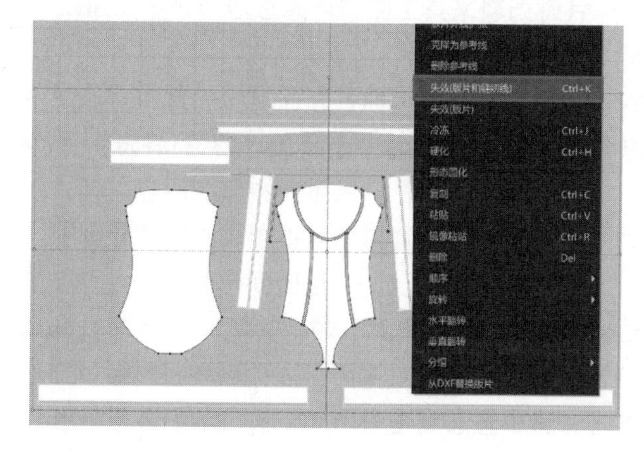

图3-366

知识链接

泳装属于运动实用型服装，拉伸效果强，常见泳装面料有杜邦莱卡、锦纶面料、涤纶面料等，有弹性、吸水性弱的面料可以在游泳时紧贴身体，减少水的阻力，使穿着更加舒适，运动更加灵活。

2. 缝合模拟

（1）将前后片和肩带板片进行对应缝合（图3–367）。

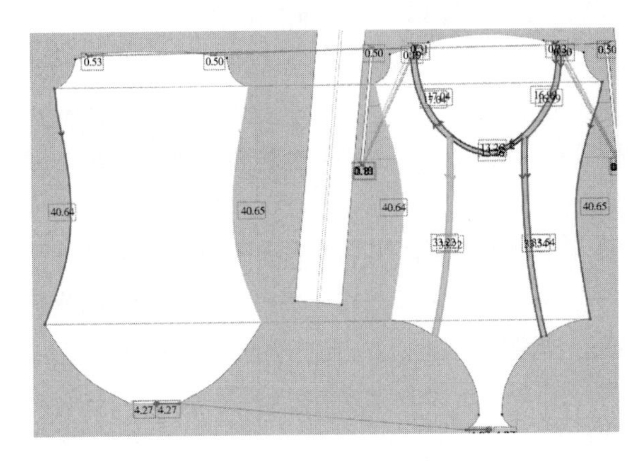

图3–367

（2）打开模拟（图3–368）。

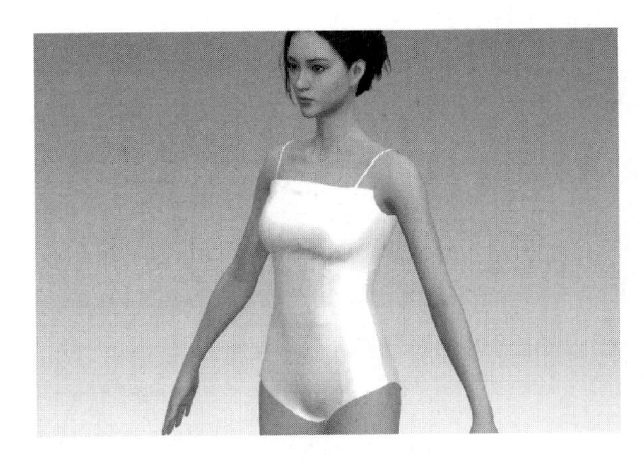

图3–368

3. 荷叶边缝制

（1）将前后片和肩带板片冷冻（图3–369）。

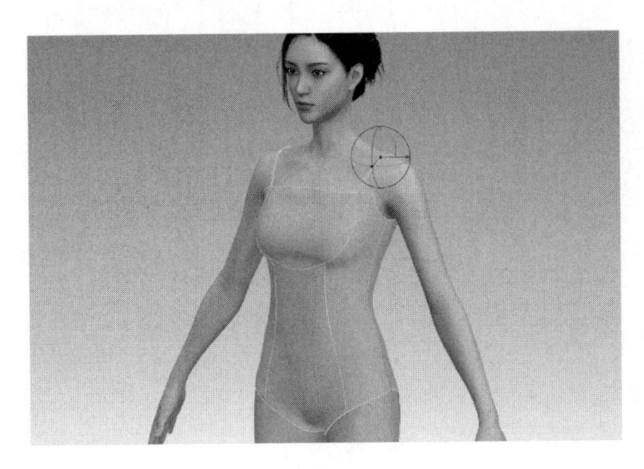

图3–369

（2）用“勾勒轮廓”工具将荷叶边上基础线勾勒为内部线，便于缝合操作（图3–370）。

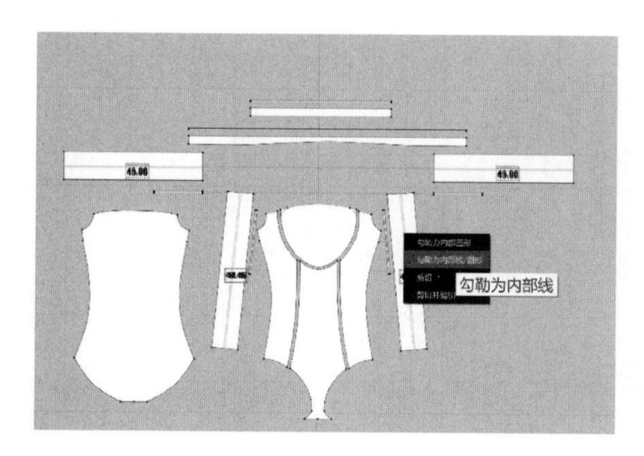

图3–370

（3）前片上对应的基础线也勾勒为内部线，便于荷叶边的缝合（图3–371）。

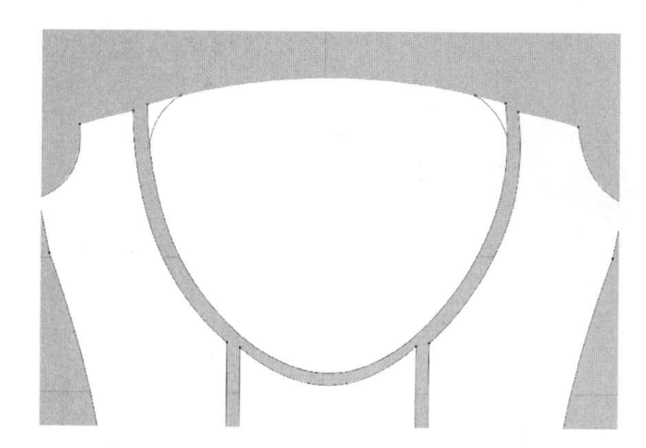

图3–371

（4）将荷叶边缝合到对应位置，单击右键“移动到外面”，降低荷叶边粒子间距，打开模拟并适当拖拽（图3–372）。

图3–372

◎◎◎**技巧提示**

荷叶边在模拟的时候可以将层次改为1，模拟完成后再改回0，并根据需要添加弹性等。

4. 姿势调整

（1）将所有板片失效（板片和缝纫线），在3D服装视窗中打开“显示骨骼”，调整虚拟模特姿势（图3–373）。

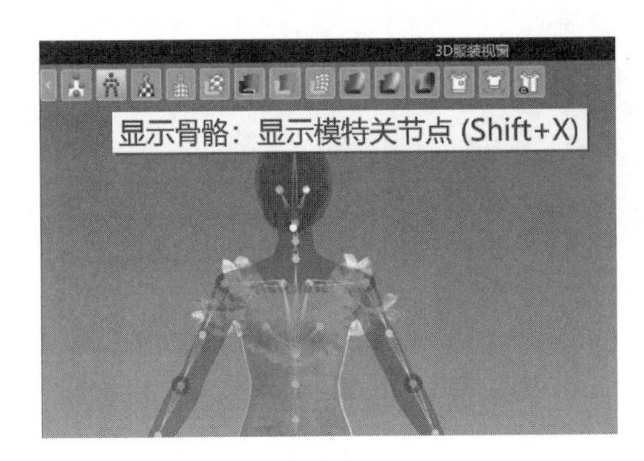

图3–373

（2）调整好姿势后，关闭“显示骨骼”，点击虚拟模特，在属性编辑视窗中打开“编辑虚拟模特”，点击“添加当前”，添加当前姿势（图3–374）。

图3–374

（3）将虚拟模特改回初始姿势，激活并显示板片，在模拟状态下，选择模特新姿势（图3–375）。

图3–375

▪虚拟模特骨骼

点击后会显示关节点窗体，在未激活IK状态下拖动关节点会改变骨骼的长度。

激活IK后对关节点进行拖动不会更改骨骼长度。通过切换“影响全身关节点”和“影响附近关节”可以切换移动关节点后对其他节点的效果。

点击关节点，打开定位球右上角图标将实现虚拟模特左右联动。

◎◎◎技巧提示

可根据模特姿势在模拟情况下拖拽衣身，拉出褶皱，使服装模拟更加符合真实的褶皱状态。

5. 细节制作

（1）单击素材库—辅料右侧云形图案，打开在线素材库，在搜索栏搜索蝴蝶结并下载（图3-376）。

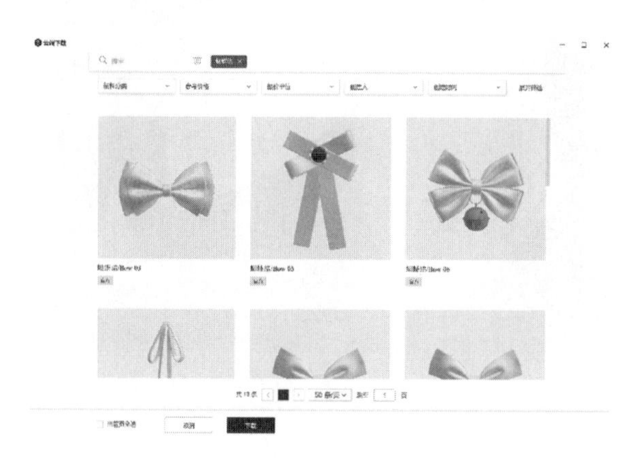

图3-376

（2）移动蝴蝶结，并与对应板片进行缝合（图3-377）。

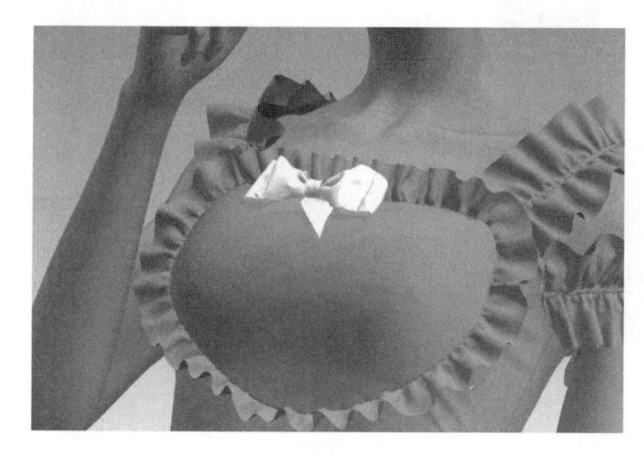

图3-377

（3）绘制披肩等板片并缝制模拟，根据效果添加工艺细节（图3-378）。

图3-378

知识链接

披肩的制作可参考教学视频。

二、数字面辅料设置

1. 面料设置

添加面料并应用（图3–379）。

图3–379

2. 配饰设置

（1）文件—打开—打开项目文件，打开已完成的挎包项目文件，并将加载类型选择为“添加”，调整其摆放位置（图3–380）。

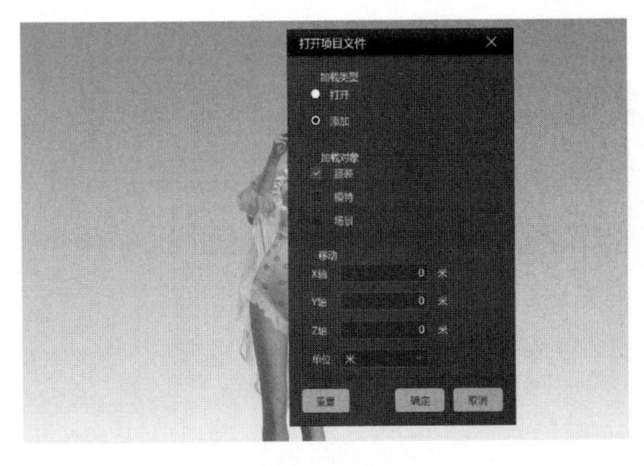

图3–380

◎◎◎**技巧提示**

关闭板片厚度选项可使渲染出来的面料更接近贴图本身的透明感。

法线强度调至适当数值0.6~0.8，由于浅色本身反射效果不会明显，光滑度与反射强度可调大一点。

（2）在云端下载或添加现有的配饰（图3–381）。

图3–381

◎◎◎**技巧提示**

需要将加载类型选择为“添加”，否则将替换现有文件。

知识链接

包的制作可参考项目四任务三手提包的制作。

三、数字样衣展示

泳装3D渲染效果图（图3-382）。

图3-382

●○考核评价

考核评价						
评价项目	3D服装制作基础（25分）		3D服装模拟（35分）		3D服装细节（40分）	
	导入安排（10分）	板片缝纫（15分）	衣身平整（15分）	褶皱自然（20分）	姿势调整（20分）	配饰设置（20分）
教师评价						
互评						
自评						

任务三　手提包

工作目标：

1. 掌握手提包的缝制方法。

2. 掌握搭扣等细节的制作方法。

工作内容：

通过Style3D学习包体、内袋、提手、搭扣等制作，完成手提包的缝制模拟。

工作要求：

通过本次课程学习，使学生熟悉数字手提包的制作流程，培养学生对数字手提包制作的理解能力，掌握数字手提包的制作方法。

工作重点：

包体和内袋的缝制及模拟。

工作难点：

提手和搭扣的制作。

工作准备：

手提包款式图和DXF格式板片文件（图3-383、图3-384）。

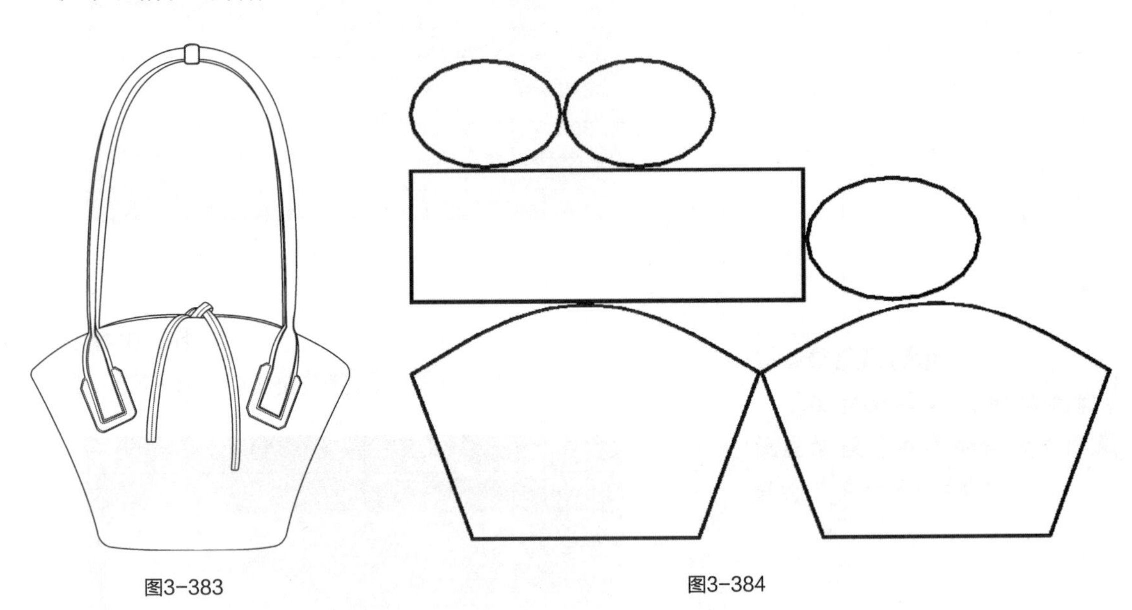

图3-383　　图3-384

一、数字手提包开发

1. 板片导入

导入包DXF板片文件（图3-385）。

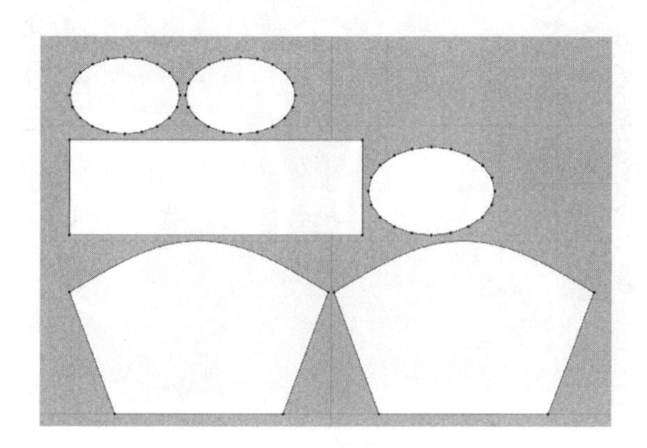

图3-385

2. 包体缝制

（1）定位球将圆柱上下板片摆放并冷冻（图3-386）。

图3-386

（2）将圆柱板片相互缝合，手提包外板片失效，打开模拟，可继续调整上下椭圆形板片位置（图3-387）。

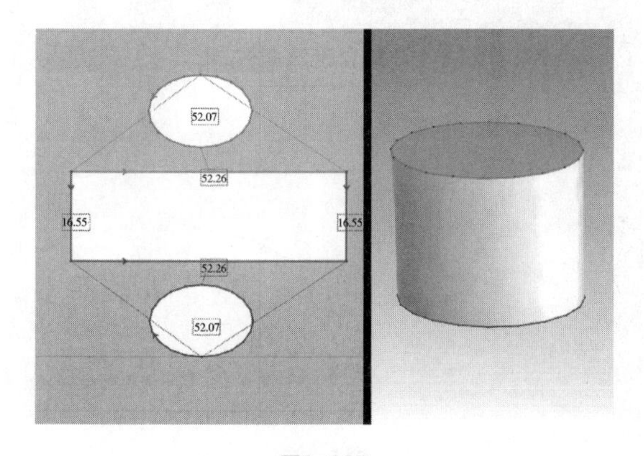

图3-387

◎◎◎**技巧提示**

可在素材库—辅料—包楦文件夹中选择合适的包楦模型进行添加，也可以根据设计运用板片制作不同形状的包楦。

（3）将包体底板放置于圆柱体正下方，激活并冷冻（图3-388）。

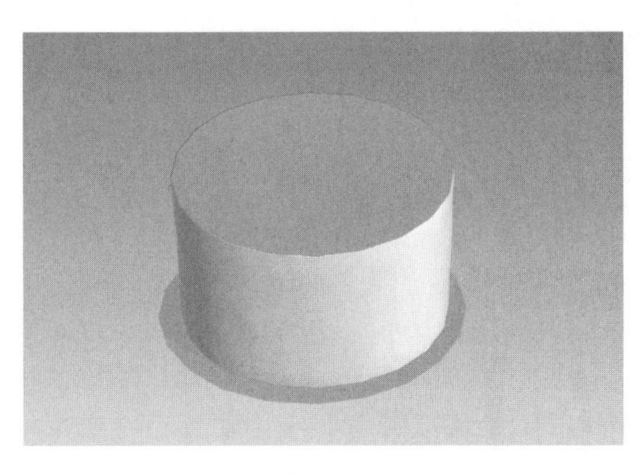

图3-388

（4）放置手提包外板片于圆柱外侧，并与包体底板相互缝纫（图3-389）。

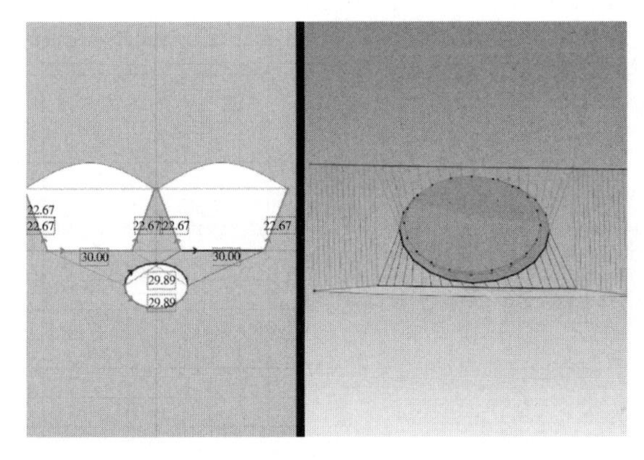

图3-389

（5）打开模拟，将包外板片硬化并调整形态，完成后冷冻（图3-390）。

图3-390

◎◎◎**技巧提示**

可在圆柱体板片上单击右键“智能转换为—虚拟模特”。

转换为虚拟模特的好处：可以在属性编辑视窗中选择是否参加模拟；可以自由设置安排板和安排点；可以使用虚拟模特的胶带功能将服装贴覆到胶带。

●○**思考题**

若将圆柱体智能转换为虚拟模特，应该如何设置其安排板和安排点，使包的板片在安排时更加高效？

3. 内袋缝制

（1）包板片上单击右键“生成里布层（里侧）”（图3-391）。

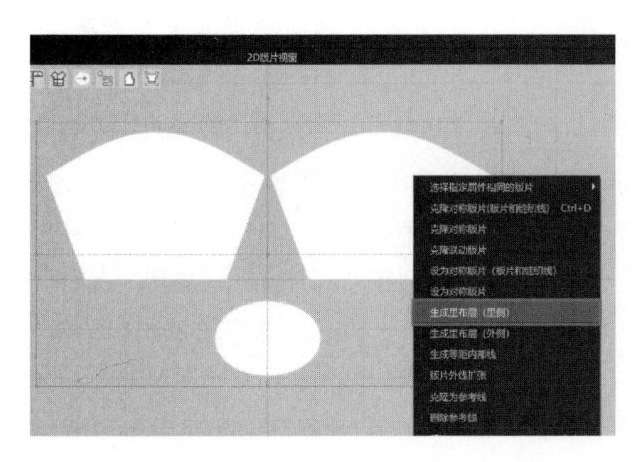

图3-391

（2）在生成的里布层上单击右键“解除联动”，删除之间的缝纫线，重新完成内袋板片间的缝制（图3-392）。

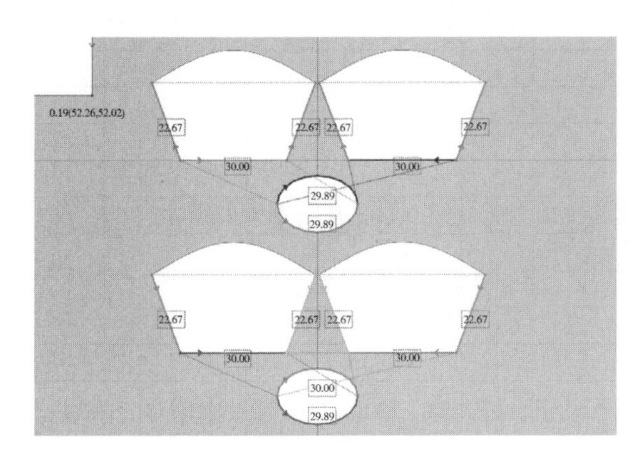

图3-392

（3）内袋边线上单击右键“删除所有曲线点”（图3-393）。

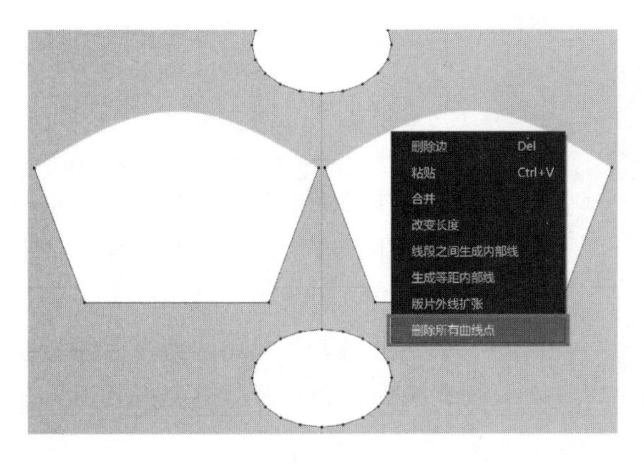

图3-393

▪删除所有曲线点

将一条线段上的所有曲线点进行删除。

◎◎◎技巧提示

边操作边打开模拟切换视角调整内袋形态。

（4）在内袋边线上生成间距2cm的等距内部线，剪切并缝纫，对剪切的板片克隆里布层，制作抽绳（图3-394）。

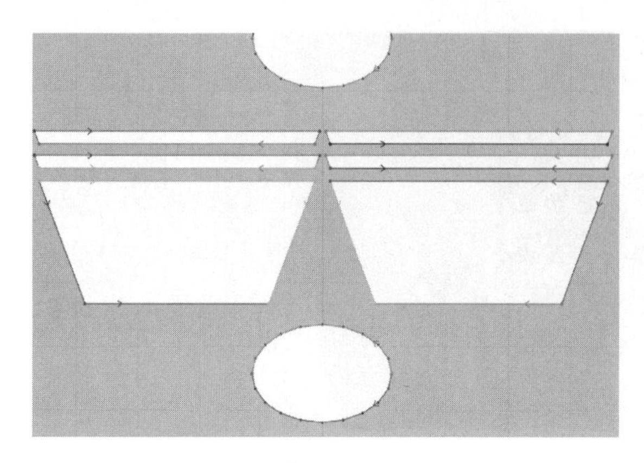

图3-394

（5）将剪切的板片两端缝纫线删除，以备抽绳制作，将内袋解冻并解除硬化（图3-395）。

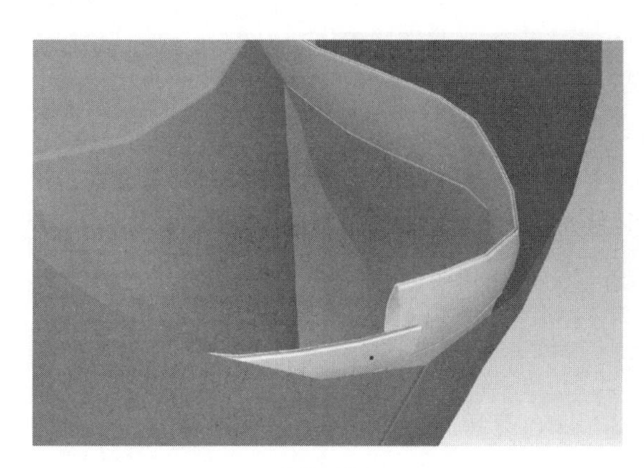

图3-395

（6）抽绳部位板片上下两边打开弹性，力度值为50，比例值为90，打开模拟调整形态（图3-396）。

图3-396

◎◎◎**技巧提示**

弹性的力度和比例的具体数值需参考模拟效果，可边观察边调整至合适数值。

将抽绳部位的粒子间距设为5左右，可使褶皱更加细腻。

4. 细节缝制

（1）用“长方形”工具创建宽1cm的板片，在包外板片上绘制等宽内部线，对应缝合，运用定位球将其放置在连接位置（图3-397）。

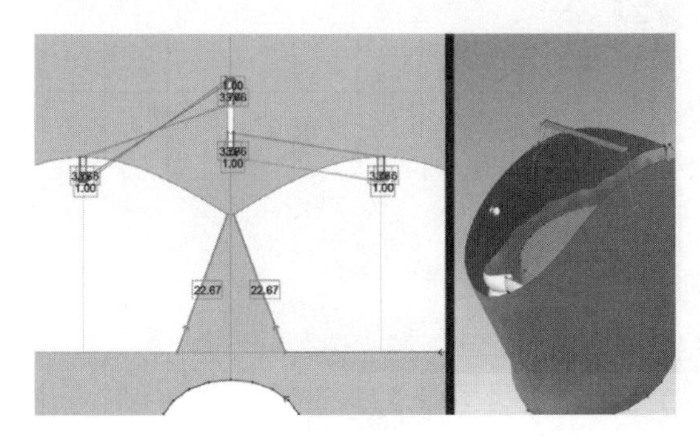

图3-397

（2）将连接板片层次设为1，模拟缝合（图3-398）。

◎◎◎技巧提示

由于连接板片较小，在操作过程中适当调整该板片粒子间距，细化其网格，避免模拟时穿模。

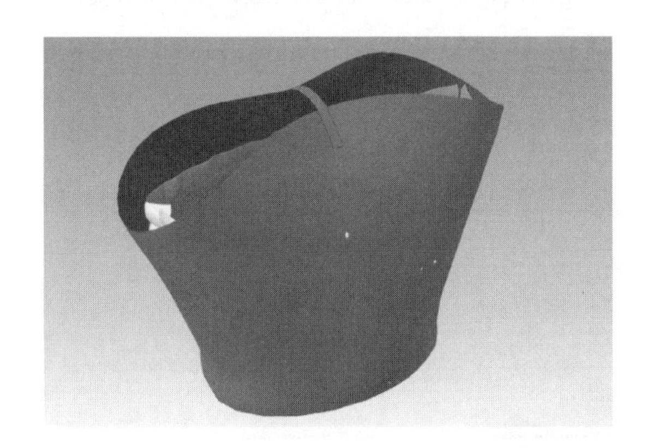

图3-398

（3）包外板片单击右键“生成里布层（外侧）”，解除联动，调整缝纫线和内部线，缝纫线类型为合缝，板片层次设为2（图3-399）。

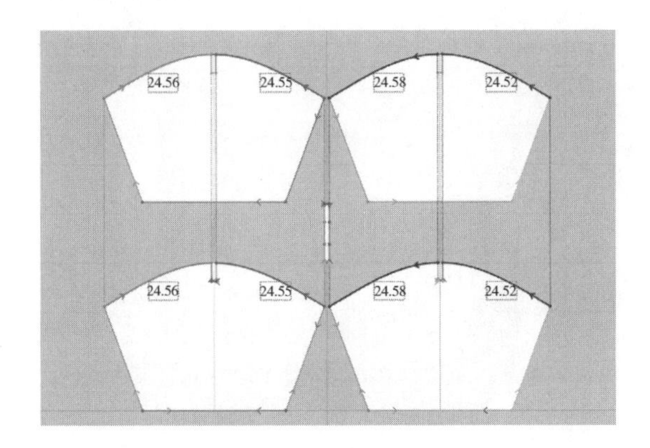

图3-399

（4）打开模拟，连接板片位于两层板片中间（图3-400）。

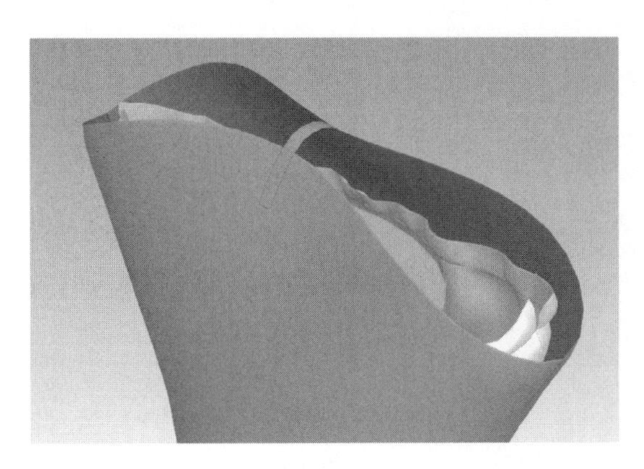

图3-400

（5）除连接板片以外全部板片冷冻，在板片中间横向绘制内部线，单击右键“剪切”将连接板片分成两段，在两段板片切断线上单击右键“板片外线扩张”，延长板片（图3-401）。

图3-401

（6）用“固定针”工具调整其形态（图3-402）。

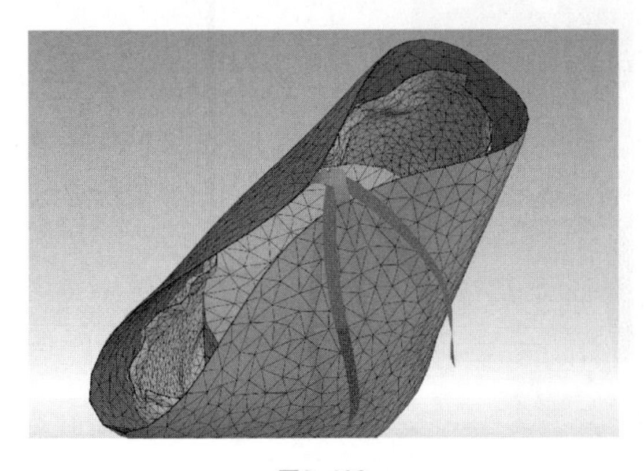

图3-402

◎◎◎**技巧提示**

用“固定针”工具调整两条绳子形态时，将板片层次改回0。

5. **提手缝制**

（1）用“长方形”工具在外层袋身板片上绘制提手基座（图3-403）。

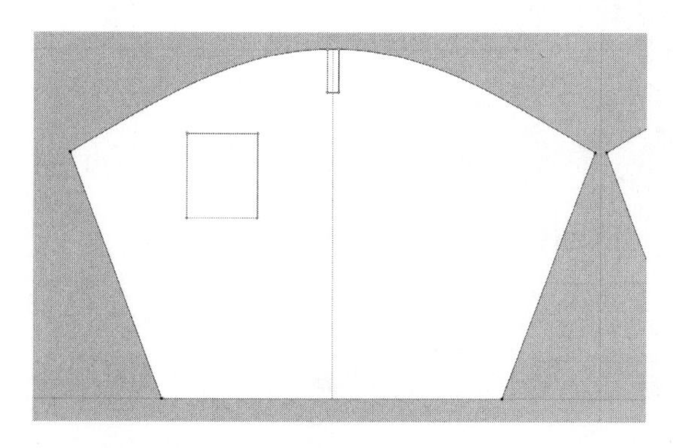

图3-403

（2）旋转矩形，用“生成圆顺曲线”工具在矩形四个边角处向内拖动，生成圆角，复制三个基座图形于对应位置（图3-404）。

生成圆顺曲线

点击顶点进行拖拽可将角改为圆角，拖动过程中点击右键，可输入圆角尺寸。

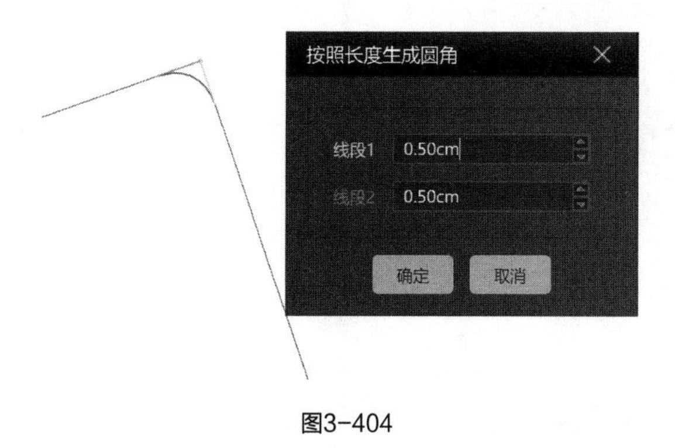

图3-404

（3）复制基座图形，单击右键“克隆为板片”（图3-405）。

克隆为板片

选中内部图形后，通过右键菜单单击“克隆为板片”，最后点击要生成板片的位置，按内部图形的形状克隆出一个板片。

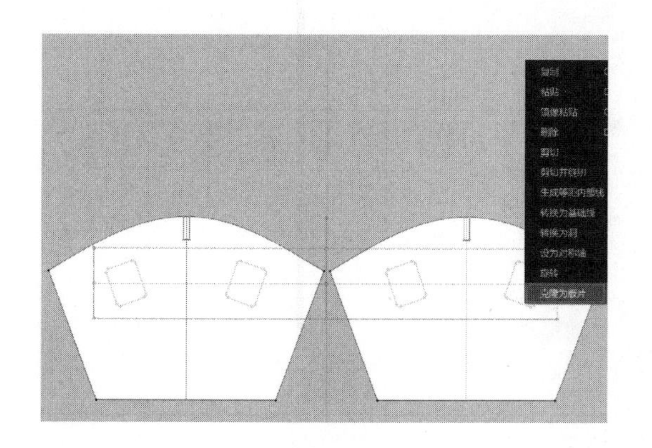

图3-405

（4）将板片与袋身对应缝合，单击右键“移动到外面”，打开模拟（图3-406）。

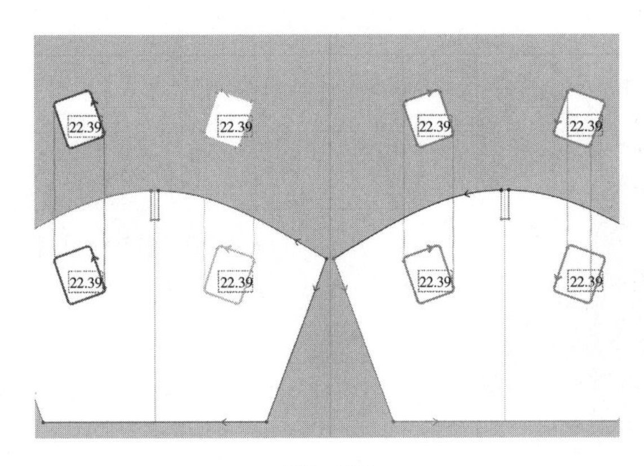

图3-406

（5）在基座上生成间距0.8cm等距内部线，并在两交线端点上单击右键“合并到交叉点”（图3-407）。

▪合并到交叉点

可使选中的两点根据交叉点的位置进行延伸或缩短，并于交叉点所在位置合并。

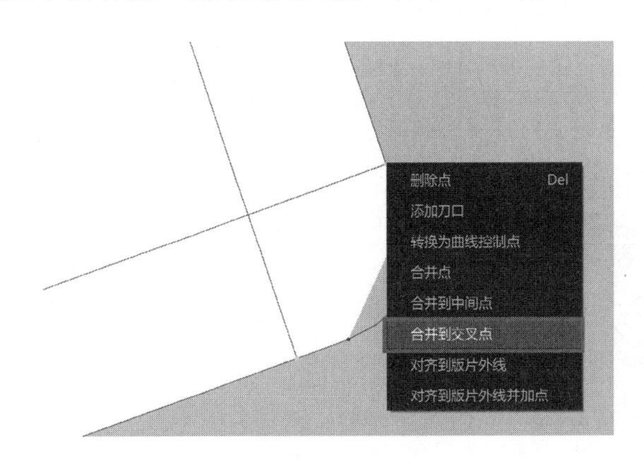

图3-407

（6）绘制和基座短边内部线等宽的矩形作为提手板片，增加两条内部线，用“折叠安排”工具折叠方便模拟（图3-408）。

图3-408

（7）固定针固定上端，提手与基座缝合（图3–409）。

图3–409

（8）提手板片中间绘制内部线，角度值为0，硬化模拟，板片折叠后创建两侧缝纫线，缝合后删除内部线，渲染厚度为3，复制提手到挎包另外一侧（图3–410）。

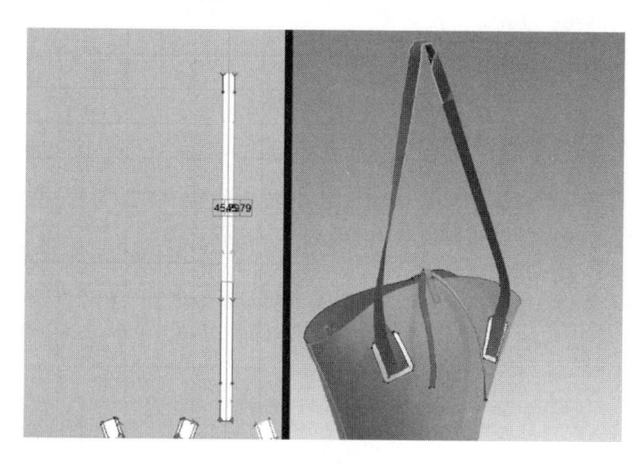

图3–410

（9）基座内部线剪切并缝纫，内侧板片渲染厚度为3，外侧板片渲染厚度为6（图3–411）。

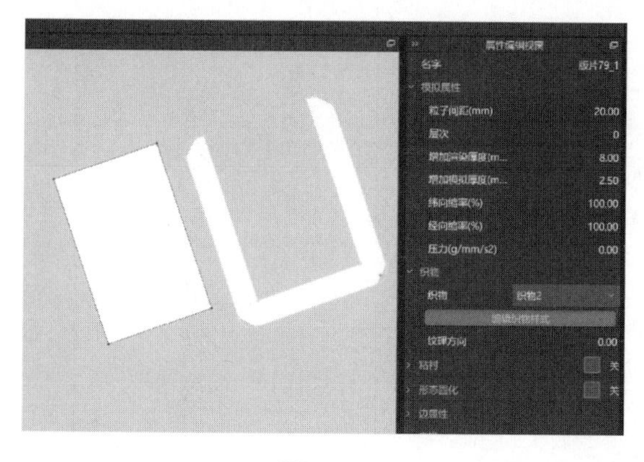

图3–411

●○思考题

可否设置一块细长的安排板用于提手板片的曲面制作？

◎◎◎技巧提示

调整板片渲染厚度以制造出高低层次感（外缘板片更厚）。

（10）复制圆柱并调整形状，放至提手的下方，用于调整提手弧度（图3–412）。

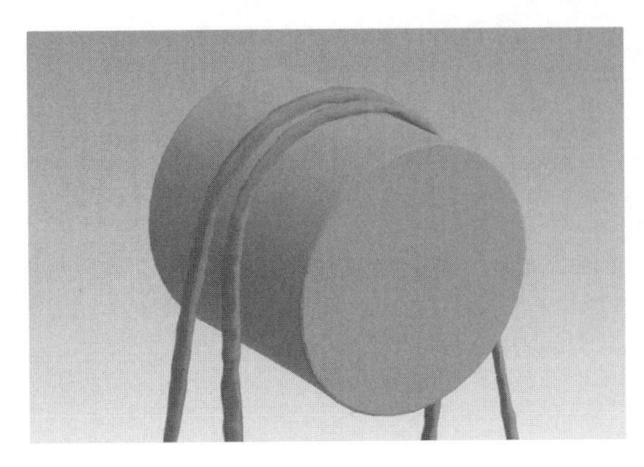

图3–412

（11）在提手上生成密集等距内部线，使网格细化，使提手弯曲弧度更加自然，模拟完成后冷冻（图3–413）。

图3–413

●○**思考题**

为什么可以通过生成密集等距内部线细化网格？还有其他网格细化的方法吗？打开面料网格显示，“编辑板片”工具选择线，观察在属性编辑视窗中打开网格细化并调整其细节时，2D板片视窗和3D服装视窗中对应网格的变化。

6. **工艺细节**

（1）在绳子上绘制纵向内部线，生成里布层，渲染厚度为2，模拟双层效果（图3–414）。

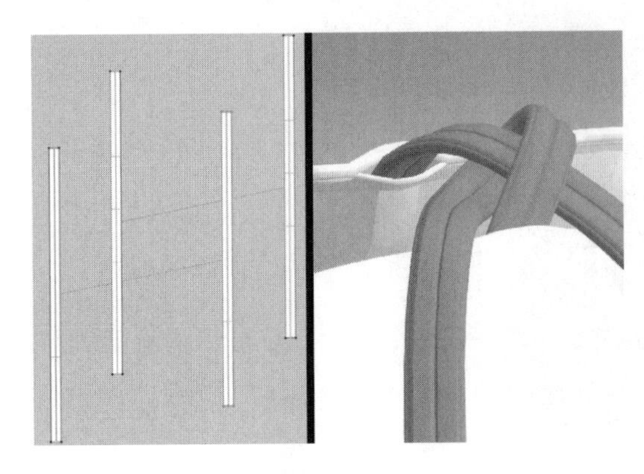

图3–414

（2）袋边缘生成等距内部线，角度调为200°，里外内部线缝合，外层渲染厚度为3，内层渲染厚度为1，模拟厚度为7，模拟缝纫效果（图3-415）。

图3-415

（3）用“矩形”工具创建矩形板片，制作提手处的搭扣（图3-416）。

图3-416

（4）在矩形板片上生成内部线，并用“折叠安排”工具进行折叠（图3-417）。

图3-417

（5）将中间缝纫起来，板片层次改为1，并用固定针调整形态（图3–418）。

图3–418

（6）搭扣板片层次改回为0，并将渲染厚度调为2.5（图3–419）。

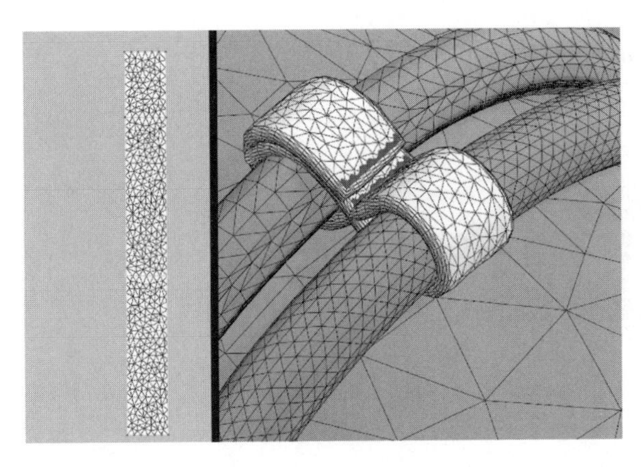

图3–419

（7）圆柱板片上单击右键“隐藏板片”（图3–420）。

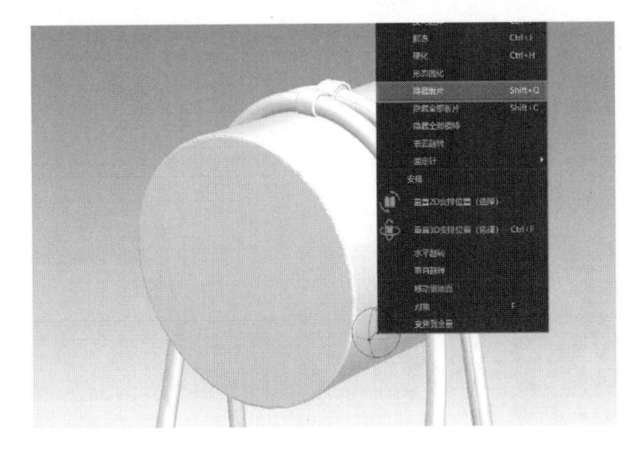

图3–420

◎◎◎**技巧提示**

此处操作与项目三中任务三羽绒夹克口袋处织带及项目四中任务一文胸肩带操作方式相似，可对照参考。

（8）创建矩形板片与内袋抽绳处板片相缝合，渲染厚度为2，模拟抽绳（图3-421）。

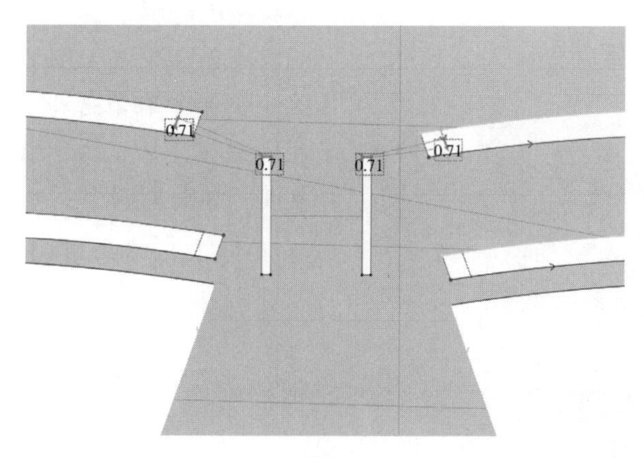

图3-421

（9）定位球移动抽绳板片至对应位置，方便缝合模拟（图3-422）。

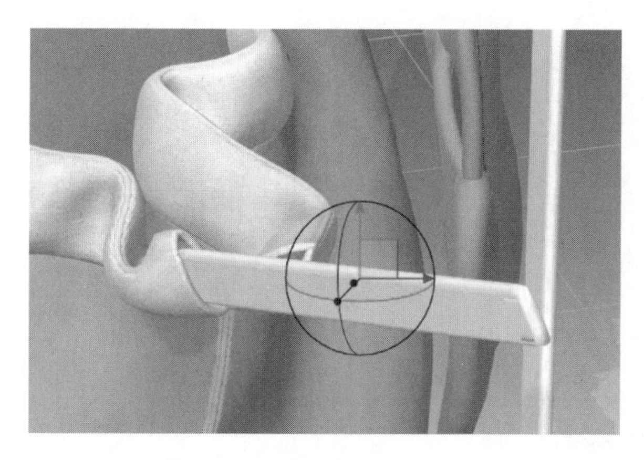

图3-422

（10）模拟完成后将抽绳边缘缝合（图3-423）。

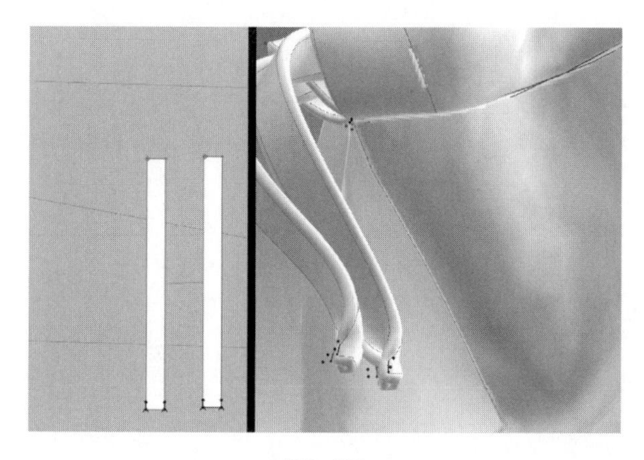

图3-423

二、数字面辅料设置

1. 面料设置

（1）素材库中添加牛皮面料，调整颜色，渲染类型改为皮革，应用于包大身和提手板片（图3-424）。

◎◎◎**技巧提示**

选择包包牛皮面料，在属性编辑视窗中取消选择“材质属性—侧面—与正面相同”，更改面料侧面颜色。

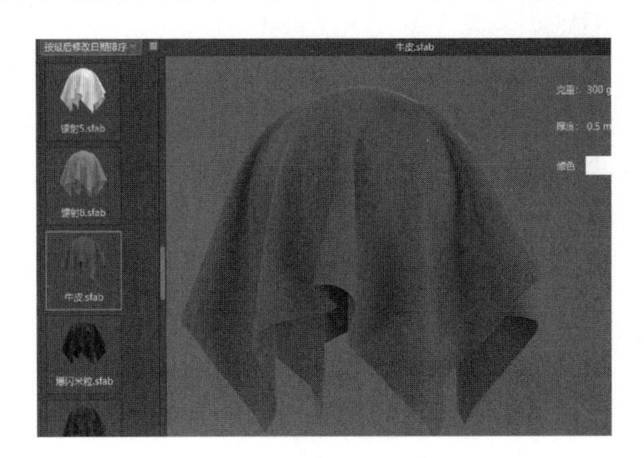

图3-424

（2）添加麂皮绒面料于里布（图3-425）。

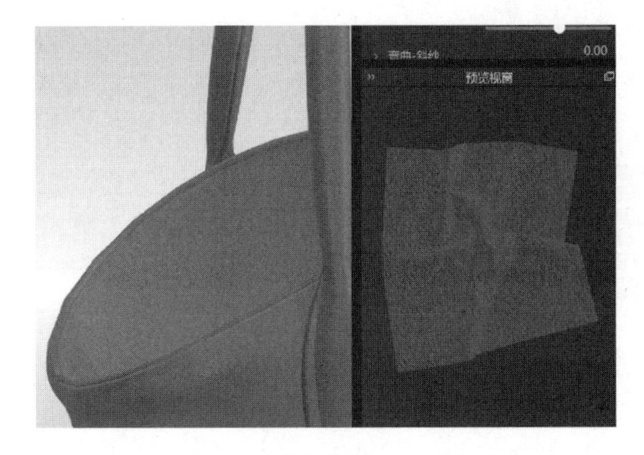

图3-425

（3）内袋可添加素色涤棉（图3-426）。

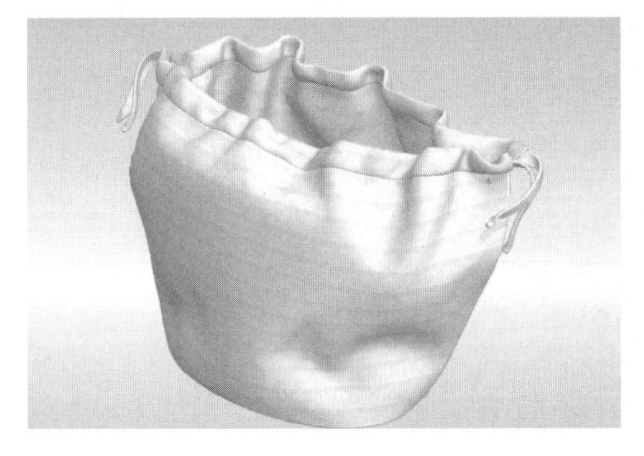

图3-426

2. 辅料设置

（1）创建明线，宽度1mm，到边距4mm，针距3mm，针间距0.2mm（图3–427）。

此处明线应与内部线重合。

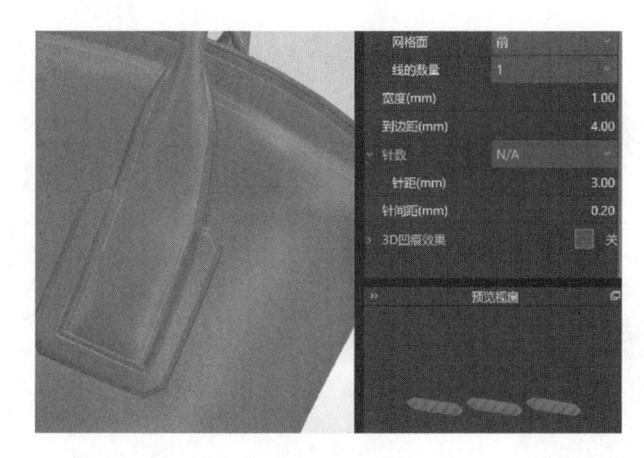

图3–427

（2）复制明线，到边距值改为0（图3–428）。

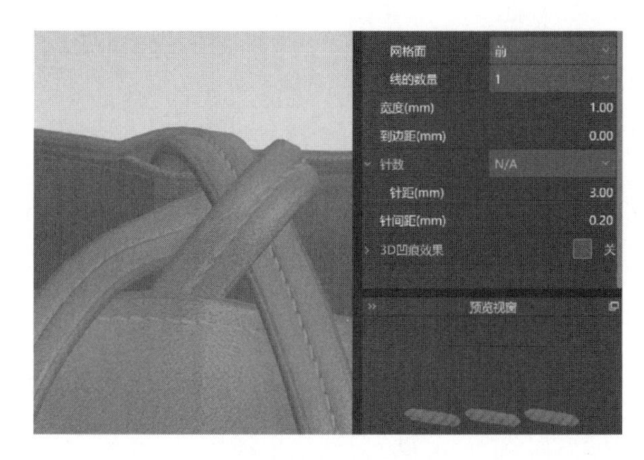

图3–428

（3）添加纽扣（图3–429）。

图3–429

三、数字样衣展示

手提包3D渲染效果图（图3-430）。

图3-430

●○考核评价

<table>
<tr><th colspan="8">考核评价</th></tr>
<tr><td rowspan="2">评价项目</td><td colspan="2">3D服装制作基础（20分）</td><td colspan="2">3D服装模拟（40分）</td><td colspan="3">3D服装细节（40分）</td></tr>
<tr><td>导入安排（5分）</td><td>板片缝纫（15分）</td><td>包身平整（20分）</td><td>褶皱自然（20分）</td><td>提手制作（15分）</td><td>搭扣制作（15分）</td><td>面辅料设置（10分）</td></tr>
<tr><td>教师评价</td><td></td><td></td><td></td><td></td><td></td><td></td><td></td></tr>
<tr><td>互评</td><td></td><td></td><td></td><td></td><td></td><td></td><td></td></tr>
<tr><td>自评</td><td></td><td></td><td></td><td></td><td></td><td></td><td></td></tr>
</table>

第四章

3D 技巧专题

项目一 工艺细节处理技巧

工作任务：

任务一 折边效果

任务二 橡筋效果

任务三 压线痕迹效果

授课学时：

2课时

项目目标：

1. 了解数字工艺细节的处理技巧。

2. 掌握数字工艺细节的处理方法。

教学方法：

理实一体化教学法、操作练习法。

教学要求：

根据本项目所学内容，学生可独立进行工艺细节的处理。

任务一 折边效果

1. 技巧说明

该技巧可适用于在袖口、底摆、门襟等部位制作折边效果或用各类双层结构制作效果（图4-1）。

2. 技巧操作

在袖口制作一层贴边，更改其模拟厚度，并使其自然贴服到袖口，也可以把贴边放在外面制作出袖口翻折出来的效果（图4-2）。

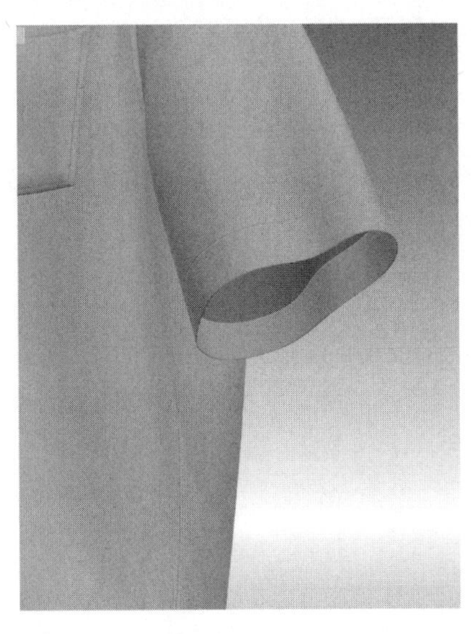

图4-1

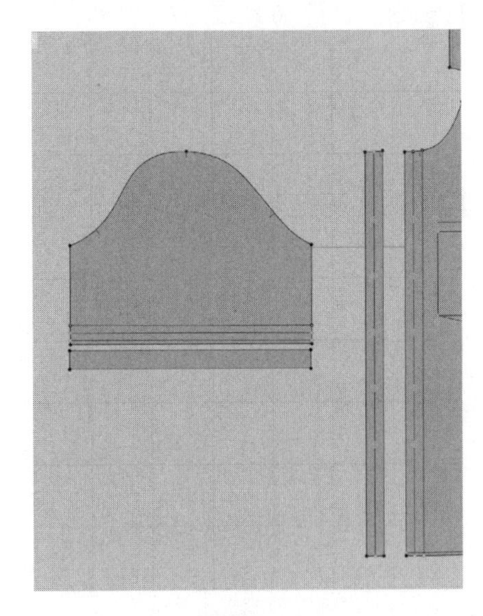

图4-2

3. 技巧升级

如果单层效果表达不出体感，可使用该技巧制作双层结构，使体感更加强烈（图4-3）。

图4-3

任务二 橡筋效果

1. 技巧说明

通过板片长度的不同进行缝制，使长的板片产生褶皱从而达到抽橡筋的效果。该技巧适用于腰头抽橡筋、脚口抽橡筋以及腰部司马克等。也可用于大小不同板片制作褶皱的效果，如制作双侧效果，可以修改第二层的板片大小或缩率进行丰富褶皱效果的制作（图4–4）。

2. 技巧操作

按照真实的工艺在抽橡筋的位置内侧加上橡筋的长度板片，还原真实工艺。里层橡筋的板片需要黏衬防止变形，为了褶皱细腻需要把粒子降到很低，基于上下两层的缝合关系要将缝纫类型调整为平缝，面料属性也要偏柔软（图4–5）。

图4-4

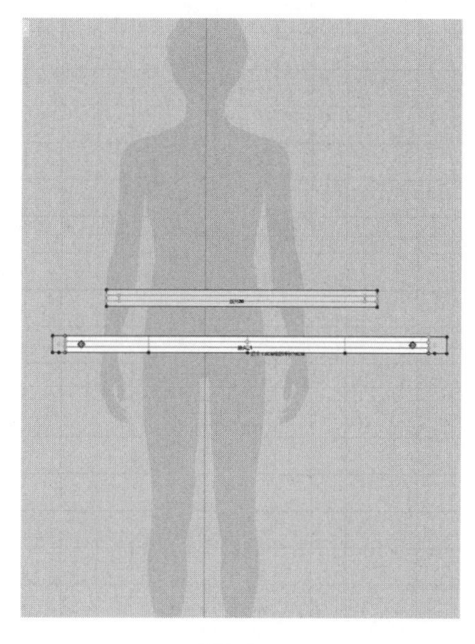

图4-5

任务三　压线痕迹效果

1. 技巧说明

利用折叠角度制作真实的骨位线迹凹槽的真实感，该技巧可适用于卫衣、T恤等各品类有压线痕迹效果的款式。

2. 技巧操作

制作内部线，中间凸起部分内部线折叠角度设置小于180°，边上凹陷部分内部线折叠角度设置大于180°，关闭内部线折叠渲染，制造凹槽过渡的效果。为保持其他造型不变，可以在凹进去的线边上再加一条近距离的内部线，用固定针固定住保持其位置不变（图4–6）。

图4–6

项目二 模拟效果表达技巧

工作任务：

任务一 翻折效果

任务二 镂空效果

任务三 鞋袜穿透调整

任务四 大裙摆荷叶边效果

任务五 多层服装调整

任务六 薄纱材质模拟

任务七 摇粒绒服装模拟

任务八 木耳边、荷叶边、压褶效果

授课学时：

4课时

项目目标：

1. 了解模拟效果的表达技巧。

2. 掌握模拟效果的表达方法。

教学方法：

理实一体化教学法、操作练习法。

教学要求：

根据本项目所学内容，掌握模拟效果表达技巧。

任务一 翻折效果

1. **技巧说明**

该技巧可适用于领子的翻折、驳领的翻折以及任何有转折过渡的部位（图4-7）。

2. **技巧操作**

在翻领处使用三条内部线进行卡线制作出保护线，并关闭折叠渲染，三条内部线可使弯曲转折面过渡更加自然（图4-8）。

图4-7

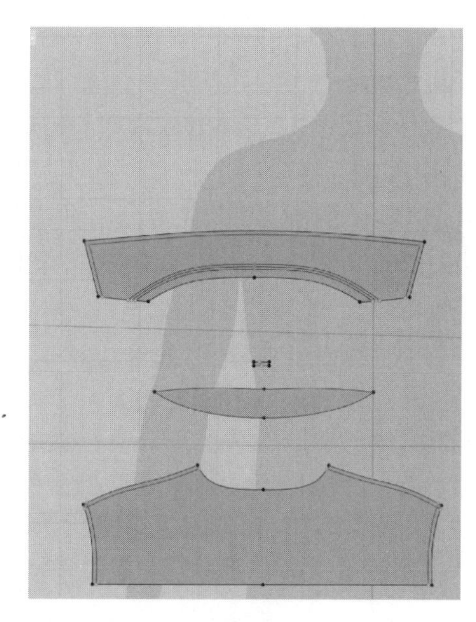

图4-8

3. 技巧原理

通过内部线使网格重新排布，变成规则且顺直的四面形网格，这一类是针对计算机性能不高无法降低粒子的情况使用（图4-9）。

4. 技巧升级

根据服装褶皱进行网格重置，让局部过渡更加自然，也可调整折叠角度进行服装褶皱的造型。在做更高级的后期制作时，可进行循环边卡线，克隆第二层进行凹痕的制作，这样到后期使用其他软件时结构化更明显（图4-10）。

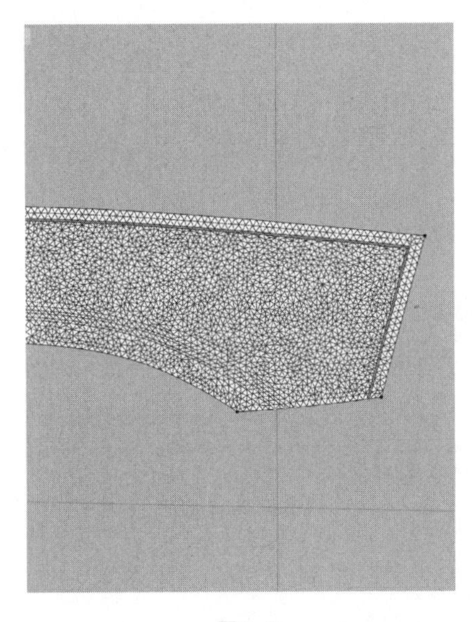

图4-9

图4-10

任务二 镂空效果

1. 技巧说明

该技巧可适用于全品类镂空造型的效果维持。

2. 技巧操作

中间镂空的服装模拟时拉伸改变了形状（图4-11），可以缝上一个板片在镂空位置隐藏维持造型（图4-12）。

图4-11

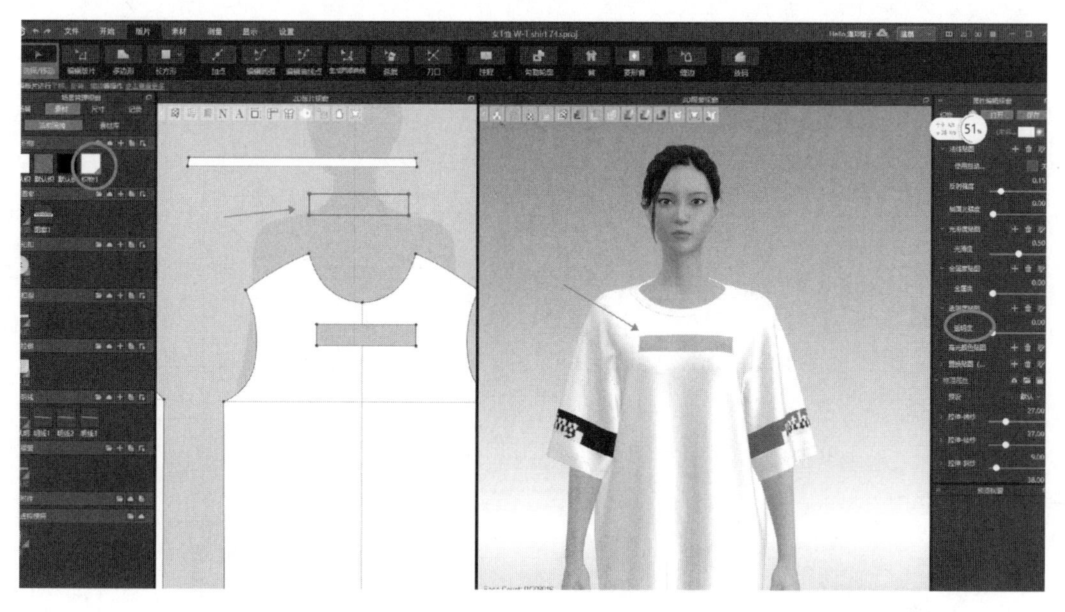

图4-12

3. **技巧原理**

通过透明的板片维持造型。

任务三　鞋袜穿透调整

1. **技巧说明**

该技巧可适用于袜子和鞋子的穿透调整。

2. **技巧操作**

裁掉脚部多余的板片，上下口使用模特圆周胶带工具固定，袜子板片模拟厚度调整为低参数（图4-13、图4-14）。

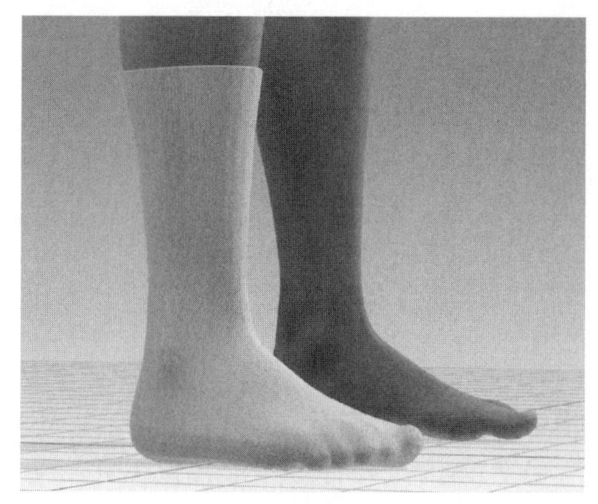

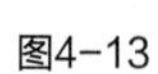

图4-13

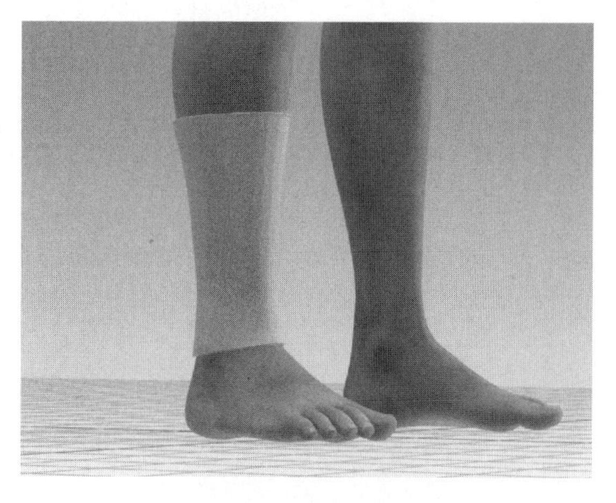

图4-14

3. **技巧原理**

通过删除看不到的板片部分来解决穿模现象。

任务四　大裙摆荷叶边效果

1. **技巧说明**

该技巧可适用于轻薄面料大裙摆荷叶边的效果。

2. **技巧操作**

在板片上增加内部线，用翻折褶裥技巧做出角度模拟，然后删除内部线，快速暂停模拟（图4-15、图4-16）。

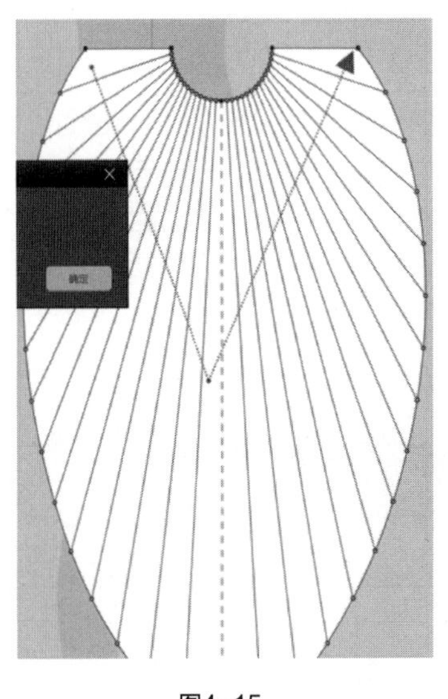

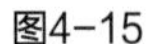

图4-15

图4-16

3. **技巧原理**

通过添加内部线，并增加内部线角度来维持造型。

任务五　多层服装调整

1. **技巧说明**

该技巧可适用于多层面料的服装模拟调整。

2. **技巧操作**

设置纽扣缝合层数参数，在多层穿透的情况下便于固定服装的形态和走秀，类似于假缝工具的效果，但不需要确认和调整假缝的另一个端点，更适用于多层面料的服装模拟，最后将纽扣隐藏或者透明（图4-17、图4-18）。

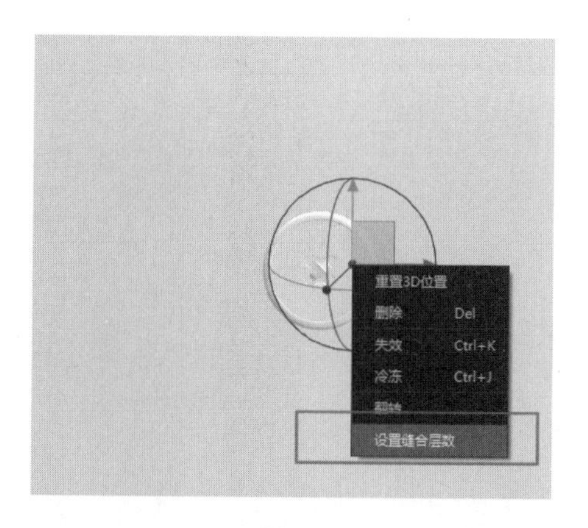

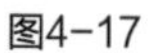
图4-17

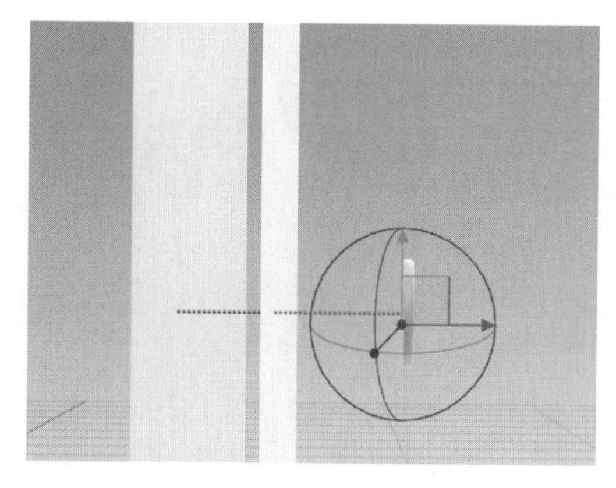

图4-18

3. **技巧原理**

纽扣设置缝合层数，纽扣缝合线能够垂直穿透3D模型，在2D板片自动快速找出这些线和模型的交点（图4-19）。

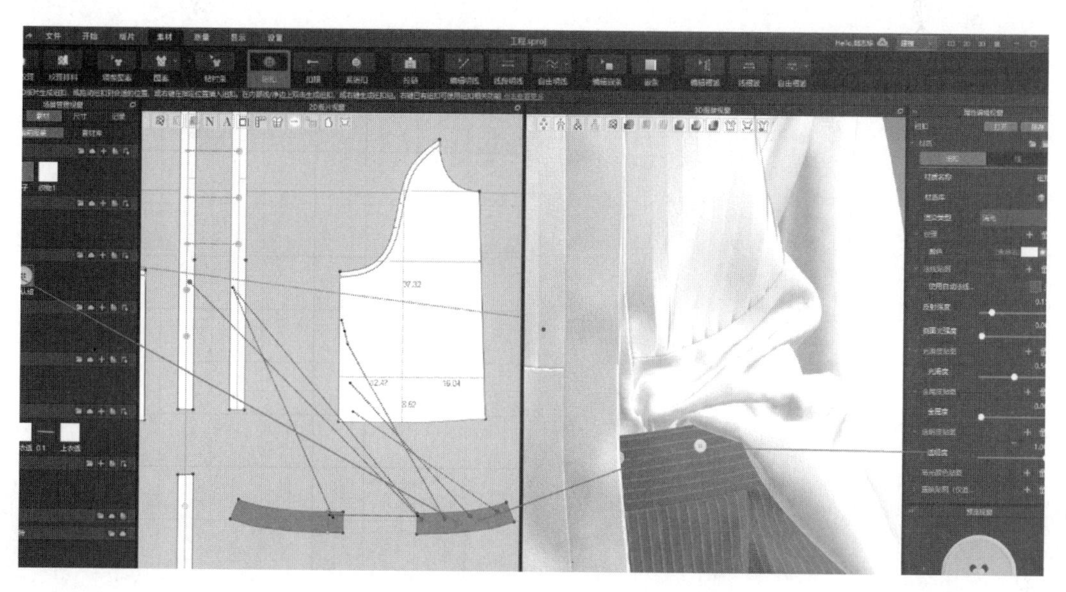

图4-19

任务六　薄纱材质模拟

1. **技巧说明**

该技巧可适用于薄纱材质的模拟（图4-20）。

2. **技巧操作**

面料透明效果需要显得较为薄透，可以把选定薄纱板片厚度选项单独关闭，保留需要的其他板片的厚度（图4-21）。

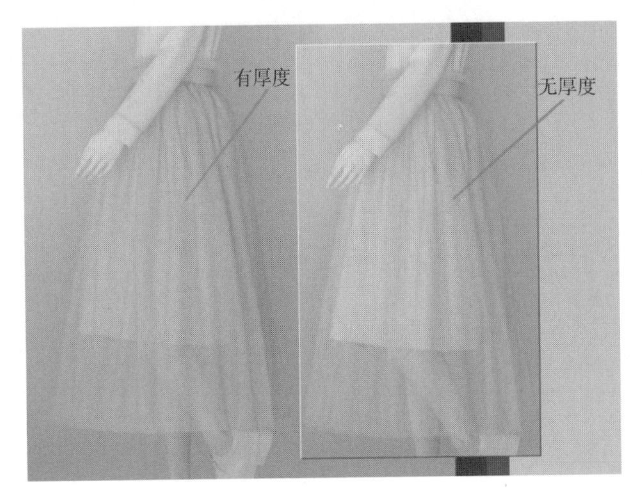

图4-20

图4-21

3. 技巧原理

无厚度的板片渲染效果会更为轻透。

任务七　摇粒绒服装模拟

1. 技巧说明

该技巧可适用于摇粒绒服装的模拟。

2. 技巧操作

选中拉链，通过调整拉链布带厚度渲染出预期的效果（图4-22），加拉链的板片边缘弯曲率参数看渲染效果调整，减小边缘弯曲率参数使拉链布带裸露得更多（图4-23）。

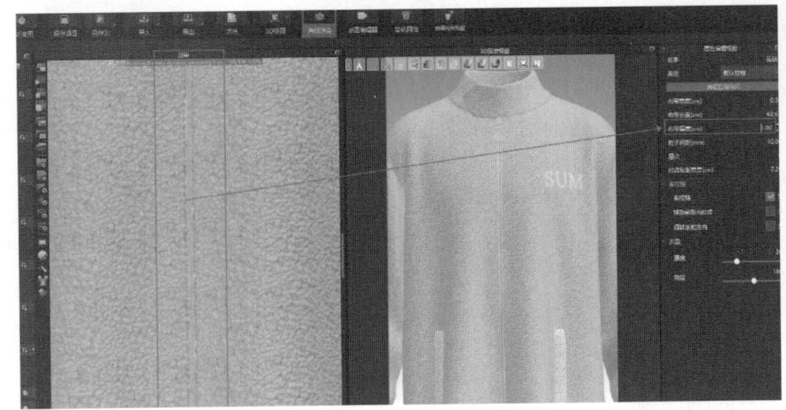

图4-22

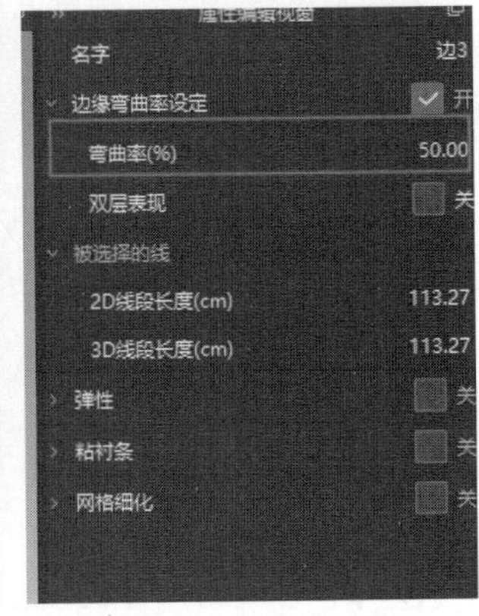

图4-23

3. 技巧原理

渲染有厚度面料时拉链容易被板片厚度覆盖。

任务八 木耳边、荷叶边、压褶效果

1. 技巧说明

该技巧可适用于木耳边、荷叶边、压褶效果的制作（图4–24）。

图4–24

2. 技巧操作

给内部线做翻折褶裥，选择风琴褶，折叠角度设置为60°~300°（图4–25）；将内部线折叠渲染关闭，板片内部线统一向内拖动调整或板片向外拖动调整，但改变板片长度需要调整缝纫线长度，粒子间距尽量调小，给板片外线设置弹性120%（图4–26）。

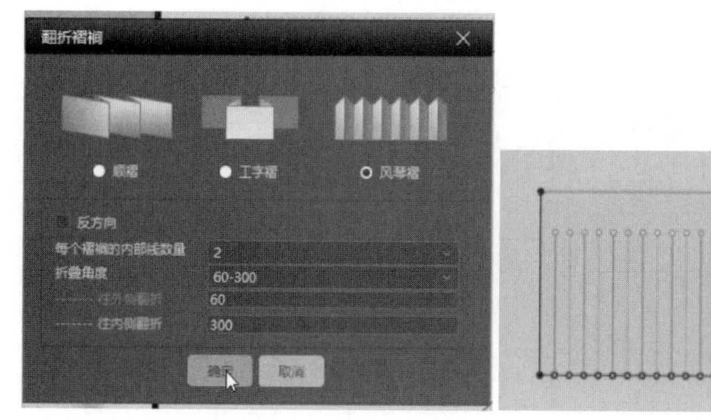

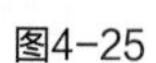

图4–25

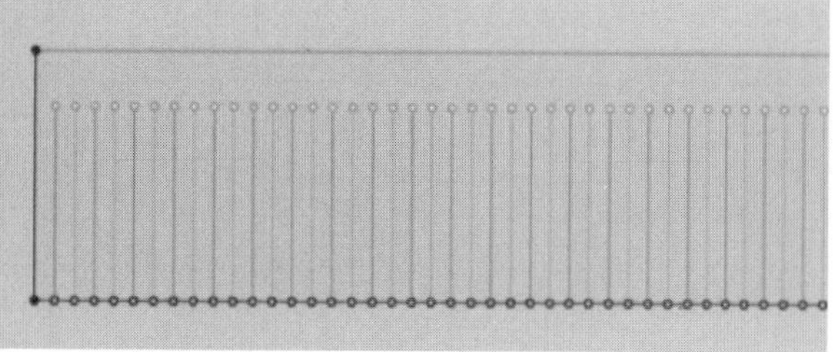

图4–26

3. 技巧原理

通过内部线不到边来产生木耳边余量，给板片边加弹性拉长，强化木耳边效果。

项目三　辅料装饰调整技巧

工作任务：

任务一　双卡头拉链

任务二　内衣调节扣

任务三　日字扣穿扣调整

任务四　嵌条工艺效果

任务五　明线装饰效果

授课学时：

4课时

项目目标：

1. 了解辅料装饰的调整技巧。

2. 掌握辅料装饰的调整方法。

教学方法：

理实一体化教学法、操作练习法。

教学要求：

根据本项目所学内容，学生可进行辅料装饰调整技巧的操作。

任务一　双卡头拉链

1. 技巧说明

该技巧可适用于双卡头拉链效果的制作（图4–27）。

图4–27

2. 技巧操作

在拉头中间位置创建点，通过拉点从中间点向外侧进行拉链的安排，制作两条反方向的拉链以达到工艺效果（图4–28、图4–29）。

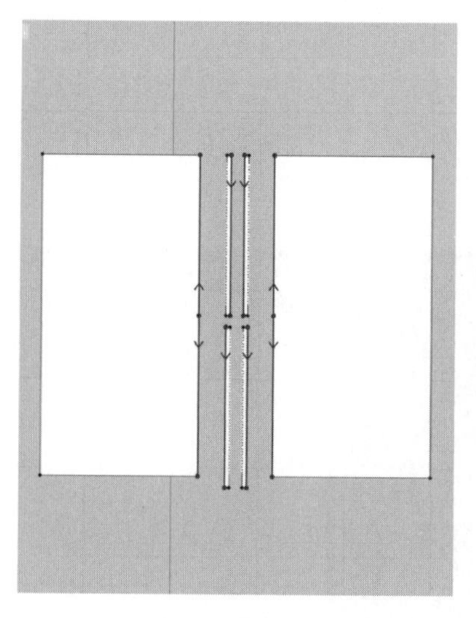

图4-28

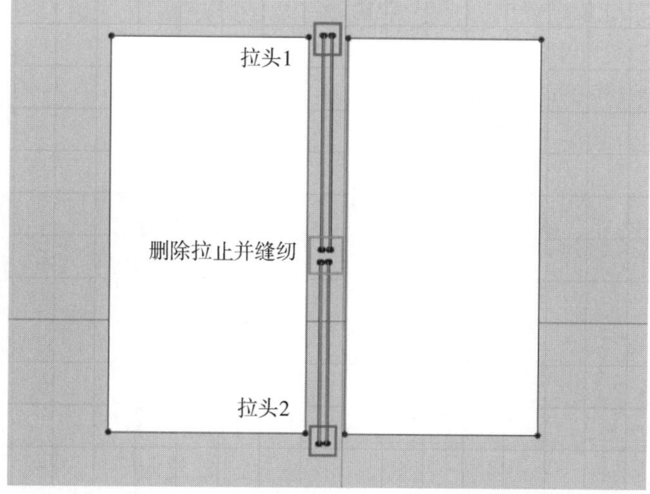

图4-29

任务二　内衣调节扣

1. 技巧说明

该技巧可适用于小辅料类的添加，以及各类卡扣的制作等。

2. 技巧操作

做内衣调节扣时可以增加一块小板片，然后设置透明度为0，调节扣吸附在小板片上，方便模拟制作及走秀（图4-30、图4-31）。

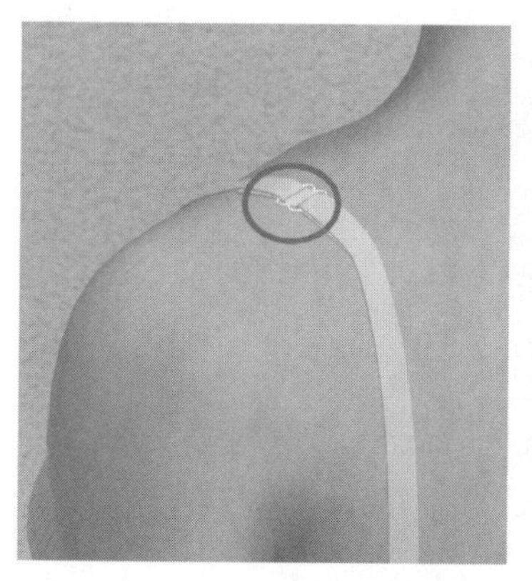

图4-30

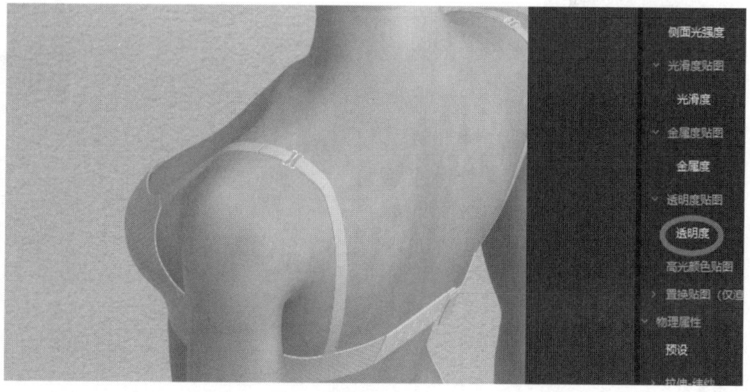

图4-31

任务三　日字扣穿扣调整

1. 技巧说明

该技巧可适用于日字扣、调节扣等卡扣附件的制作等。

2. 技巧操作

在日字扣所要穿过的板片位置上，画三条与日字扣宽度间距相同的内部线（图4–32），用固定针固定住内部线（图4–33），让日字扣“参与碰撞并冷冻”，将中间的内部线拖拽穿扣（图4–34），最后隐藏固定针（图4–35）。

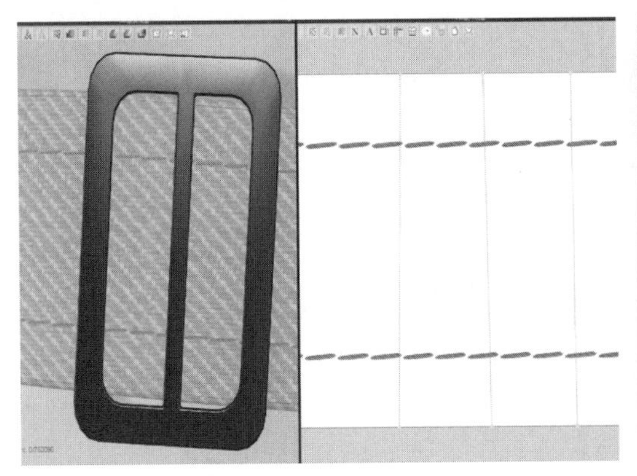

图4–32

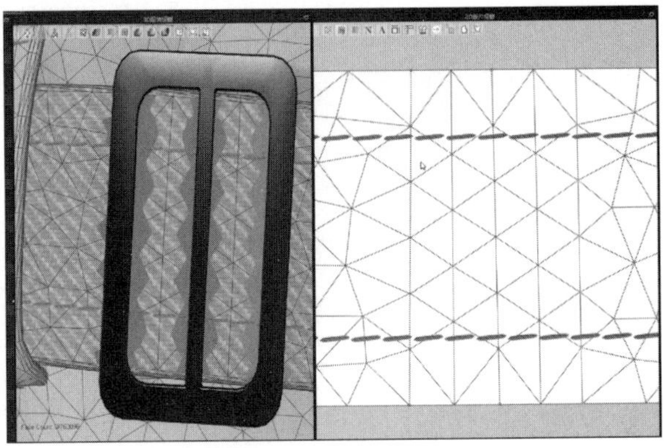

图4–33

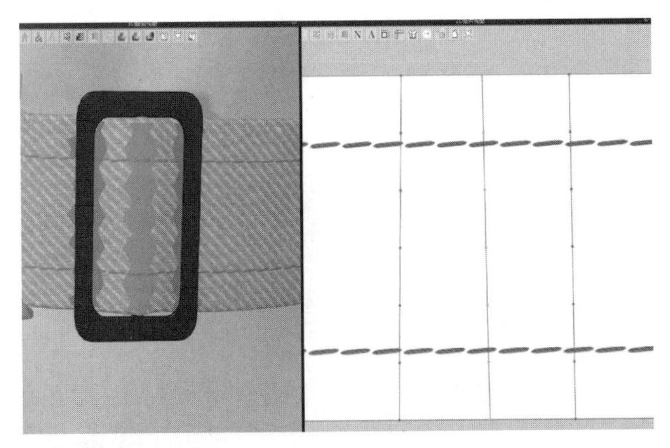

图4–34

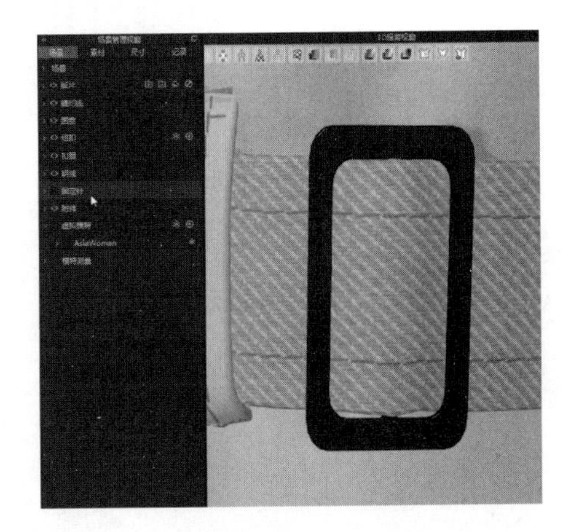

图4–35

任务四　嵌条工艺效果

1. 技巧说明

该技巧可适用于猪鼻扣穿绳子、嵌条、帽绳等装饰类的制作。

2. 技巧操作

将宽窄0.1cm板片加上一定厚度，使其变成嵌条效果。通过厚度的增加，可以使细小的板片变成圆柱体的绳子状，作为嵌条在服装中进行模拟，这么做的优点是，可以控制嵌条的网格和粒子间距，使制作效果更好一点（图4–36、图4–37）。

3. 技巧升级

该技巧也可结合缩率以及弹性将边缘做出意想不到的膨胀效果，做出更多波浪卷边效果（图4–38）。

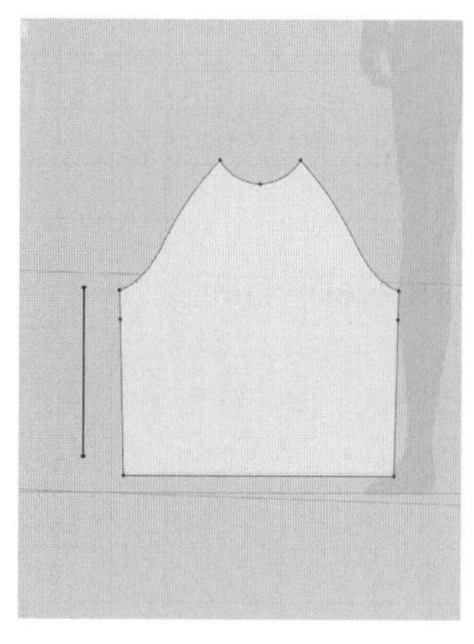

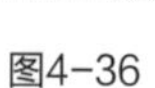
图4-36

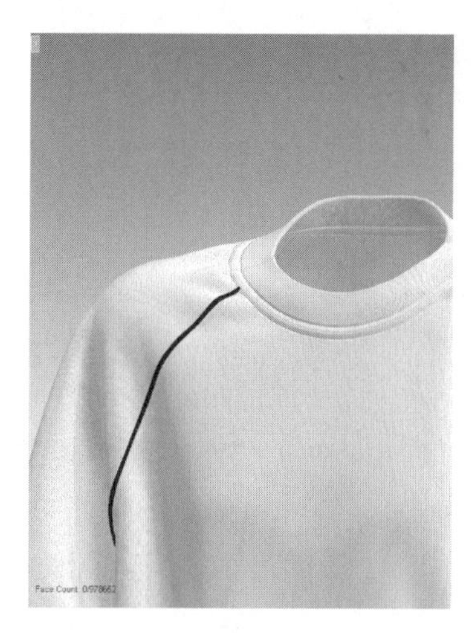

图4-37

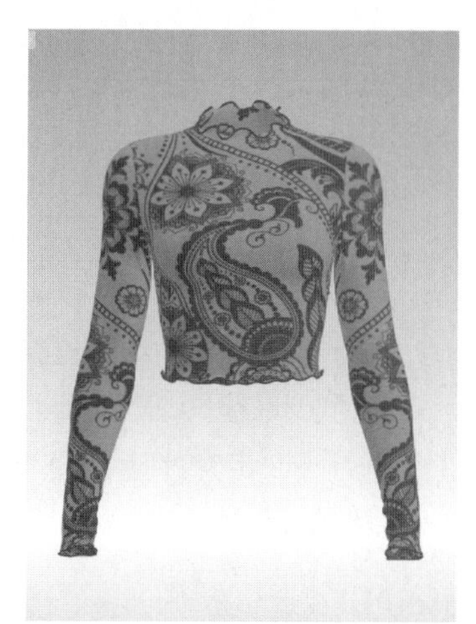

图4-38

任务五 明线装饰效果

1. **技巧说明**

通过更改明线贴图和明线模型制作出装饰效果，该技巧可适用于模型类的明线和配饰的装饰，如链条、吊坠的链子、贴图类的水系毛边、边缘反光条等边缘效果。

2. **技巧操作**

（1）在明线栏加载外部制作的模型，导入OBJ可以在软件中进行循环链接，达到链条的效果（图4-39、图4-40）。

（2）在明线栏加载贴图可以作为水系效果的边缘，模拟做旧的效果和水系毛边的效果。

图4-39

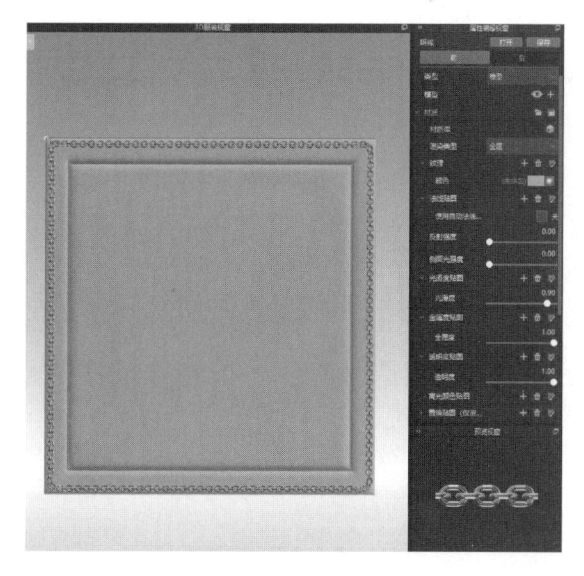

图4-40

项目四　虚拟模特走秀技巧

工作任务：

任务一　卡扣类动态模拟

任务二　帽子动态模拟

任务三　走秀穿插调整

授课学时：

2课时

项目目标：

1. 了解虚拟模特的走秀技巧。

2. 掌握虚拟模特的走秀方法。

教学方法：

理实一体化教学法、操作练习法。

教学要求：

根据本项目所学内容，学生可进行虚拟模特走秀技巧的操作。

任务一　卡扣类动态模拟

1. 技巧说明

该技巧可适用于制作动态效果（如走秀）的有卡扣类型的款式（图4–41）。

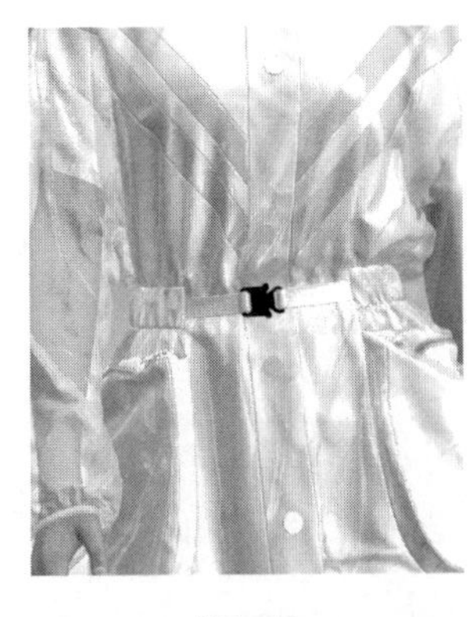

图4–41

2. 技巧操作

将原本要穿过卡扣的两端进行模拟的板片断开，然后与卡扣一起保存成OBJ格式，再导入工程中，吸附到板片上（图4–42、图4–43）。

图4–42

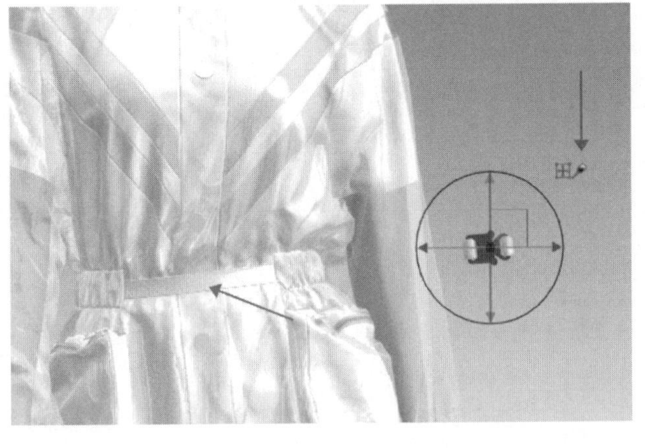

图4–43

3. 技巧原理

通过减少碰撞的方式简化走秀难度，视觉上达到类似效果的同时避免动态穿插。

任务二　帽子动态模拟

1. 技巧说明

该技巧可适用于制作动态效果（如走秀）的有帽子类型的款式（图4-44）。

2. 技巧操作

走秀时可以视情况用假缝固定帽子底部，防止帽子过度飘动变形（图4-45）。

图4-44

图4-45

3. 技巧原理

通过部分固定的方式简化走秀难度，在不影响视觉效果的情况下，相对固定部分位置，减少走秀时帽子的晃动幅度，同时减少动态穿插的风险。

任务三　走秀穿插调整

1. 技巧说明

该技巧可适用于走秀过程中出现小部分服装或模特穿插时的调整。

2. 技巧操作

走秀过程中出现小部分服装或模特穿插时，先暂停走秀动画，退回到前一帧，将模型板片进行冷冻处理，用“固定针”工具固定被影响的板片，只留穿插的部分不固定，在此情况下进行部分模拟调整，解决穿插的板片后再解冻服装并删除固定针，进行后续走秀（图4-46）。

3. 技巧原理

冷冻和固定针保证前后帧动画顺畅，在穿插的一帧里调整好模拟。

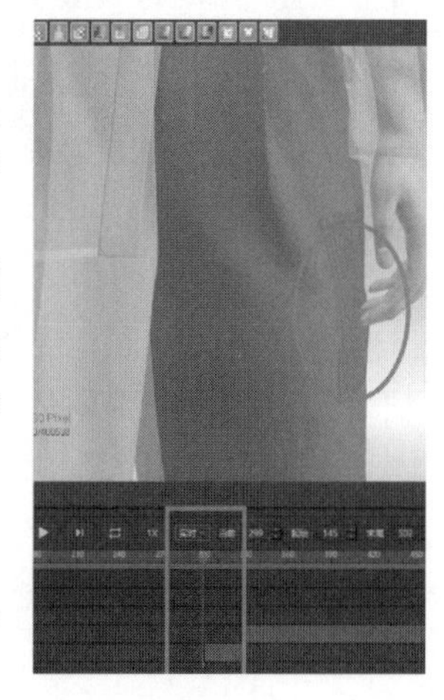

图4-46

项目五　面料渲染调试技巧

工作任务：

任务一　顶灯参数设置

任务二　棉类——府绸

任务三　皮革类——偏哑光皮革

任务四　皮革类——漆皮

任务五　毛发类——水貂毛

任务六　透明类面料——蕾丝

任务七　透明类面料——半透雪纺类

授课学时：

4课时

项目目标：

1. 了解数字面料渲染的处理技巧。
2. 掌握数字面料渲染的处理方法。

教学方法：

理实一体化教学法、操作练习法。

教学要求：

根据本项目所学内容，学生可独立进行数字面料渲染的处理。

任务一　顶灯参数设置

1. 技巧说明

顶灯提供整体的照明效果，在正常情况下不建议关闭，可在环境图中贴入一张HDR贴图，作为服装所处的环境。在建筑、家居、静物、机械、影视及后期制作模型的渲染中会需要HDR贴图作为环境背景（图4–47）。

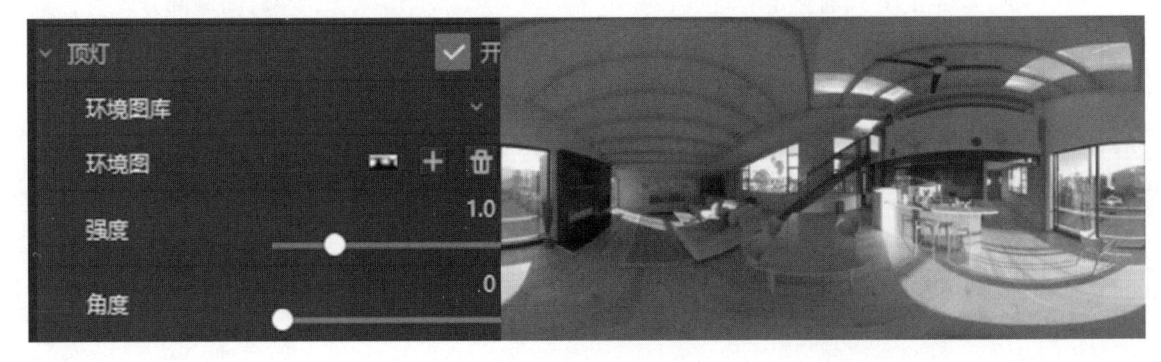

图4–47

顶灯强度越大，整体光线越亮；角度为0°时，服装正好位于HDR的亮面；角度为180° 时，正好位于HDR的暗面。

2. 技巧操作

反光较强的面料，可以选择明暗过渡多一些，浅色光源多一些的HDR（图4–48）。

比较偏哑光的面料，可以选择整体明暗过渡比较柔和自然、浅色光源少的HDR（图4–49）。

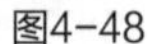

图4-48

图4-49

任务二　棉类——府绸

1. 技巧说明

府绸的高光部分不是很浅的颜色，整体光泽也不是很强烈，HDR选择浅色光源少一些的较合适，整体阴影偏黑可加一点矩形灯光打亮（图4-50）。

2. 技巧操作

将光滑度设置为0.55，反射强度设置为0.15，给予一些微弱的光泽，法线强度调至差不多可以表现出府绸本身棉质面料的一些质感即可（图4-51）。

图4-50

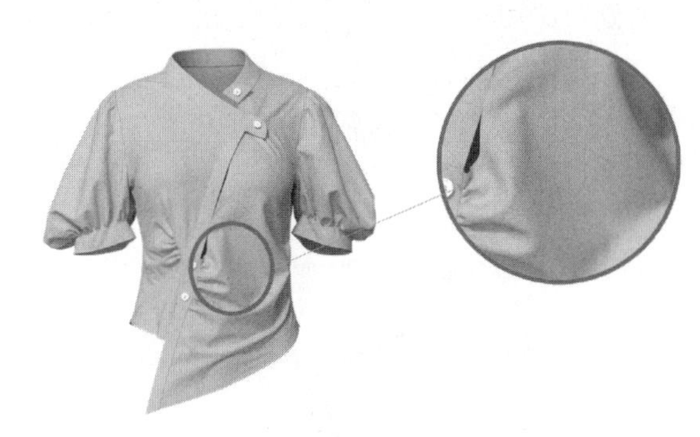

图4-51

任务三　皮革类——偏哑光皮革

1. 技巧说明

该皮夹克的外套整体的阴影高光过渡不会特别分明，所以选择一些浅色光源较少的HDR，渲染图中不需要表现出太多很亮的光泽感（图4-52）。

2. 技巧操作

偏哑光皮革是相对不光滑的材质，光滑度不宜过高，调至0.4左右相对比较合适，否则高光部分会偏亮，从而显得像是非常光滑的材质，但是此时的高光的亮度不是很足够，可以适当增加一点反射强度，让高光部分更亮一点，加到合适的值即可（图4-53）。

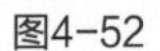

图4-52

图4-53

任务四　皮革类——漆皮

1. 技巧说明

选择HDR时，选择一些浅色光源多且单个浅色光源较小的HDR（图4-54）。

2. 技巧操作

光滑度与反射强度调至0.9左右，服装整体亮面较多且过渡柔和，可根据需要的效果再进行调整（图4-55）。

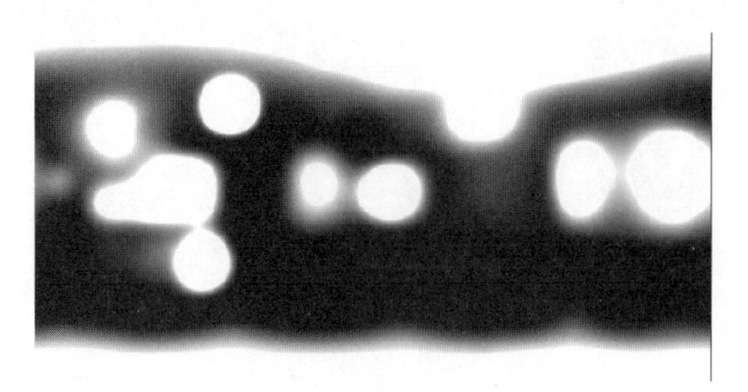

图4-54

图4-55

任务五 毛发类——水貂毛

1. 技巧说明

毛发类渲染要看到最终效果所需的时间较长，基本上是从现有预设的毛发里选择一种类似效果，再根据自己想要的效果调整毛发的长度、颜色、光泽度。HDR选择光源少且大的即可（图4–56）。

2. 技巧操作

毛发类需要的渲染时间较久一些，建议渲染最长时间设置30~40分钟，噪点调至0.001。光线品质根据需要的毛色深浅进行相应调整，需要浅色毛发的，可将光线调至very high，普通深色毛，光线调至medium即可（图4–57）。

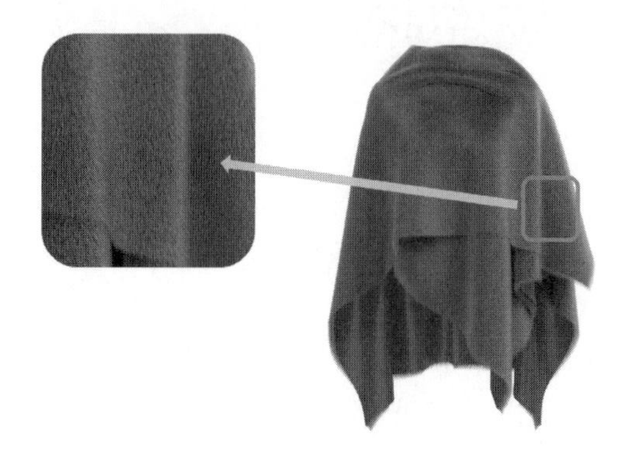

图4–56

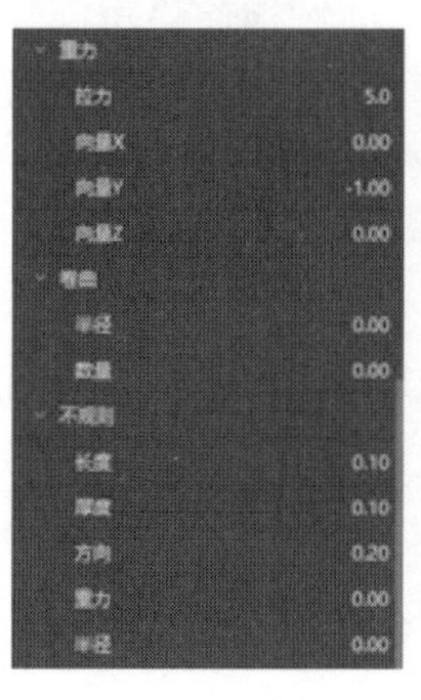

图4–57

任务六 透明类面料——蕾丝

1. 技巧说明

关掉板片厚度选项，这样渲染出来的蕾丝会更透，更接近贴图本身的透明感，整体HDR色调不要太黑，否则白色地方阴影很黑就会显脏，在相同渲染时间下，使用GPU模式，透明面料的渲染噪点更小（图4–58）。

2. 技巧操作

法线强度调至适当数值0.6~0.8，由于浅色本身反射效果不会明显，光滑度与反射强度可开大一点，此处设置光滑度0.7，反射强度0.4（图4–59）。

图4–58

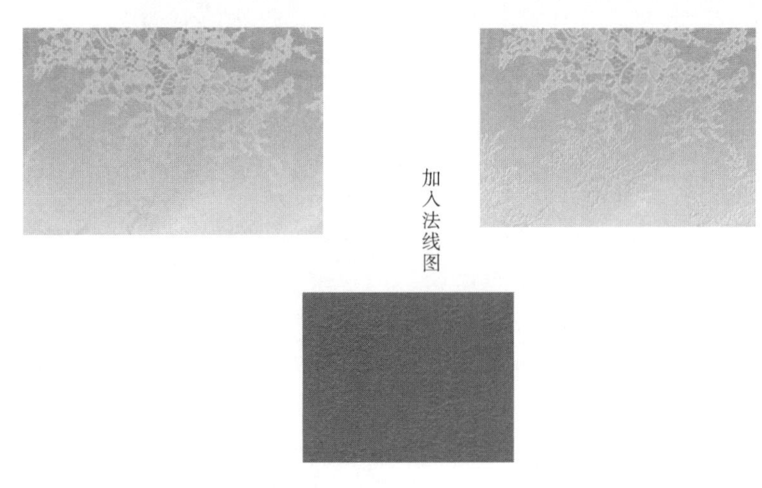

图4-59

任务七 透明类面料——半透雪纺类

1. 技巧说明

由于里层面料可被看到，双层结构时注意避免网格面数过低。半透明面料本身的光泽不易表现，又有一点光滑的感觉，所以选择光源多一些的HDR较合适。相同渲染时间下，使用GPU模式，透明面料的渲染噪点更小。

2. 技巧操作

透明面料的光泽度由于半透明的效果显得较弱，所以调至光滑度0.7，反射强度0.3（图4-60）。

图4-60

第五章

企业案例集

项目一　品牌企业

项目案例：

1. 卓尚服饰（杭州）有限公司

2. 广东启悦未来股份有限公司

授课学时：

1课时

项目目标：

1. 了解Style3D与品牌企业合作模式。

2. 了解Style3D在服装企划、服装设计、服装审款、服装智能核价、BOM中的应用。

教学方法：

案例教学法、讲授法、小组讨论法。

随着数字经济时代新兴服装产业的变化，传统服装品牌在日趋激烈的竞争压力下，需要通过数字化技术不断强化服装设计创新能力，保证服装研发生产的效率，缩短服装开发周期，并提高服装样衣成功率。

以往，一款新品衣服从图纸到打板、选料，需要耗费设计师及板师大量的时间和精力，在研发过程中还会因其板型调整、面辅料选择、图案搭配等各种问题进行重复打样，耗时耗本，给研发工作带来很大挑战。

针对品牌商，Style3D的服装生命周期管理解决方案将服装从设计研发到生产制造的全流程周期最大程度缩短。服装设计师可以快速设计出款，上传至Style3D在线协同平台，沉淀成自有素材库，一键分享获得改板反馈，在线更改扣子、面料花纹等部件与细节，形成最终款式，自动输出BOM工艺单后直连生产。从面料数字化、3D设计、3D改板、审款、云端协同定样、直连生产等打造研发全链路的数字化流程（图5-1）。

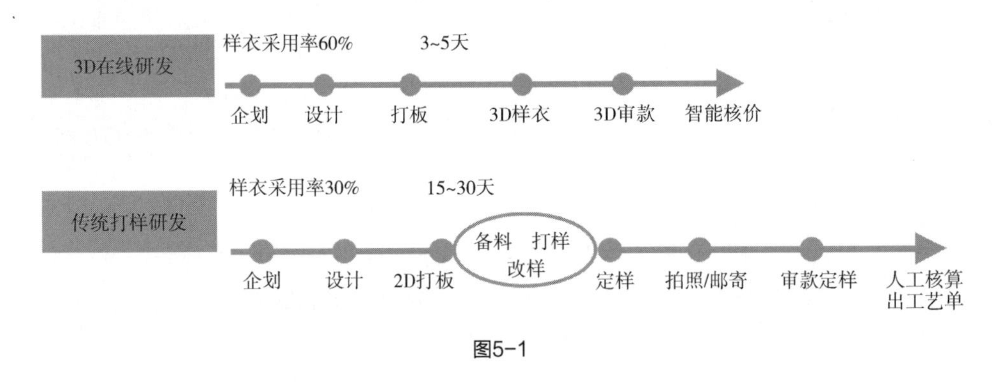

图5-1

一、3D 服装企划

在传统企划中，品牌经过流行趋势分析，将前沿资讯通过平面形式的款式、面料、流行趋势、流行元素等沉淀成自己的企划案，由于视觉效果不准确，很难把握款式的整体上身效果。通过查看企划看板中的3D数字样衣，更加立体地了解服装的款式设计、面料纹理和部件细节等，信息传达直观具象（图5-2）。

图5-2

二、3D 服装设计

设计师进行3D数字样衣设计，可以按照真人模特身型进行虚拟模特尺寸调整，可以通过云端随时调用数以万计的板型模型、面料数据，通过独有的物理属性模拟，实时查看足以媲美真实物理样衣的3D数字样衣。

三、3D 服装审款

传统审款改款耗时耗力，成本高且不灵活。3D审款可以直接通过一键分享模式，在线进行云审款。将款式的面料柔性、细节属性、上身效果进行720° 高仿真呈现。如需改款改板，可直接在线操作，无须重复制作实物样。线上形成终稿后，再进行打样生产，大幅缩减高昂研发成本，加速研发效率（图5-3）。

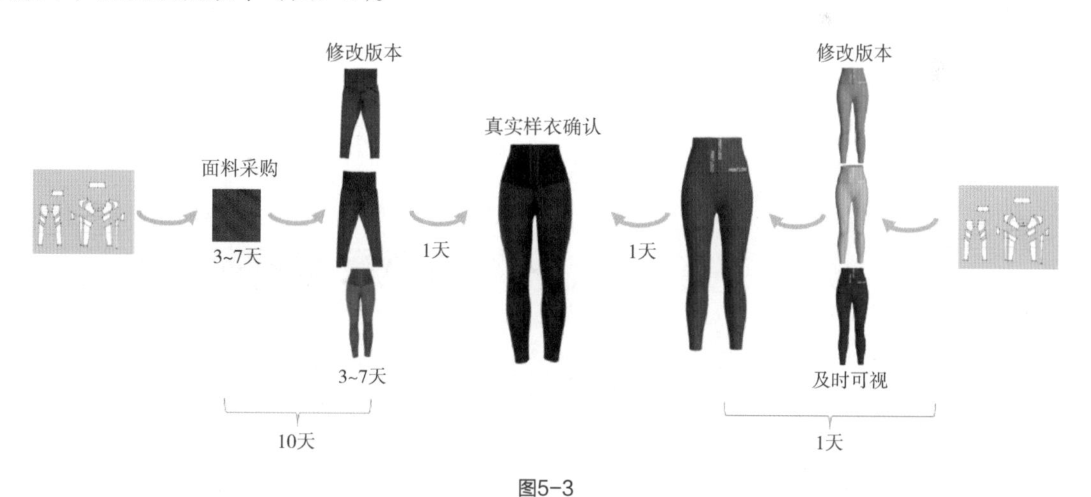

图5-3

四、3D 智能核价

传统核价大至面料，小至印花、图案、工艺等，都需要人工精细统计核算，避免漏算、错算。

Style3D在线设计、制板的过程中，智能算法可实现输入单价、系统自动进行实时核价的操作，保证所有部件核算无遗漏，大幅降低了错误率，打破传统核价漏算、少算造成的成本偏差。

五、自动BOM

Style3D可以依据工厂生产标准将每个操作准确数值化，在线生成数字化BOM单，打破传统核价漏算、少算造成的成本偏差，省时省力，详尽精准。

六、案例

案例一：卓尚服饰（杭州）有限公司

1. 公司简介

卓尚服饰（杭州）有限公司创建于1997年，现有两大现代化生产基地，集设计、生产、营销、物流、信息化为一体，旗下拥有3COLOUR、Leisure、ibudu、ULLU等多个女装品牌。

2. 运用模式

在国内女装行业中，大多数企业设计企划端的工作方式都是通过网络下载图片或是手绘的传统方式来完成新一季度企划看板的制作，数字化设计企划在简化原有的企划工作的同时，提高企划款式的可参考性，进行更为直观的企划方案表达，加快出新效率，提升研发成功率。同时过程中的数字化款式资产可转化为品牌沉淀，提升有复用价值款式资源的利用率。

在展销端，数字化服装可助力品牌宣传和产品销售，多角度嵌入产品生命周期，助力企业建立服装供应链的数字化框架。

公司通过数字化板房能力构建、商品企划运用、PLM协同平台系统构建和3D零售场景运用，打造以3D数字化为基础的大数据研发管理平台，通过数字化数据与技术赋能智慧门店，提升消费者体验，形成研发与供应链闭环。

3. 3D数字资产沉淀

数据库目前拥有款式200多款，面辅料500多款（图5-4、图5-5）。

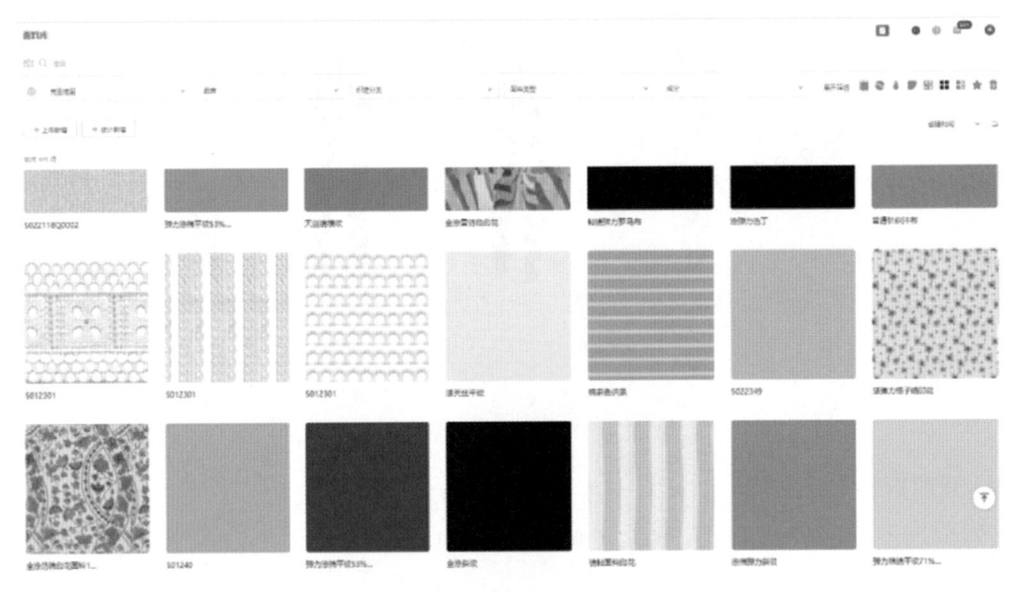

图5-4

图5-5

4. 3D 内容拓展场景应用

（1）3D企划看板应用（图5-6）。

图5-6

（2）3D看板应用——搭配审、波段审（图5-7）。

图5-7

（3）3D展厅与电商应用（图5-8、图5-9）。

图5-8

图5-9

案例二：广东启悦未来股份有限公司

1. 公司简介

广东启悦未来股份有限公司是一家服饰全渠道销售企业集团，集研发、设计、生产、品牌运营、线上线下销售于一体。旗下品牌GOSO 香蜜闺秀致力于对中国女性体型研究，开创符合大众女性时尚与舒适诉求的内衣及服饰产品，引进并创新闺蜜式的多渠道会员关系与服务系统，真正实现移动互联时代的O2O全渠道服务。

2. 运用模式

公司主要从平台资源共享、款式设计自研、款式网测等方面利用3D的形式进行数字化内衣及家居服研发，对比以往传统研发模式大幅提升了审款效率。

（1）平台资源共享。利用平台，实行在线方案设计，实时预览服装款式的3D效果，设计师通过平台尝试不同的图案颜色搭配方案从而调整设计（图5-10）。

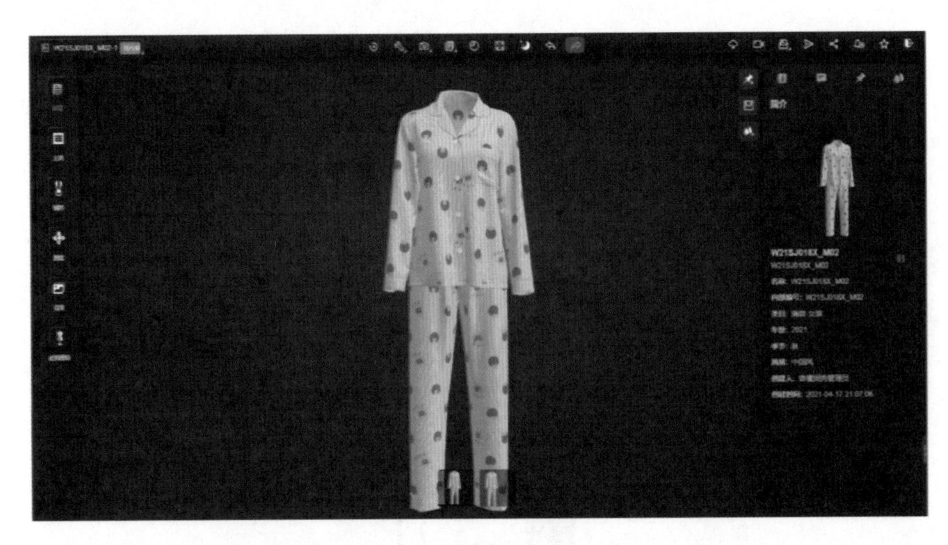

图5-10

（2）采用3D流程设计审稿。通过3D流程的嵌入，秋冬季度下单成功率达到84.3%，设计图到实物的成功率为45%，节省接近一半的制作样衣成本（图5-11）。

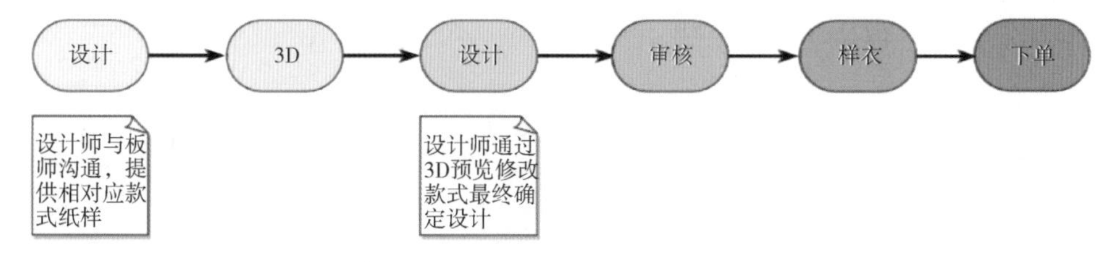

图5-11

（3）网测。采用3D网测设计图案，达到快速更换不同图案的目的。

3. 数字化服装产品

（1）文胸设计（图5-12、图5-13）。

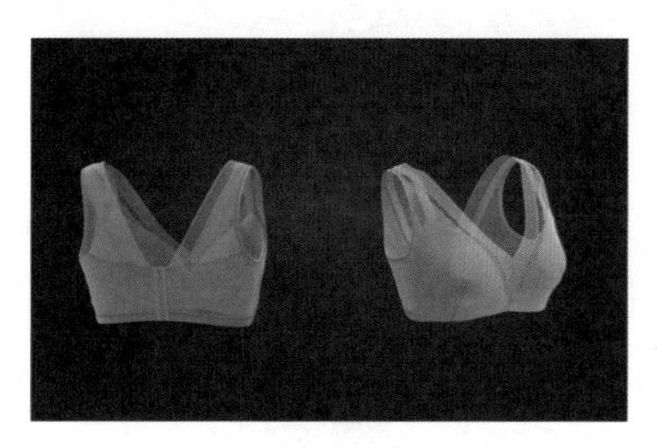

图5-12

图5-13

（2）内裤设计（图5-14）。

图5-14

（3）家居服设计，包括丝质、毛绒、牛奶丝等面料的模拟（图5-15、图5-16）。

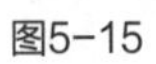
图5-15

图5-16

项目二　ODM企业

项目案例：

1. 杭州锦惠贸易有限公司
2. 江苏汇鸿国际集团中嘉发展有限公司
3. 苏州市新大华泰进出口有限公司

授课学时：

1课时

项目目标：

1. 了解3D数字化设计与传统设计在ODM企业应用的效率和成本。
2. 了解3D数字化设计与传统设计的订货模式。
3. 了解3D数字化设计如何精准测款，降低库存率，提升利润空间。

教学方法：

案例教学法、讲授法、小组讨论法。

原始设计制造商（ODM，Original Design Manufacturer）是由采购方委托制造商提供从研发、设计到生产和后期维护的全部服务，采购方负责销售的生产方式。服装ODM企业根据客户对设计风格、款式、面料等需求，提供产品研发设计及生产等服务，客户选定下单或ODM企业按照品牌商提出的要求修改后，以客户品牌进行产品销售，以减少品牌方研发设计的投入。

近年来传统ODM企业在面临新形势新变化的情况下，由于生产模式周期长、效率低、改款成本高等原因，逐渐出现沟通成本高、资源成本高、资金压力大、逐步与市场脱节等问题，导致对市场需求反应滞后，库存积压量大。

针对ODM企业，Style3D的服装设计推款解决方案将服装从设计到推款的沟通效率大幅提升。运用Style3D建模软件实现线上数字样衣设计出款，完成后上传至Style3D平台，一键分享功能在线推款给采购商，采购商在线查看虚拟样衣并进行沟通，在线修改形成最终款式，实现高效协同。

ODM企业协同Style3D进行数字化转型升级，通过3D数字资产快速设计研发、3D推款选款订货和电商商品图输出，在提升研发效率降低生产成本的同时打造产业链数字生态。

一、3D 快速设计研发

传统线下设计研发耗费大量时间物料，研发效率较低，通过3D数字研发技术，企业的人台、款式、图案、面辅料都可以转化为数字资产，随时随地进行使用和二次编辑，实现3D数字化资产快速设计研发，大幅度节省设计研发工作量，有效地减少产品设计研发的时间。

采用数字化设计研发模式，可在研发过程中积累海量数字设计元素并在线上进行资源共享，全面提升设计研发效率，并在线生成数字化BOM单对接生产。

二、3D 推款选款订货

ODM企业在收到样衣需求后直接在线上建立专属项目工作组，将设计师与3D建模师加入协作，共享研发资料。设计师根据客户需求完成设计图稿，发送给板师制作板片，3D服装建模师建立3D数字样衣，完成二次设计后一键推款给采购商，采购商收到3D样衣后在线审款，项目组成员实时收到审款批注和改款建议，在线3D改板，再次发送采购商在线审款和定款，高效确认订单。

Style3D数字化设计研发模式在推款过程中大幅提升样衣存活率、降低沟通成本、提高沟通效率，可快速对市场做出反应，提高线上样衣确认率和订单成交率。

三、电商商品图输出

Style3D数字化设计研发模式能满足与日俱增的电商服装市场的需求，快速上新款的同时低成本测款。通过数字样衣生成的商品详情图在电商平台上进行销售测款，分析浏览、点击数据，根据分析进行生产，实现精准把控，降低库存率，提高利润空间（图5-17）。

图5-17

四、案例

案例一：杭州锦惠贸易有限公司

1. **公司简介**

杭州锦惠贸易有限公司是专业的服装外贸进出口供应商，公司通过3D数字化服装设计技术实现3D数字化样衣开发、在线设计以及在线协同等智能研发设计升级。通过建立西服及衬衫的3D数字标准化部件库，可以通过3个基本款切换部件衍生3000余新款。在线部件化设计使样衣成本降低60%以上，推款效率提高500%。

2. **项目案例**

（1）ZAVI。根据客户订单，杭州锦惠贸易有限公司通过3D数字研发系统，按照英国客户ZAVI提供的新款需求，从确定款式到输出3D样衣并完成3D样衣修改，设计研发效率、样衣采用率大幅提升（图5-18、图5-19）。

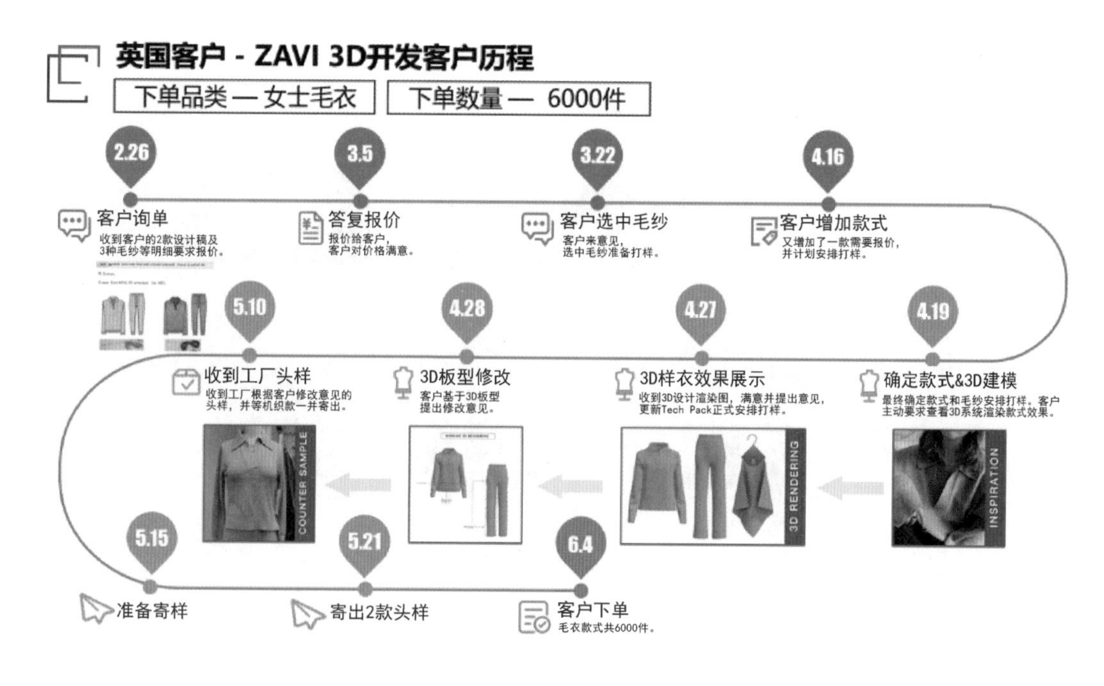

图5-18

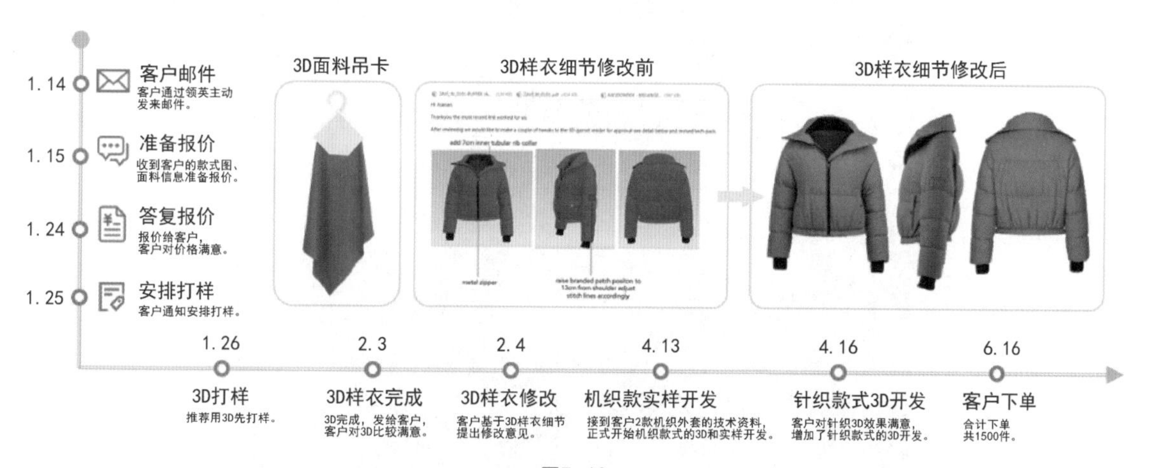

图5-19

（2）YACHT CLUB。杭州锦惠贸易有限公司通过Style3D在线协同解决方案实现YACHT CLUB棉衣背心样衣的在线设计、制作与3D效果模拟，在线将与实物样衣几乎一样的3D数字样衣模型推送给客户，成功完成客户开发（图5-20）。

3. *数字化服装产品*

杭州锦惠贸易有限公司数字化团队通过Style3D所设计制作的数字服装（图5-21）。

科威特客户 - YACHT CLUB 3D开发客户历程
下单品类 — 棉衣背心
下单数量 — 400件
客户询单
客户通过阿里巴巴发来询单，
需要400件棉衣背心报价。
3D样衣效果展示
邀请客户参观公司展厅，向客户展示
3D款式效果图和3D面料效果图。
客户确认下单
客户确认款式并下单，
收到客户400件背心订单的定金。
5.30
5.31
6.1
6.2
6.2
6.2
推荐3D系统
给客户邮件发了效果图
同时推荐3D系统。
3D样衣效果修改
客户提出增加鹿皮绒包边、增加绣花标。
设计师根据客户意见进行样衣修改。
建立后续合作关系
客户对3D服务满意，
同时提出T-SHIRT的询单。

图5-20

图5-21

案例二：江苏汇鸿国际集团中嘉发展有限公司

1. 公司简介

江苏汇鸿国际集团中嘉发展有限公司溯源于外贸初兴时期的中纺江苏分公司、江苏省针棉织品进出口（集团）公司。1997年江苏省国有大型外贸企业汇鸿国际集团组建，围绕其原有的专业针织服饰外贸团队，成立了集团下属的中嘉发展有限公司。

中嘉发展有限公司经营各类针机织服装、毛衣、时尚服饰配件等产品，为客户提供从设计、研发、生产、物流、售后的一站式服务和全产业链解决方案。

公司通过虚拟设计能力的建设和数字化资产的积淀与复用解决了无法与客户见面互动的外贸业务痛点，实现了设计、业务、研发方面与国外客户端的多个团队的线上协作。设计研发的数字化，也带动了外贸业务的数字化，从传统外贸向现代供应链集成运营升级转型（图5–22）。

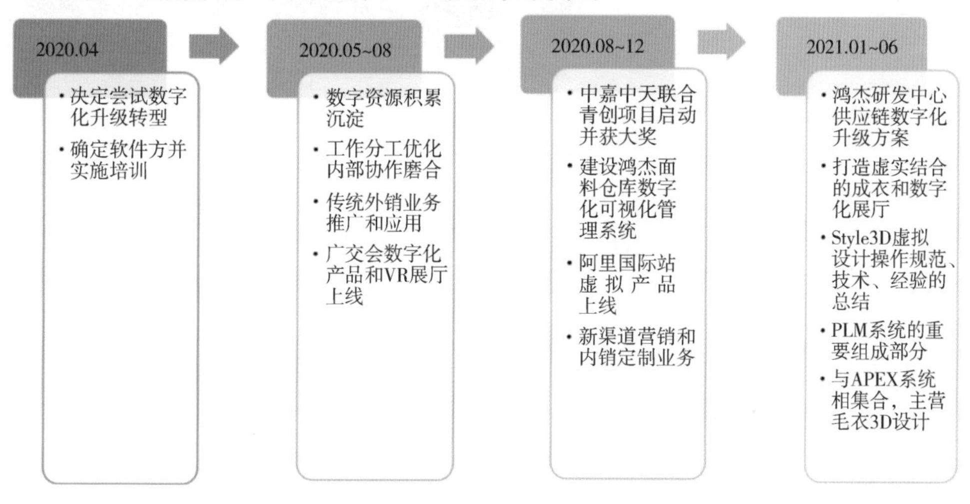

图5–22

2. 合作模式

（1）传统外贸OEM业务模式的数字化升级。

“新冠肺炎”疫情下，中嘉公司的英国客户分批居家办公，导致样品确认效率低下、下单决策严重滞后。中嘉业务团队结合该客户主力款式比较固定、有较大比例翻单沿用上一季面料的特点，将客户的新颜色、新花型通过凌迪平台向客户展示成衣虚拟效果，让客户可以在家办公时，用线上视频会议的方式，选定大货颜色和花型，并落实各个配色的数量，确保了疫情最严重时期业务操作的顺利进行。

数字化虚拟设计让中嘉公司稳定了业务份额，还进一步实现了该客户产品的全面数字化，推动该客户的虚拟展厅建设。

（2）ODM自主设计研发形成数字化资产的积淀与复用。公司引入3D虚拟设计工具后，业务人员可以更加高效地参与设计研发，设计师的作品也可以更加便利和直观地向客户展示。中嘉公司在凌迪平台上，为内外销客户制作的虚拟样衣、电子看板、数字化提案和VR展厅，在广交会、阿里国际站和内销新渠道、新平台上展示，积累的数字化资产以低边际成本的优势，通过线上协作和展示平台快速推向众多优质内外销客户（图5–23）。

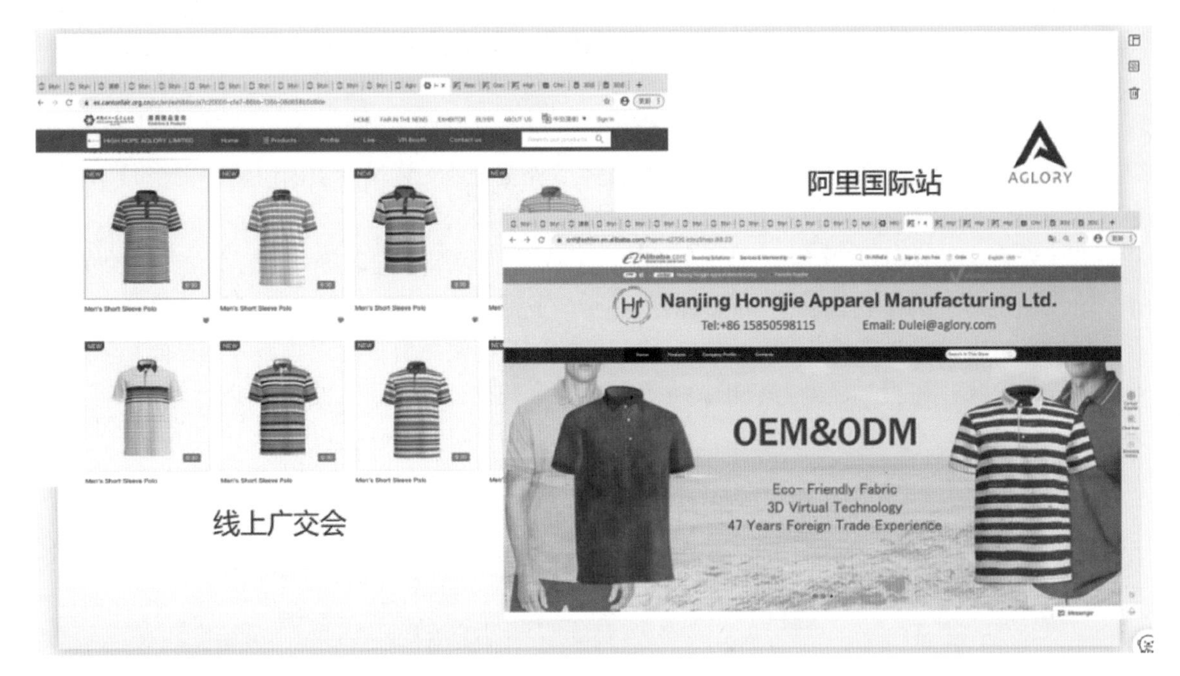

图5-23

数字化的设计研发，也正在引领中嘉数字化柔性供应链的建设。从产品企划、设计研发到生产交付，中嘉的两个设计研发中心，分别在横机和圆机两大类针织产品领域，向中嘉的供应链合作伙伴输出技术成本数据和数字化的协作指令。

（3）实现集团内部数字化资源的共享和业务能力共创。在中嘉公司的带动下，汇鸿集团陆续有多个专业纺服板块子公司采用3D数字化设计项目。汇鸿中嘉和汇鸿中天两家子公司携手创立“天嘉汇通，数链全球”青年创业项目，实现了中嘉公司的设计研发能力与中天公司的面辅料资源的无缝对接、云端协作和资源复用。

案例三：苏州市新大华泰进出口有限公司

1. 公司简介

苏州市新大华泰进出口有限公司成立于2002年，位于中国江苏苏州，是一家集合服装设计和制作为一体的进出口服装贸易公司。公司主要向美国以及欧洲国家和地区的知名品牌进行服装出口贸易，提供优质服装产品，合作伙伴包括美国塔吉特公司、沃尔玛公司、科尔士百货公司等，并在美国纽约第七大道上开设了专属的销售公司。

新大华泰通过对3D数字服装官方市场资源进行调用调整后输出搭配、系列展示等3D效果，降低重复建模的工作量，满足上游的3D推款需求。

2. 应用项目

（1）在中科创达软件股份有限公司T恤定制项目中，运用3D数字服装进行色彩搭配及绣花印花等花型效果的设计，直观的3D效果表达可以提高沟通效率并减少重复的打样工作（图5-24、图5-25）。

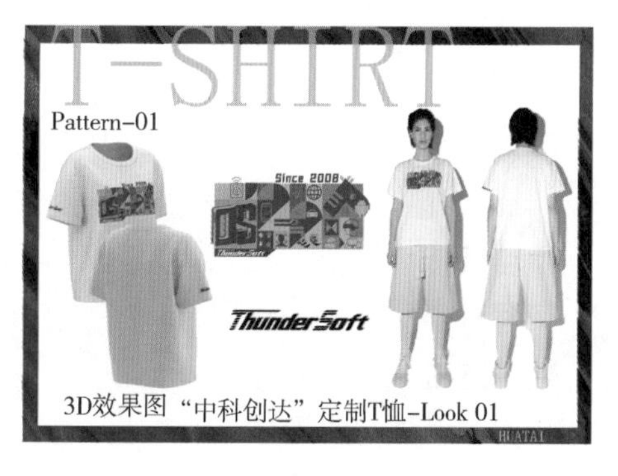

图5-24

图5-25

（2）Wild Fable衬衫大货。Wild Fable衬衫项目按照传统的设计生产模式完成四个花型的面料开板打样、样衣制作和邮寄至少需要两个月，通过对花型进行3D数字化内容制作保证了订单的时效性（图5-26、图5-27）。

图5-26

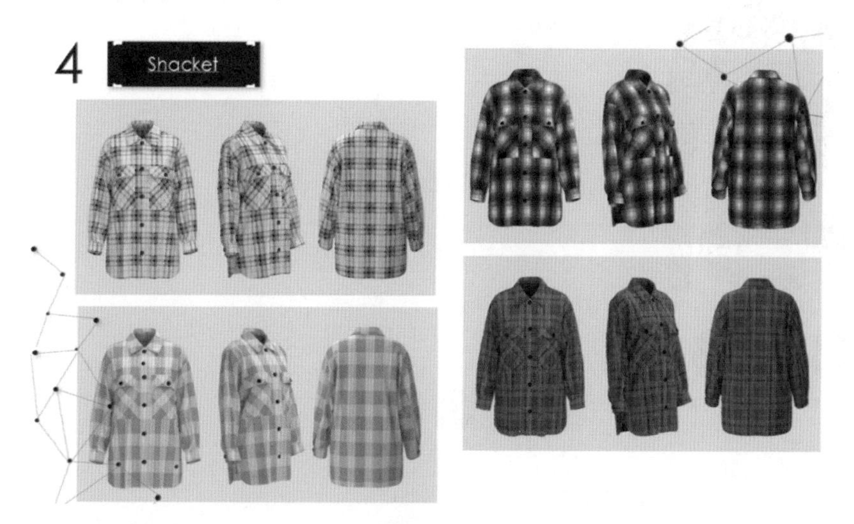

图5-27

项目三　电商企业

项目案例：

1. 深圳市楠彬服饰有限公司
2. 浙江聚衣堂服饰有限公司

授课学时：

1课时

项目目标：

了解3D数字化设计在电商企业的应用。

教学方法：

案例教学法、讲授法、小组讨论法。

随着消费互联网的成熟化，越来越多消费者的消费习惯由线下转至线上，服装电商行业竞争日趋激烈。如何在产业供应链利用数字化抢得发展优势，成为当下服饰电商企业面临的核心问题。

在服装电商赛道上，流量竞争已逐渐演变成供应链竞争，Style3D从服装研发环节切入，通过数字服装实现产业链上下游协同互联，形成一张全产业链的协同网络，并通过数字展示与交互链接消费端，全面提升电商企业供应链研发效率。

一、3D研发助力电商上新提效

Style3D可助力电商实现3D数字资产快速设计研发，不同于传统打板、调面料、做样衣、实物改样、拍照上新等烦琐流程。3D数字服装可以直观呈现设计效果，并在线进行编辑修改，在线设计的部件可沉淀为自由设计资源，并在之后的同类型款式设计中高效利用。同时，3D数字服装还能以高清渲染图及3D视频的形式用于线上上新，缩短电商企业上新周期，加速快反效率（图5–28）。

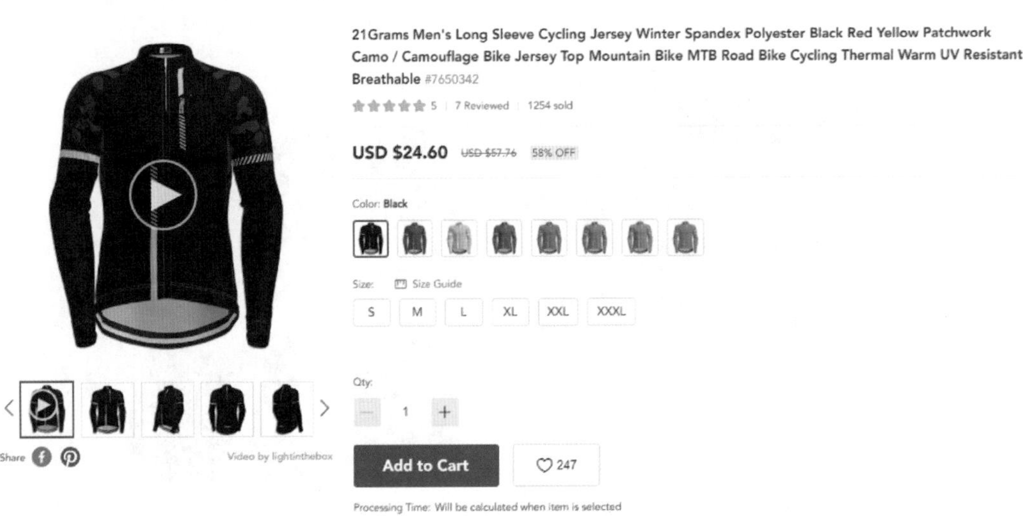

图5–28

二、3D服装测款提高爆款效率

通过3D服装渲染图进行海量测款，无须进行传统模式下反复打板、改样、制作、拍照上新等流程，即可快速上新多个款式，根据在线销量精准把控生产备料，以销定产，降低电商企业库存率，提升爆款效率和利润空间（图5-29）。

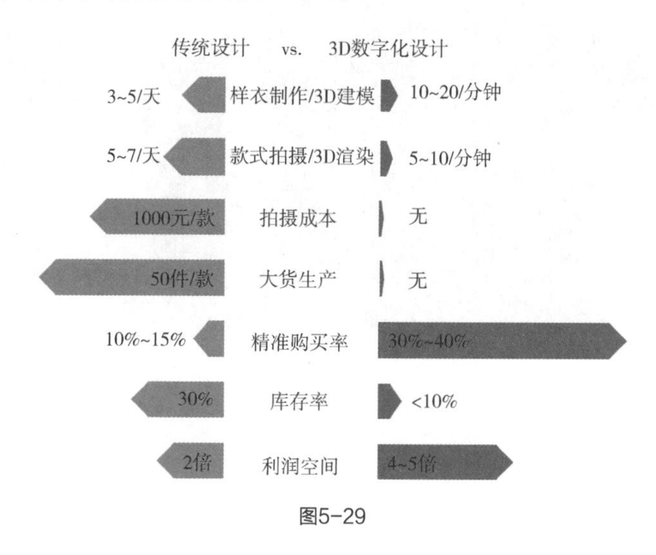

图5-29

三、3D展示丰富电商营销方式

在电商赛道里，服装的线上展示是关系销量的核心环节，3D数字服装不仅可以全方位进行款式细节和面料质感的静态展示，还可以3D视频、数字走秀等形式进行服装的动态效果展示，帮助消费者全面了解产品信息。而通过数字服装延伸的虚拟陈列和数字展厅，也将拓宽线上展示形式，帮助企业表达品牌理念，抢占消费者市场（图5-30、图5-31）。

图5-30

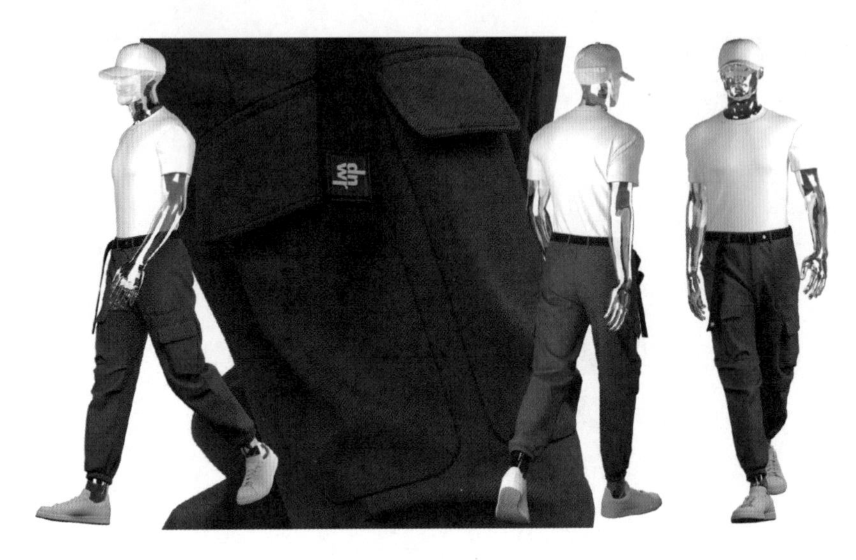

图5-31

四、案例

案例一：深圳市楠彬服饰有限公司

1. 公司简介

深圳市楠彬服饰有限公司是一家集设计、生产及销售于一体，专业于塑身衣、美体内衣、运动服饰产品的工贸一体公司。公司目前拥有六个阿里巴巴国际站平台，有近五年的阿里巴巴国际站经验，产品畅销欧洲、西亚、东南亚、南美、南非等地区。

公司建立了塑身衣、美体内衣、运动服饰等品类的3D数字化标准化部件库，至今已录入数百款产品的建模图片与视频。

2. 合作项目

在接到美国客户Randy Mallard的询单后，公司完成3D男士塑身衣样衣制作，通过3D渲染图在线和客户进行沟通，赢得订单（图5-32）。

3. 数字化服装产品

3D数字服装设计产品（图5-33）。

图5-32

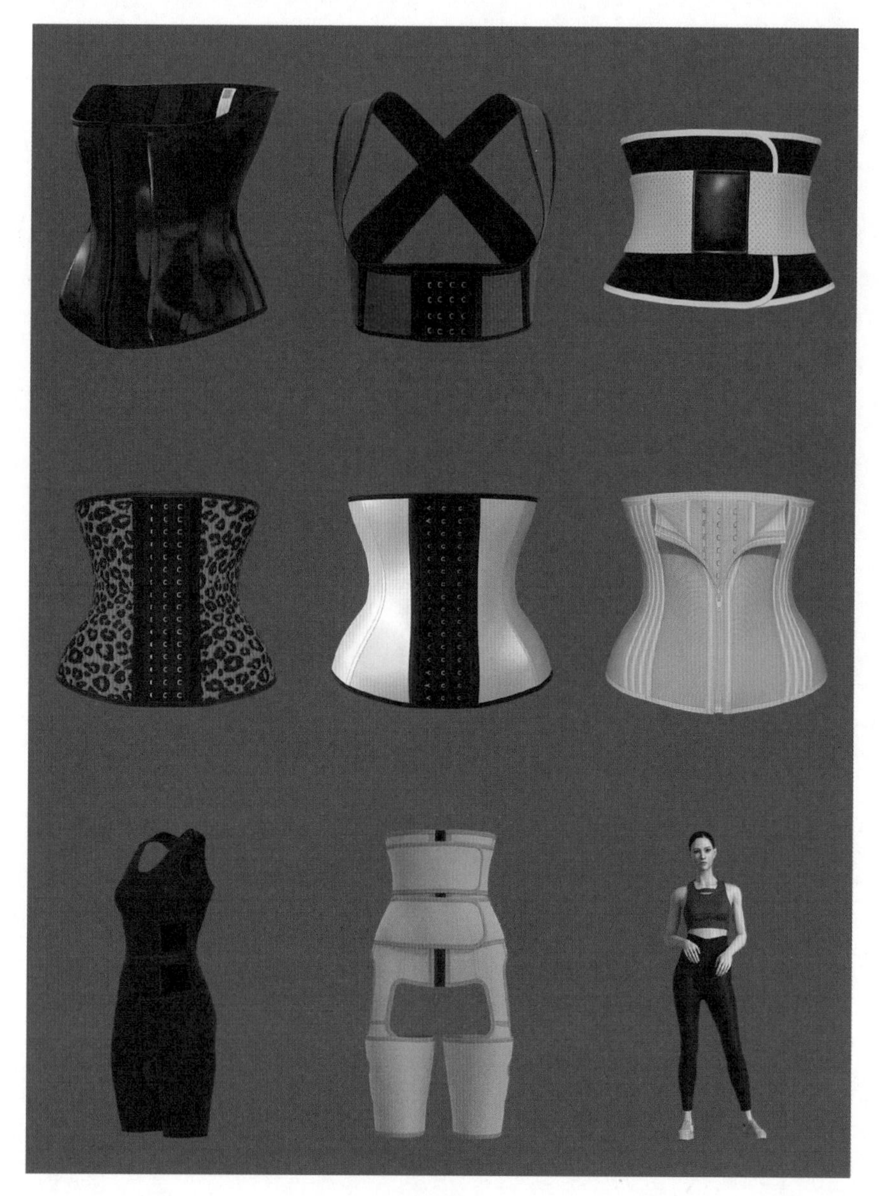

图5-33

案例二：浙江聚衣堂服饰有限公司

1. 公司简介

浙江聚衣堂服饰有限公司创立于2010年，是一家集研发、织造、印染、生产、销售为一体的综合性企业。公司设计生产的瑜伽服、健身服等系列产品远销东南亚、欧美等国家和地区。

公司产品研发团队依托3D数字服装开创了快速研发、精准开发的新模式，链接生产端科学的供应链管控体系和吊挂系统柔性化生产，能同时满足客户小批量、定制化和大批量需求。

2. 数字化服装产品

3D数字样衣电商出图（图5-34~图5-36）。

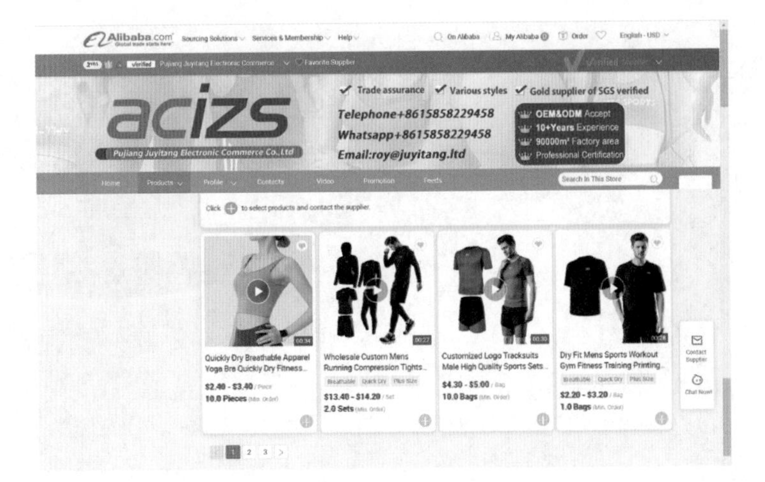

图5-34

图5-35

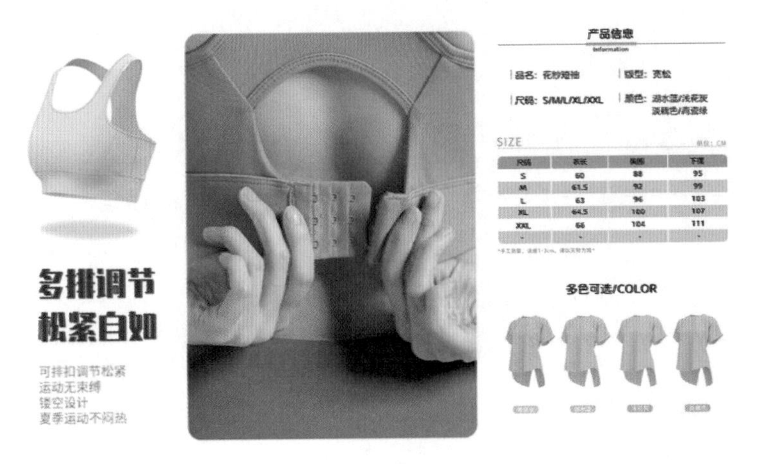

图5-36

项目四　面料企业

项目案例：

1. 浙江嘉欣丝绸股份有限公司
2. 杭州新生印染有限公司
3. 杭州集美印染有限公司

授课学时：

1课时

项目目标：

了解3D数字化面料的数据库、展示与线上采购。

教学方法：

案例教学法、讲授法、小组讨论法。

在服装设计中，面料选购是非常重要的一环，以往的线下采购流程存在种种不确定风险，采购数量不对、品控不当等问题都会徒增时间成本，甚至如果面料信息记录错误，还会导致全部返工。而这样低效、机械、重复的采购流程，不仅让供采双方面临成本及时间的双重压力，也牵制了产业链上下游的整体发展。

2020年年初，“新冠肺炎”疫情暴发，面料商与采购商之间无法进行面对面沟通，客户无法当面看样、下单，使得正常的贸易往来中断。加上生产时间被挤压，原材料处于紧缺状态导致费用上涨，成本提高的同时面料商的交货时间也不能保证。

在数字经济时代正在加速来临和行业大环境的艰难情况下，服装行业若想全面实现数字化，则需要从产业链源头串联ODM商、品牌商等上下游升级数字化，将整个产业链路各环节的数字流通，而这条链路的源头，则是实现面料数字化，解决面料设计研发和展销定样问题。

针对面料商，Style3D的面料展销解决方案，将面料从展示到销售过程中产生的物料成本、时间成本、沟通成本等最大程度降低，令展销更容易。面料款式扫描至平台，进行资源沉淀，平台在线推送至采购商，采购商可即时查看面料的3D柔性展示效果及制成款式后的效果，支持潘通色等在线修改，大幅提高沟通效率及面料采购率，为所有面料商提供了一个在线协同的新模式。

一、数字化面料数据库

Style3D数字化面料数据库沉淀了海量面料款式资源，提供了从研发、推款、定样全流程的数字化服务，可进行高效智能的面料管理。还可以对面料款式和颜色进行多次创新研发及推样。在面料库里，可快速搜取所需面料，并支持以图搜面料、智能搜索，方便快捷（图5-37）。

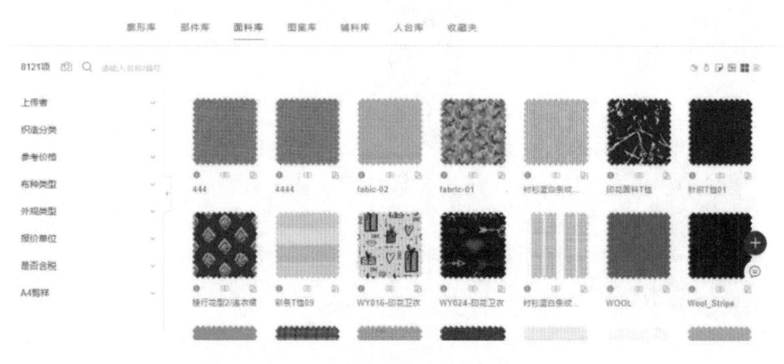

图5-37

二、数字化面料展示

Style3D上的3D展示功能将面料细节打磨到极致，面料纹理质感清晰可见，面料悬挂、球状等柔性动态展示生动形象（图5-38、图5-39）。

图5-38

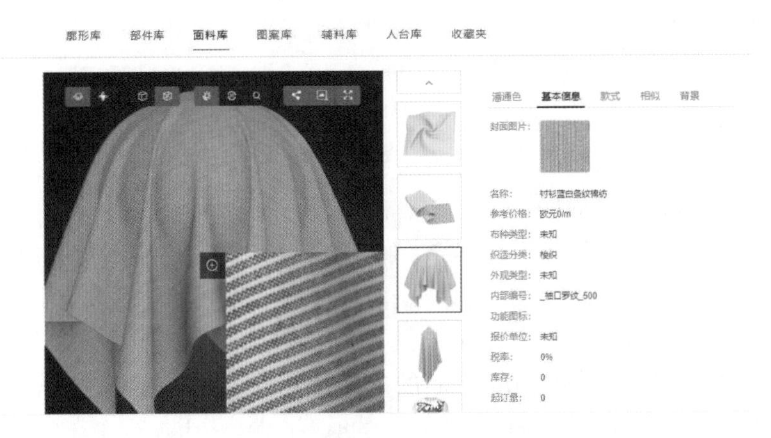

图5-39

点击面料，便能看到面料在成衣上的整体效果展示，还能更换展示场景，更换不同光线，预知不同场景、不同光线下的面料效果（图5-40）。

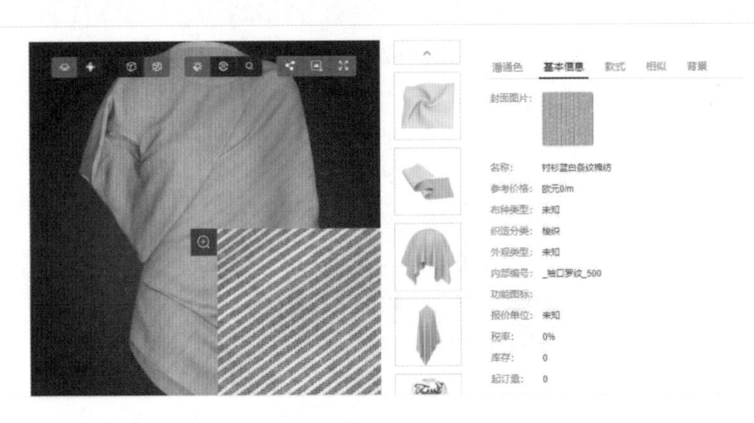

图5-40

三、数字化面料线上采购

线上展厅包含多款面料商供应的面料，面料商可以通过了解客户需求，在线选取面料，主动一键推送给客户定样，客户在线上展厅查看所有面料及展示效果，并可在线申请寄样，助力面料商引流获客。

采购商可实现在线选样、改样、定样，节省了沟通时间周期。面料柔性效果通过3D模式进行呈现，面料与款式搭配效果直观可见，相较传统选样模式更能节省面料制样耗费的原料成本（图5-41）。

图5-41

四、案例

案例一：浙江嘉欣丝绸股份有限公司

1. 公司简介

浙江嘉欣丝绸股份有限公司是一家以丝绸、服装为主业，多元产业布局的现代化企业集团。业务覆盖工业、贸易、品牌、供应链金融、房产、教育六大板块，旗下有自创品牌金三塔、玳莎，连续多年获得“中国纺织服装行业品牌价值50强企业”称号。嘉欣丝绸多年来的外贸业务也实现跨越式发展，是中国纺织服装行业出口百强企业。

2. 3D 数字服装应用

公司主要出口丝绸类服装，这类服装的面料印花极大影响着成衣效果，以往在服装设计推款时需要不断地打样寄样、反复修改印花设计给供应商选款。目前，嘉欣丝绸在3D数字样衣上即可进行花型颜色、大小、布局、位置的一键调整和方案生成，服装面料及印花效果在线实时得到验证，大幅提升研发效率。

作为以丝绸为主的服装研发，实体打样的用料成本高昂，且花色影响较大，涉及同款不同色、同色不同款等多种样式，采用数字服装进行审款则可大幅降低打样成本，且自带的数据可直观看到用料情况，帮助采购商做出选择。同时，采用3D数字化研发后，设计师也不用局限于款式的修改，而是有更多精力钻研新款开发，也为研发创造加码赋能（图5-42）。

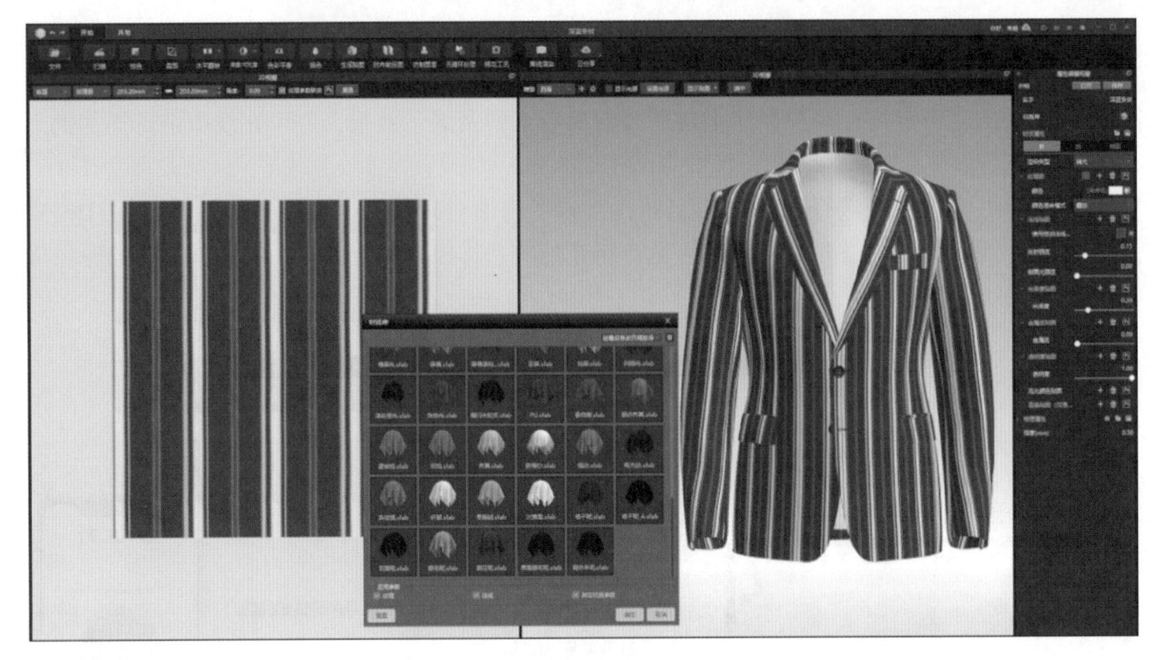

图5-42

2020年“新冠肺炎”疫情突发，线下服装审款定样环节层层截断，传统服装采购模式受到严重阻碍，众多服企亟待寻求线上展销及协同方式进行破解。而早早启用3D数字服装的嘉欣丝绸，在疫情期间通过3D样衣进行海外云推款，采购商进入云协同平台即可在线查看服装板型、面料高清细节、图案及印花效果，实时在线审款批注，最终进行定样采购。3D虚拟样衣高仿真、可编辑、可制造的属性实现了服装线上的可视化及在线协同功能，大幅提升了外贸的供采效率（图5-43）。

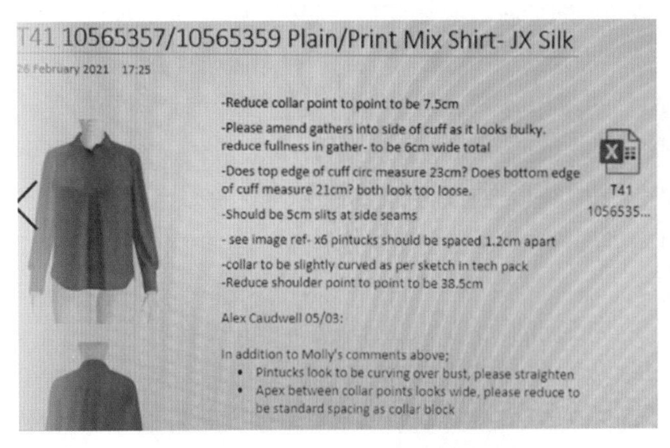

图5-43

目前，3D数字化应用从服装成衣延展至数字面料展厅及成衣展厅，将实现从研发到生产到展销的全链路数字化。

3. 数字化资源展示

（1）数字面料库（图5-44）。

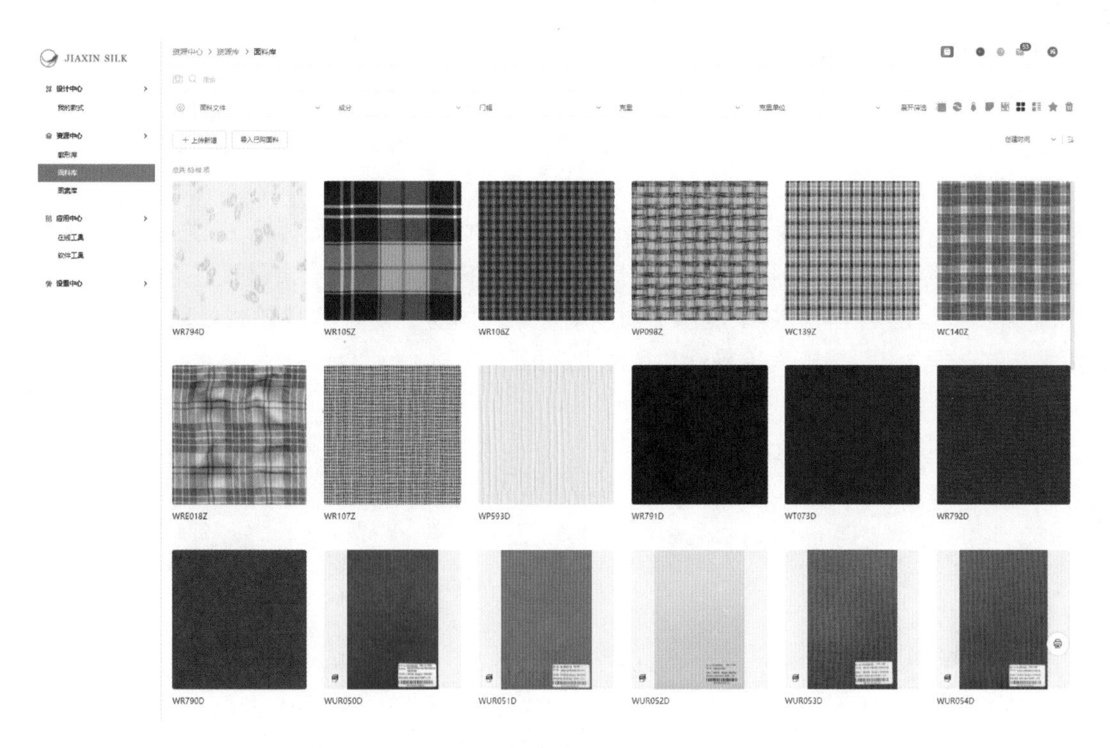

图5-44

（2）VR成衣展厅（图5-45）。

图5-45

案例二：杭州新生印染有限公司

1. 公司简介

杭州新生印染有限公司隶属于三元控股集团，于1996年成立，为中国印染20强企业，主要从事TR、NC、NR、TC、ACE、TENCEL等针机织面料的开发、生产和销售，客户包括GAP、Tommy Hilfiger、C&A、Marks& Spencer、欧时力等，拥有面料测试中心、花型设计中心、织造研发中心、染整工艺设计中心和成衣设计中心。

2. 3D数字服装应用

以往推面料时所需制作的样衣成本较大，数字化样衣制作可以减少大量实物样衣的成本浪费，还可以将面料匹配多个服装款式进行效果查看，将面料效果最大化，更直观、更便捷地与海外客户进行交流。

以往给海外客户发送趋势面料看板都是通过拍照制作PDF来进行传输，无法将面料细节进行更加全面、直观的展示，容易产生信息偏差。运用Style3D直接点击链接进行3D面料看板，在线调整配色及图案，面料效果展示更加生动形象，同时，内置的3D款式效果可以帮助采购商做成衣效果预测，提升开发准确性和客户采购的精准性。

3. 数字化资源展示

3D面料看板（图5-46~图5-48）。

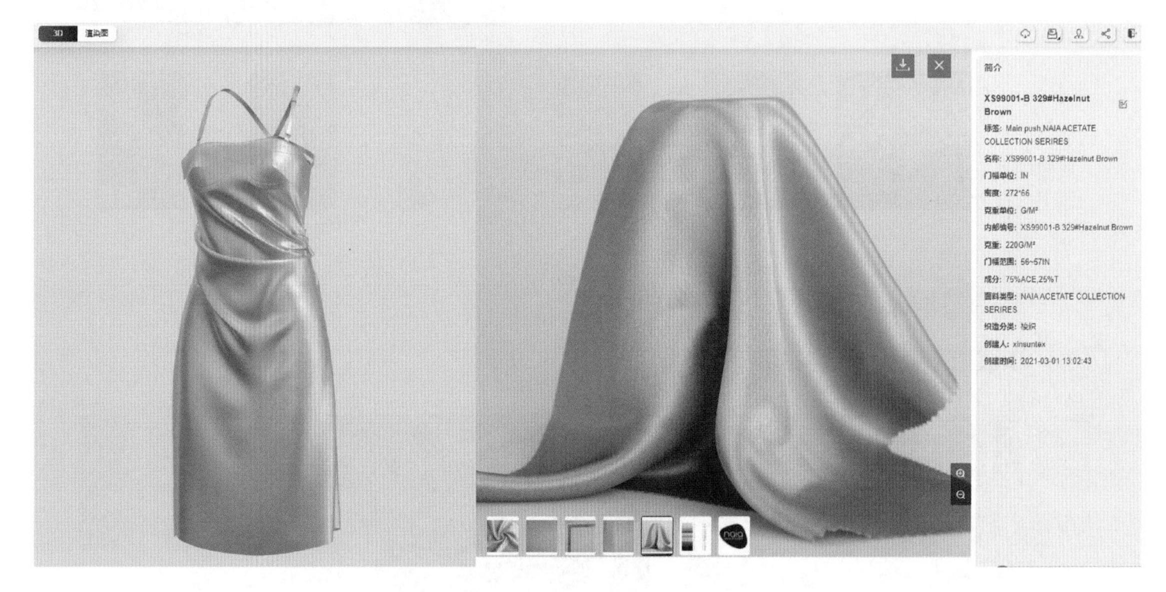

图5-46

图5-47

图5-48

案例三：杭州集美印染有限公司

1. 公司简介

杭州集美印染有限公司是三元控股集团核心企业，中国印染20强企业，在纺织品印染领域具有强大的新产品开发能力，产品系列覆盖各类棉、麻、化纤、混纺等染色印花面料以及高档色织面料等，拥有世界先进的面料印花、染色、后整理装备，提供快交期、个性化定制产品。

2. 3D 数字服装应用

一是提升面料推款成功率。以往给客户寄样最多三个颜色推荐，通过3D面料，可以快速生成丰富的面料齐色，并且可智能匹配生成成衣款式效果，也能让采购可视化地进行选择，提升了面料供采效率。

二是实现线上线下同步展销。集美在3月的Intertextile面料展上，启用了数字展厅实现线上线下同步展销，对于一些无法到现场的海外客户，通过线上沉浸的方式参观了展厅，也成功获得了客户的合作意向签订（图5-49）。

产品信息		采购商	供应商	业务员	订单来源
订单编号：4142202105211408587396 2021-05-21 14:08:58					
JM-020001P 人棉巴厘纱RAYON VOILE	吊卡样1件	Fashion3	--	joyceqi@jimaytex.com	代寄样
总计1件商品					
订单编号：4362202103171437255003 2021-03-17 14:37:25					
JM-810036D-1 人棉涂四面弹泡泡布RAYON POLY 2WAY STRETCH BUBBLE	吊卡样1件	木子璎穆	--		客户寄样
JM-010007D 皮马棉平布 PIMA COTTON POPLIN	吊卡样1件		--		
展开全部 总计6件商品					
订单编号：6696202103171411302579 2021-03-17 14:11:30					
JMX-410067D 人棉蚕丝混纺斜纹2/1S RAYON SILK TWILL 2/1S	米样1米	Kimhaie	--		客户寄样

图5-49

3. 数字化资源展示

（1）基础资源搭建（图5-50）。

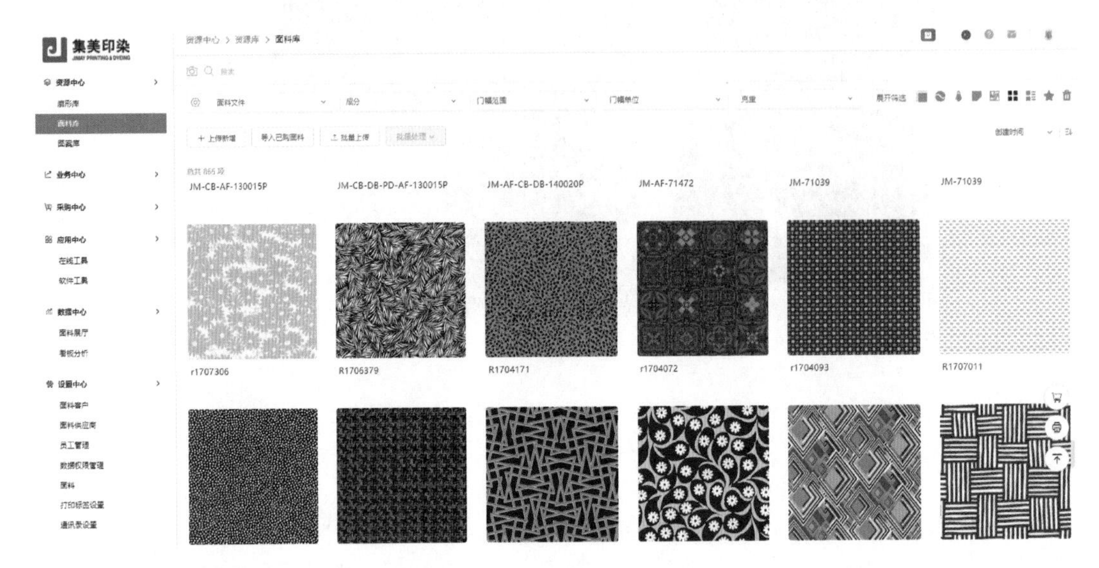

图5-50

（2）VR展厅搭建（图5-51、图5-52）。

图5-51

图5-52

附录　作品赏析

刘庆泽作品

刘庆泽作品

刘庆泽作品

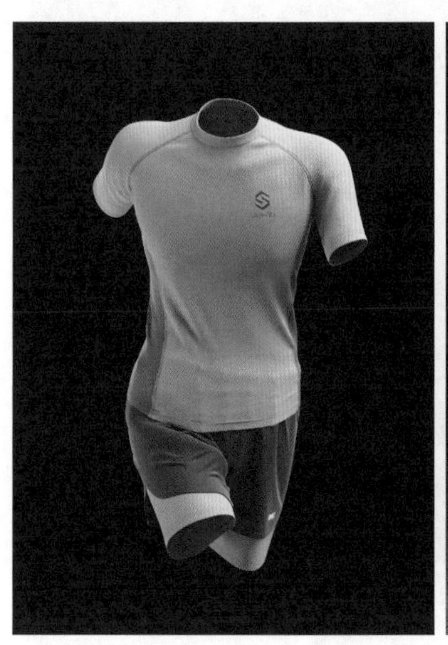

刘庆泽作品

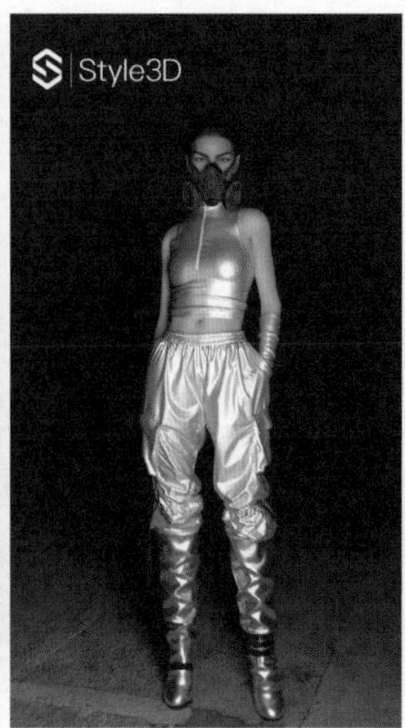

吴雨颖作品

覃丹作品

潘郑樱子作品

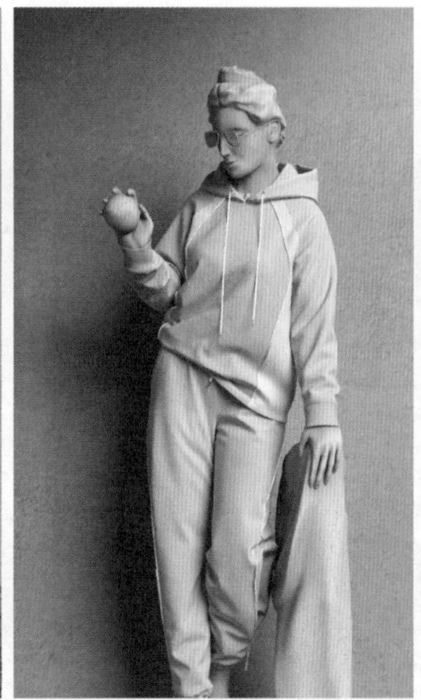

潘郑樱子作品

于熹喆作品

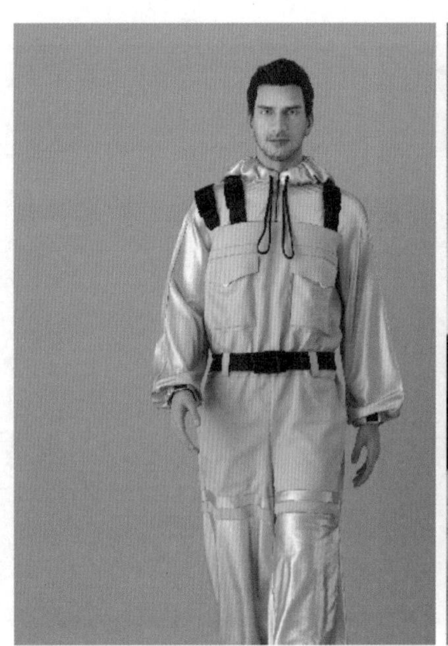

张卓作品

叶佳璇作品（参考款式：Rick Owens 2021年秋冬系列）

聂天宇作品

蒋浩作品

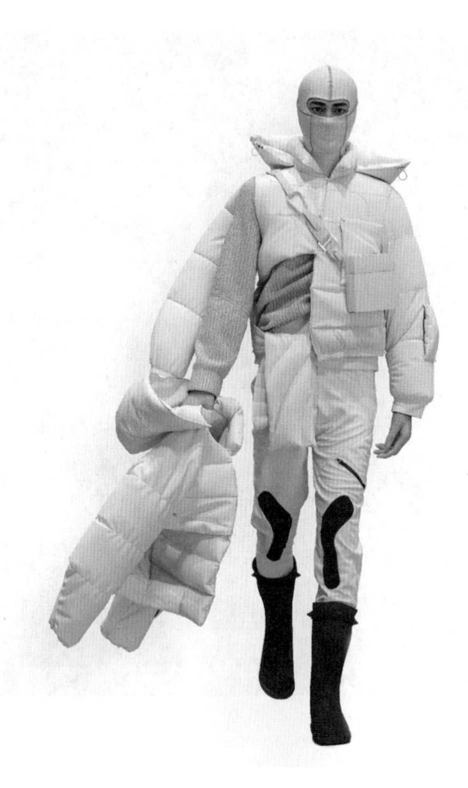

魏邦帅作品
（参考款式：哥本哈根品牌 HELIOT EMIL
2021年巴黎时装周“不稳定的平衡”秋冬系列）

马晨杰作品

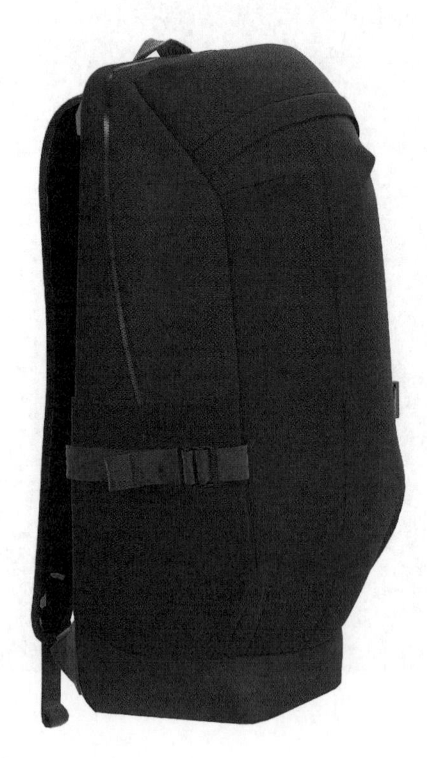

罗云杰作品